高等职业院校基于工作过程项目式系列教程

网店综合项目实战

山东铝业职业学院
天津滨海迅腾科技集团有限公司 编著

王磊 刘杰 主编

甘玉荣 慕晓涛 冯怡 副主编

南开大学出版社
天津

图书在版编目(CIP)数据

网店综合项目实战 / 山东铝业职业学院，天津滨海迅腾科技集团有限公司编著 ；王磊，刘杰主编 ；甘玉荣，慕晓涛，冯怡副主编. —天津：南开大学出版社，2024. 6. —(高等职业院校基于工作过程项目式系列教程). — ISBN 978-7-310-06608-7

Ⅰ. F713.365.2

中国国家版本馆 CIP 数据核字第 2024Z3T798 号

网店综合项目实战
WANGDIAN ZONGHE XIANGMU SHIZHAN

南开大学出版社出版发行
出版人:刘文华
地址:天津市南开区卫津路 94 号　　邮政编码:300071
营销部电话:(022)23508339　营销部传真:(022)23508542
https://nkup.nankai.edu.cn

河北文曲印刷有限公司印刷　全国各地新华书店经销
2024 年 6 月第 1 版　　2024 年 6 月第 1 次印刷
260×185 毫米　16 开本　15.25 印张　365 千字
定价:68.00 元

如遇图书印装质量问题,请与本社营销部联系调换,电话:(022)23508339

前　言

本书为培养电子商务专业相关人才的教材，针对即将进入电商行业的人群，以项目为导向，采用图文并茂的形式设计教材内容，通过大量详细的操作说明和深入浅出的讲解，阐释了电商行业的基本情况，具有很强的实操性和实用性。本书结合实际运营中出现的情景，引出每一环节可能用到的技能，培养读者的实践能力。

本书由山东铝业职业学院王磊、威海市文登技师学院刘杰担任主编；由山东铝业职业学院甘玉荣及天津滨海迅腾科技集团有限公司慕晓涛、冯怡任副主编。其中，项目一、项目二、项目三由王磊、刘杰负责编写，项目四、项目五由甘玉荣、慕晓涛负责编写。冯怡负责思政内容的编写和整书编排。

本书一共 5 个项目，包括“前期筹备”“人员培训”“营销方法”“营销关键点”“盈利关键点”，通过理论和实战相结合的模式来帮助学生更好地学习技能。同时，本书还为难以理解的知识点添加了案例展示和案例解析等内容，帮助读者理解学习，积极处理行业问题，提高自己的工作能力。同时，本书在每个项目后都附有项目总结、英语角、练习题，并提供习题答案，供读者在课外巩固所学的内容。

本书语言流畅、详略得当、理论和实践紧密结合，并紧密结合行业需要的相关技术要求，注重动手实操能力，详尽而清晰地讲解了网店前期准备过程中所需的知识，是不可多得的好教材。

本书不仅可以作为高等院校本科、高职高专电子商务相关专业的教材，而且还可以作为对网店经营感兴趣的读者的参考书，包括电子商务运营相关技能专业的高校教师和学生，以及对于电子商务相关内容感兴趣的社会公众。

由于编者水平有限，书中难免出现错误与不足，恳请读者批评指正和提出改进建议。

编者

2024 年 3 月

目　录

项目一　前期筹备

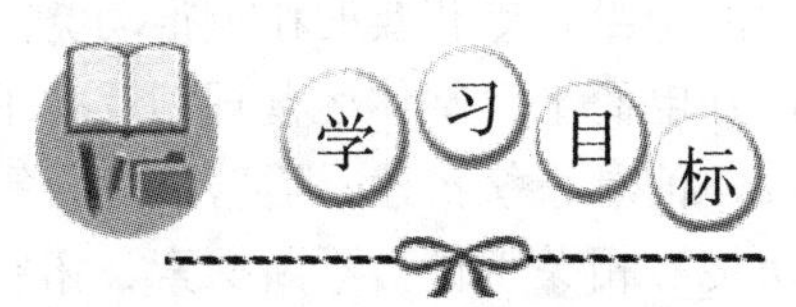

通过对网络调研与实践的学习，了解商品市场调研、产品分类调研、商品货源调研的基本方法，具备分析市场产品和找货源的能力，在任务实施过程中：

- 了解市场定位；
- 熟悉货源认知；
- 掌握网店商品布局；
- 掌握网店运营费用与预算；
- 具有运营团队筹备能力。

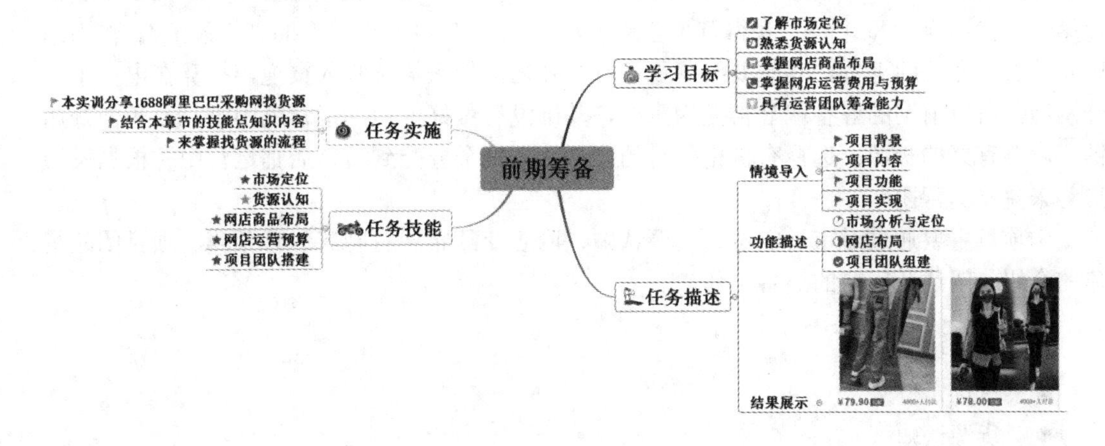

通过本门课程的学习，加深对运营网店前期筹备的理解和认知。通过学习前期筹备，激发学生的学习兴趣，鼓励学生运用专业技能服务社会、回报祖国。贯彻党的二十大精神，必须落实新发展理念，也必须要破解制约高质量发展的矛盾问题，把党的二十大精神落实到工作发展各方面、全过程，以更坚定的决心、更有力的担当、更扎实的作风推动党的二十大精神在工作中落地生根、结出硕果。目前要继续做好电商平台整体运营规划及技术维护管理；支撑、参与电商进农村示范县项目获取、建设、信息系统搭建、运营、验收等工作；对接外部单位结合实际开展电商扶贫、直播电商扶贫等相关工作；不断探索、拓展多渠道扶贫电商业务。

【情境导入】

某品牌是知名的女装类目淘品牌，品牌于 2008 年在山东省济南市创建，公司使命是成就有梦想的团队，公司愿景是成为全球具有影响力市场品牌孵化平台，公司人员 1600 余人，服装风格韩风、东方复古风、欧美风等，运营类目女装、男装、童装、箱包、内衣、家居、家纺、配饰、户外服饰等，企业核心价值观“阳光快乐、积极成长”。品牌在线上推出不久，就占据了大部分市场份额，在 2012 年“双十一”女装销量排行第三，天猫女装销量第一，2014 年“双十一”获得首个全年度、“双十一”、“双十二”的“三冠王”。作为网店女装类目专营的老板，其想要经营更多一些知名品牌来拓宽收入渠道，打算在电商平台开网店，所以前期的筹备就显得尤为重要，基础没有做好，后期运营就困难；要想做好店铺，就要有好的货源；选择有价格优势的产品，把资金分配到日常店铺运营中并根据发展形势来建立运营团队。

本项目主要通过对市场定位、货源认知、网店商品布局、网店运营预算、项目团队搭建的介绍，阐述开店前的筹备工作。

【任务描述】

- 市场定位
- 货源认知
- 商品货源认知
- 网店商品布局
- 网店运营预算
- 项目团队搭建

技能点一　市场定位

品牌的市场定位要充分展示服装品牌的优势，凸显品牌自身特色和优势的卖点。只有给顾客提供区别于同类或高于同类的产品、服务和体验，形成相应的品牌差异，品牌才能实现良性的发展。每个品牌的消费群体是有限的，在确认目标市场后充分展现品牌特色才能吸引目标消费群体，不被其他品牌所替代。因此，服装品牌的目标市场定位应和其他服装品牌有不同的地方，以最大限度地保护竞争双方的利益。

明确目标市场后，对服装品牌独特竞争优势的分析又反作用于目标市场的定位，也就是说，通过对服装产品独特优势的分析对目标市场又起到了稳固和挖掘的作用，在初步细分市场的条件下又挖掘出一批潜在的目标消费群体。所以目标市场的定位与服装品牌策划相辅相成，通过密切的市场调研不断分析确定目标市场，进一步确定服装品牌策划，做到良性循环。

目前，常见的市场定位根据产品类目的不同，有网络市场趋势、网络市场趋势的分析方法、企业定位、产品定位、竞品定位、人群定位等方法。

1. 网络市场分析

网络市场趋势上升意味着市场需求上升，代表着该行业还具有一定的发展空间。若通过数据分析发现该行业近几年市场趋势趋于平稳，那么代表该行业市场相对较成熟，卖家间已经具备一定规模的竞争，卖家可综合考虑各方面因素有选择性地决定是否进入该市场。若市场趋势下降则说明市场需求下降，该类商品市场处于衰退期，对于是否要进入该商品市场，卖家需要谨慎决定。

2. 网络市场趋势的分析方法

平台市场调研有价格段调研、款式调研、面料调研、拍摄场景调研等，下面以淘系平台作为依据，展开对连衣裙的市场调研与分析。

（1）百度指数

通过百度指数可以了解某个关键词的搜索趋势、关注指数、搜索人群相关需求以及搜索人群的年龄、性别、地点、兴趣等基本属性，根据这些数据把握与该关键词相关的产品类目的市场趋势。如图 1-1 所示。

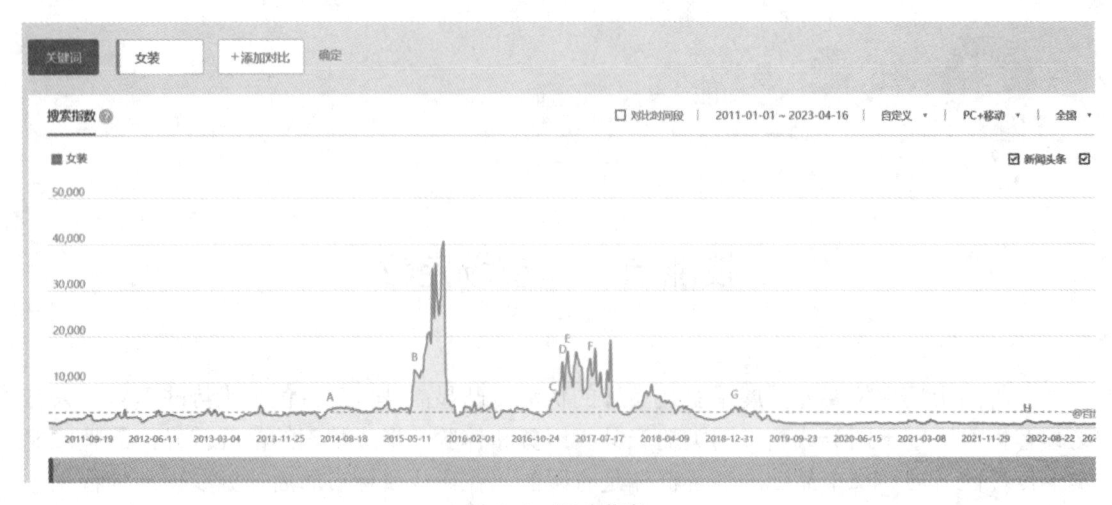

图 1-1 百度指数

（2）第三方电子商务数据服务机构

第三方电子商务数据服务机构是指通过对互联网上公开的网络购物交易数据的抓取和分析，为各类电子商务客户提供全面的商情信息，帮助电子商务品牌做出正确的运营决策。如图 1-2 所示。

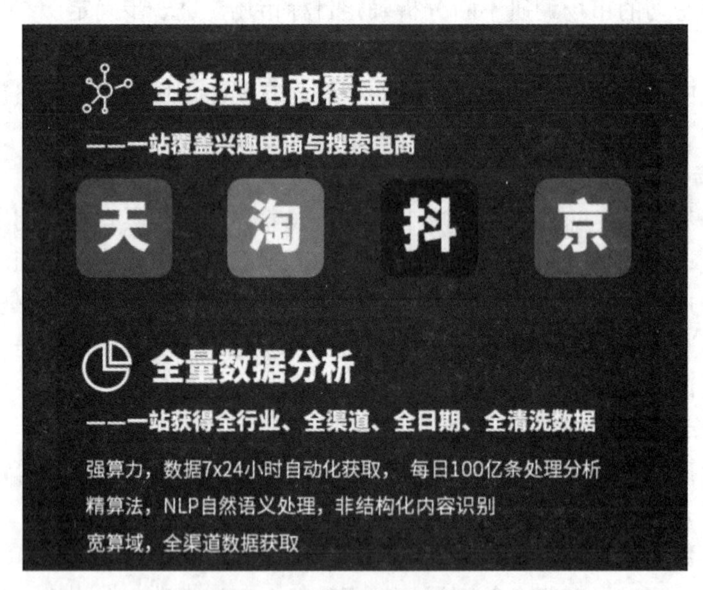

图 1-2 第三方数据分析

（3）电子商务平台官方数据工具

电子商务平台的数据工具指的是电子商务平台推出的用于卖家数据统计与分析的工具，例如，淘宝、天猫的生意参谋目前是阿里巴巴卖家端统一的数据产品平台，京东商智是京东面向卖家的一站式运营数据开放平台。图 1-3 所示为官方平台数据工具。

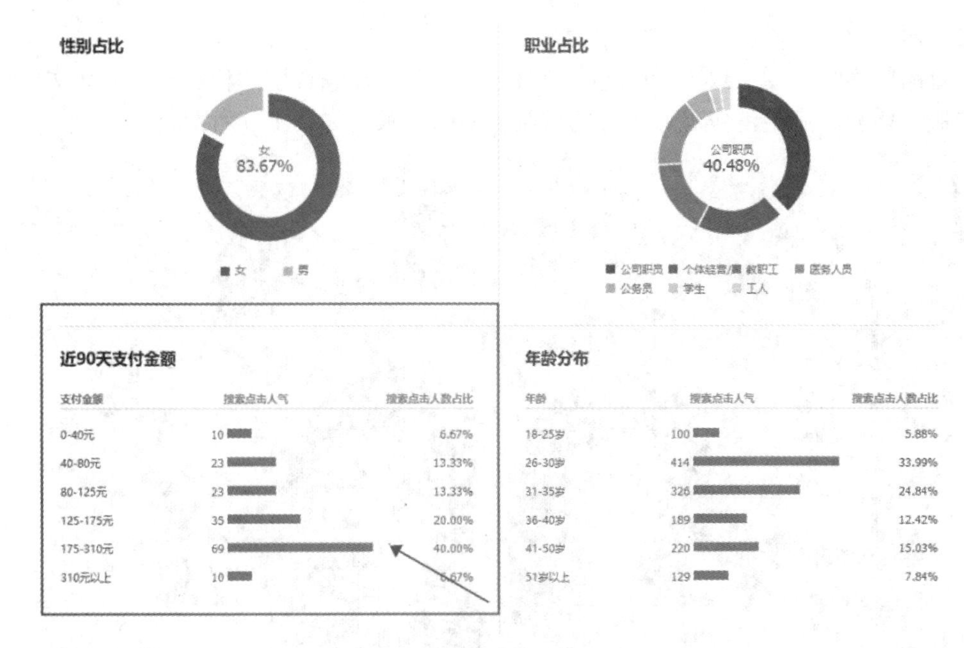

图 1-3　官方平台数据工具

3. 企业定位

根据市场销售情况合理调整品牌定位。一个服装品牌的目标市场定位也是一个不断调整的过程，一个品牌很难一开始投入市场就有一个精准的定位，所以需要通过适宜时机合理地调整品牌的自身定位，在充分考虑消费群体消费心理的情况下，对品牌进行优化调整，可以为品牌注入活力。

（1）创新

以服装设计创新为核心，以前所未有的设计理念和技术，满足消费者日益变化的需求，逐渐成为消费者的首选。

塑造品牌形象传播力，以坚实的品牌管理保证品牌发展，通过各种新媒体和传统投放，践行与众不同的营销理念，确保品牌影响力和形象传播力。

将科技用在消费者体验上，充分运用新媒体，通过电子商务来实现智能信息化，实现客户及时直观信息收集。如图 1-4 所示。

图 1-4　创新

（2）服务

注重品牌客户感受，致力于改进客户服务，提升客户满意度，积极打造品牌文化，增强客户服务体验，满足消费者对服务的日益增高的要求。如图 1-5 所示。

图 1-5　服务

（3）质量

注重可持续发展，重视服装质量和质量控制，市场品质不断提高，需要充分满足消费者的质量需求，为追求高品质生活的消费者提供更高品质的服装。如图 1-6 所示。

图 1-6　质量

（4）分销

凭借得天独厚的原创新力和分销网络，实现传统分销网络运营效果和科技促销效果的双重提升，有效落实品牌传播和服务推广策略。分销网络如图 1-7 所示。

图 1-7　分销

服装品牌的目标市场定位是服装品牌塑造的起点，也贯穿于服装品牌策划整个过程。目标市场定位的核心是市场调研，做好市场调研并进行分析是服装品牌准确定位目标市场的关键。在进行品牌定位的过程中，要遵循品牌定位的几个特点，充分考虑目标消费群体的需要，凸显品牌自身的特色和优点，并在合适的时机做好品牌的延伸，通过一系列深入分析更好地完成服装品牌的目标市场定位。

4. 产品定位

产品定位是在产品设计之初或在产品市场推广的过程中，通过广告宣传或其他营销手段使本产品在消费者心中确立一个具体的形象的过程，简而言之就是给消费者选择产品时制造一个决策捷径。

对产品定位的计划和实施，以市场定位为基础，受市场定位指导，但比市场定位更深入人心。具体地说，就是要在目标客户的心目中为产品创造一定的特色，赋予一定的形象，以适应顾客一定的需要和偏好。

（1）市场容量

除了市场趋势分析之外，还要了解市场的整体容量，也就是目前市场规模情况，主要是研究目标商品和行业的整体规模，即同类商品在市场中的销售额。对于网店来说，网络市场容量即针对某个类目的市场规模进行调研。通过市场容量的分析，决策者可以判断该行业下市场供应量的多少和是否有进入市场的必要。

1）通过电子商务平台的数据工具获取市场容量

以淘系平台生意参谋为例，进入生意参谋专业版“市场”板块，选择“市场排行”可了解该行业下网店、商品和品牌的排名情况。如图 1-8 所示。

热销排名	品牌名称	交易指数	交易增长幅度	支付商品数	支付转化率	操作
1		947,980	↓0.69%	10,438	1.11%	热销商品榜 热销店铺榜
2		901,753	↑7.80%	3,625	0.75%	热销商品榜 热销店铺榜
3		725,800	↓0.92%	1,579	0.20%	热销商品榜 热销店铺榜
4		621,682	↑1.32%	690	0.14%	热销商品榜 热销店铺榜

图 1-8　品牌排行

2）利用第三方软件或者电子商务数据服务机构

电子商务平台的卖家可通过订购后台市场的第三方软件或者购买第三方电子商务数据服务机构的数据服务，通过第三方统计的行业销量判断市场的容量情况，由于数据来源于第三方，也存在着个别数据会与电子商务平台官方的数据有较明显出入的情况。如图 1-9 所示。

	周日 2023-04-16	周六 2023-04-15	周五 2023-04-14	周四 2023-04-13	周三 2023-04-12
估算销售额 (元)	2.24百万↓	2.09百万↓	2.36百万↓	2.69百万↓	2.51百万↓
上周同期:	2.74百万	2.61百万	2.61百万	2.89百万	2.71百万
较上周:	-49.82万, 约 -18.21%	-52.40万, 约 -20.07%	-25.29万, 约 -9.69%	-19.35万, 约 -6.71%	-20.41万, 约 -7.53%
销售量 (件)	6.15万↓	5.40万↓	6.37万↓	6.87万↓	7.95万↑
上周同期:	7.85万	8.09万	6.76万	7.46万	7.31万
较上周:	-1.71万, 约 -21.73%	-2.70万, 约 -33.34%	-3.86千, 约 -5.71%	-5.93千, 约 -7.95%	6.37千, 约 8.71%
宝贝数 (款)	368↑	356↑	352↑	349↑	339↑
上周同期:	343	348	336	337	335
较上周:	25, 约 7.29%	8, 约 2.30%	16, 约 4.76%	12, 约 3.56%	4, 约 1.19%

图 1-9　第三方电子商务数据

（2）蓝海产品

蓝海产品指的是无市场竞争或行业尚处于非激烈竞争阶段的产品，是那些还没有占据市场，经营的人很少但是非常有潜力的产品。

蓝海产品定价缺乏竞争，可通过品牌各系列产品价格参照进行定价。同样，蓝海产品的蓝海阶段都是短暂的，随着跟随者的进入，蓝海产品将渐渐驶出“蓝海”，进入日渐激烈的行业竞争当中。因此，蓝海产品的定价就更加应该具备战略性和竞争前瞻性。

找蓝海行业类目时，可以通过生意参谋市场洞察进行分析，打开生意参谋市场里的“搜索分析”，输入要查询的关键词，把搜索到的数据保存。

生意参谋里需要参考的指标有：搜索人气、支付转化率、在线商品数，根据搜索人气、支付转化率、在线商品数，判断竞争强度，竞争度从高到低排序，选择竞争度好、搜索人气和转化率都不错的类目来做。如图 1-10 所示。

搜索人气 ≑	搜索人数占比 ≑	搜索热度 ≑	点击率 ≑	商城点击占比 ≑	在线商品数 ≑	直通车参考价 ≑
120,190	32.34%	286,587	122.42%	58.74%	781,731	1.52
46,430	6.32%	96,135	158.08%	89.22%	13,489	1.19
40,642	5.04%	81,191	87.08%	74.26%	9,474	1.81
35,299	3.97%	76,782	121.30%	83.56%	14,125	1.29
21,345	1.71%	58,513	112.10%	65.72%	10,980	1.36
19,257	1.44%	44,711	112.01%	54.69%	92,159	1.15
18,057	1.29%	41,314	130.07%	45.01%	210,481	1.11
17,857	1.27%	24,372	41.29%	66.28%	9,474	1.81
17,735	1.26%	27,940	60.31%	64.50%	12,189	1.39

图 1-10　关键词搜索

（3）差异化

差异化是指商家或者企业在其提供给顾客的产品上，通过各种方法引导顾客形成特殊偏好，使顾客能够把它同其他同类产品有效地区别开来，从而达到企业在市场竞争中占据有利地位的目的。

1）产品视觉风格差异化

产品主图是卖家与消费者接触的第一个窗口，是进入店铺后的第一感觉。店铺主图不仅与店铺流量息息相关，在某种程度上甚至能影响到店铺的商品销量。而主图的好坏通过商品的点击率就能非常直观地体现出来，所以一张合格的主图要具备抓人眼球的特质。然而市面上的主图同质化太严重，大部分没有什么鲜明亮点，也很难体现店铺特点。如图 1-11 所示。

图 1-11　同质化主图

因此，做好主图差异化是十分必要的，也有助于使产品点击率进一步提升。如图 1-12 所示。

图 1-12 主图差异化

2）产品标题和详情差异化

标题是让买家在搜索宝贝关键词时能够第一时间搜到你的店铺宝贝，所以在做标题时关键词要更加精准，不要同质化。图 1-13 所示为一组同质化标题。

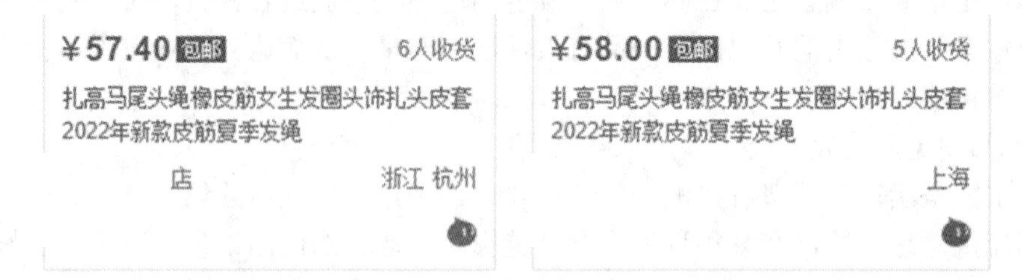

图 1-13 同质化标题

要使标题差异化，那样买家就更容易搜到你的店铺宝贝。标题中的关键词需要与产品属性、卖点、图片、人群、高热度流量来源等词汇相匹配，这样的产品标题才会带来更多的搜索访客流量。图 1-14 所示为一组差异化标题。

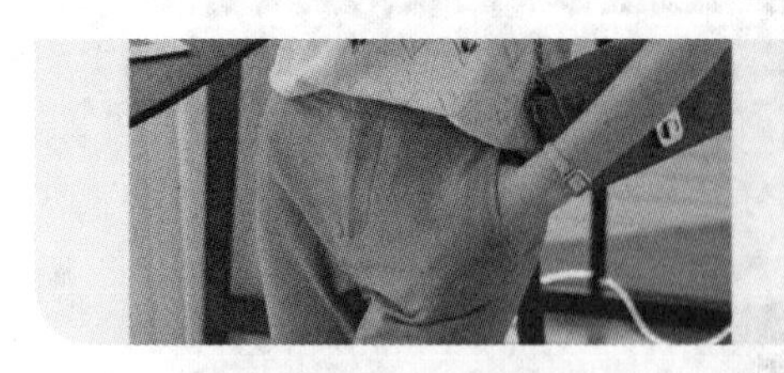

天猫 短袖t恤女夏季2023新款菱形镂空薄款冰丝针织衫刺绣撞色遮肚上衣
¥59.90 1人付款 广东 东莞

2023年夏季新款薄款冰丝针织短袖上衣女镂空刺绣小清新针织衫T恤
¥88.00 5人付款 广东 东莞

图 1-14 差异化标题

详情主要是使买家了解店家宝贝的细节性问题，所以详情一定要把店家宝贝的优点尽可能地展现出来。买家自然也就越看越喜欢，最后下单的概率也就大大增加。所以在这几个环节都要尽量做好，才会使商品有机会获得更大的展现价值。

3）品质差异化

产品的品质差异应该使买家可以感受到。买家对产品品质的了解主要是通过图片、视频，但图片的优劣取决于设计团队的拍摄水平和拍摄工具，这是目前塑造感知差异的主要方法。除此之外，文案、证书、服务等可以形成明显的对比。图 1-15 所示为一组产品的品质款式差异化。

图 1-15　款式差异化

4）价格差异化

成本差异，高品质和低品质卖家需要提供这些属性的成本差异。例如，同样一款卫衣，A 卖 36 元，B 卖 69 元，但是 69 元的卖家做出服务承诺，“不满意退货，同时卖家承担邮费”。这就传递一个概念，客户对卖 69 元的卫衣品质更有信心，而信心也意味着更高的服务成本，这是低品质卖家无法承担的。因为高品质卖家的定价中已经包括了这样的信号发布的成本差异。

价格差异化的形成，跟用户的“心理价位”有关。在用户接触一个产品的时候，会跟已知的同类型产品相比较，在同类型产品的价值总和中提取一个中间值，或找一个特定价格来做类比。图 1-16 所示为一件短袖 T 恤的价格差异。

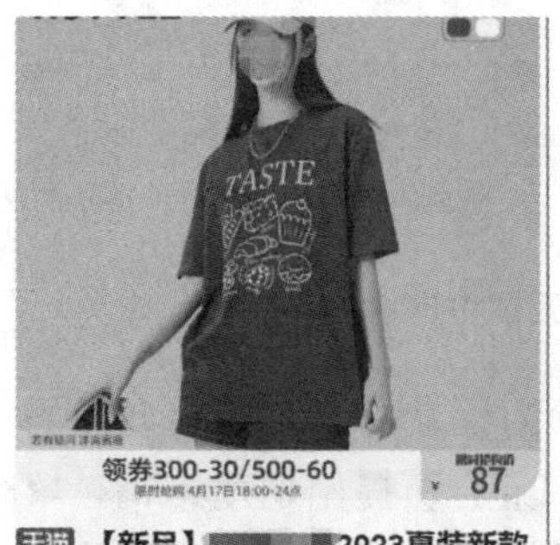

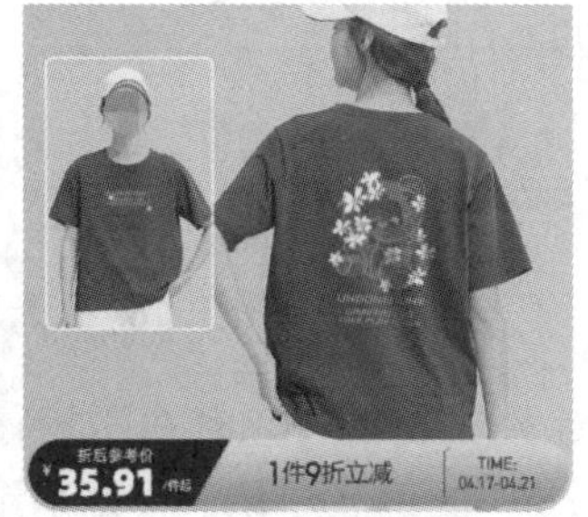

图 1-16　价格差异

5）功能差异化

天气逐渐回暖，可选择的运动项目更加多样化，不同运动项目的运动环境、身体发力情况和锻炼部位都有所不同，对于穿着的要求也不尽相同。

春夏季节运动时更容易出汗和闷热，运动贴身层装备除了要轻薄透气之外，还需要注意排汗快干、适度压缩、弹性延展等。图 1-17 所示为展示面料的透气性。

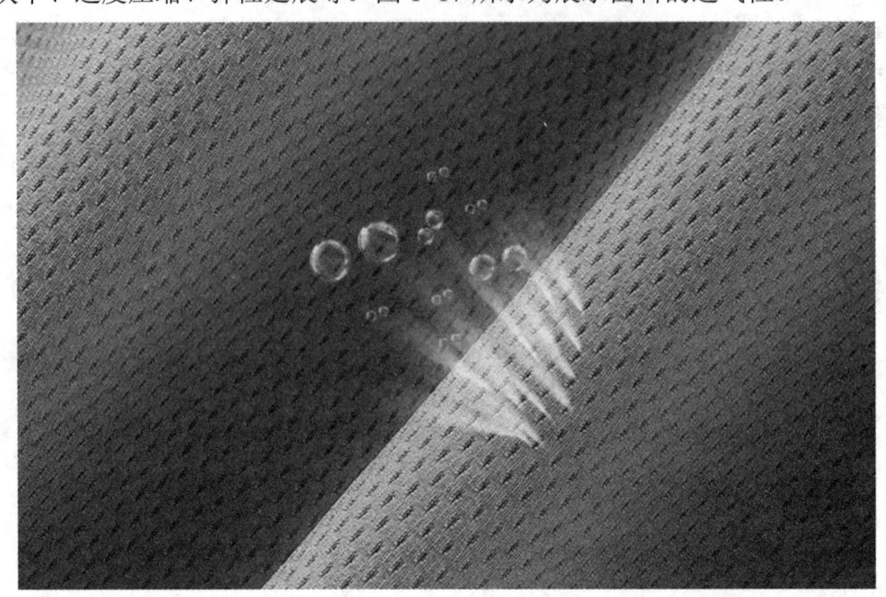

图 1-17 透气

6）服务差异化

利用服务创造差异化效果。例如，最早进军电商的淘宝，在自家平台推出了“7 天无理由退换货”的服务，即服务差异化的体现。在众多的电商平台中，“7 天无理由退换货”给了消费者更大的保障，不仅可以提高淘宝电商的产品质量，同时也保障了消费者的权益，让消费者放心不满意可以退货退款。图 1-18 为“7 天无理由退换货”选项。

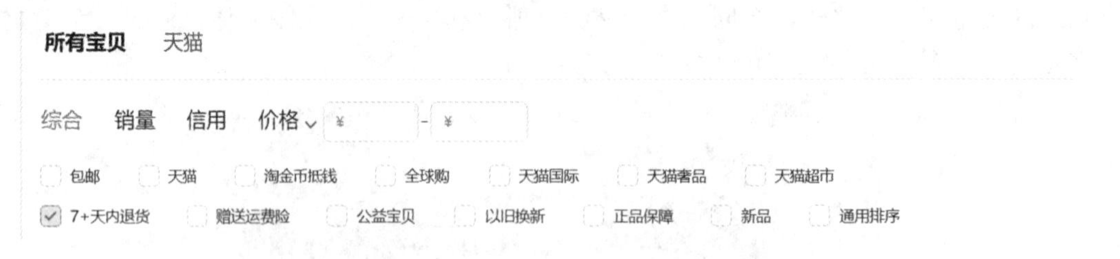

图 1-18 7 天无理由退换货

极速退款是淘宝网推出的一项针对购物行为记录良好的淘宝会员的优质服务，适用于“已收到货，需要退货”的退款申请。只要是淘宝会员提出退款申请，填写好退货包裹的快递单号，无须再等待，即刻收到退款，退款平均用时不到 1 秒。这就是会员所享受的淘宝极速退款服务。如图 1-19 所示。

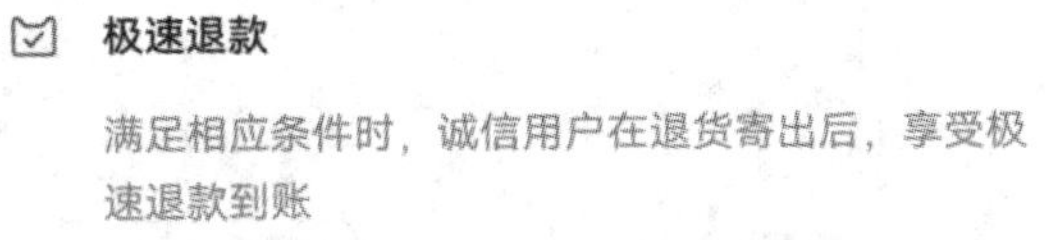

极速退款

满足相应条件时，诚信用户在退货寄出后，享受极速退款到账

图 1-19　极速退款

平台还有很多服务提供给商家选择使用，可以针对不同商品选择适合的服务加入，例如，一些玻璃制品商家担心运输过程中破损，针对这类产品可以选择“破损补寄”；生鲜类目产品平台不支持退货，客户担心收到之后不新鲜、有破损等问题，商家可以选择加入“破损包赔”服务来让客户放心购买。

由于互联网营销行业更多的是为用户提供服务，因此为用户提供差异化服务可以成为营销差异化的竞争重点。如图 1-20 所示。

可加入的服务推荐

品质保障　加入服务　资质自查
针对带有“品质保障”标识的商品，若买家签收商...

送货入户　加入服务　资质自查
“送货入户”服务：指买家在淘宝上购买带有“送货...

破损包赔　加入服务　资质自查
“破损包赔”服务是淘宝网卖家根据自身能力为买...

退货承诺　加入服务　资质自查
卖家就该商品退货服务向买家作出承诺，自商品...

破损补寄　加入服务　资质自查
卖家就该商品签收状态作出承诺，自商品签收之...

枯萎包赔　加入服务　资质自查
“枯萎包赔”服务是淘宝网卖家根据自身能力为买...

海外直邮　加入服务　资质自查
提供商品海外直邮服务，明显标识吸引海淘买家...

伤亡大病包退　加入服务　资质自查
“伤亡大病包退”服务是淘宝网卖家根据自身能力...

坏了包赔　加入服务　资质自查
“坏了包赔”服务是淘宝网卖家根据自身能力为消...

货不对板包赔　加入服务　资质自查

卖家运费险　查看服务

图 1-20　其他服务

（4）商品组合营销

“搭配宝”是一个商品关联搭配工具。它的作用为：支持固定及自由搭配；利用智能算法，推荐适合的搭配商品，帮助店铺提升客单价和转化率；同时套餐将穿透到公域，参与主搜，成为引流利器。如图 1-21 所示。

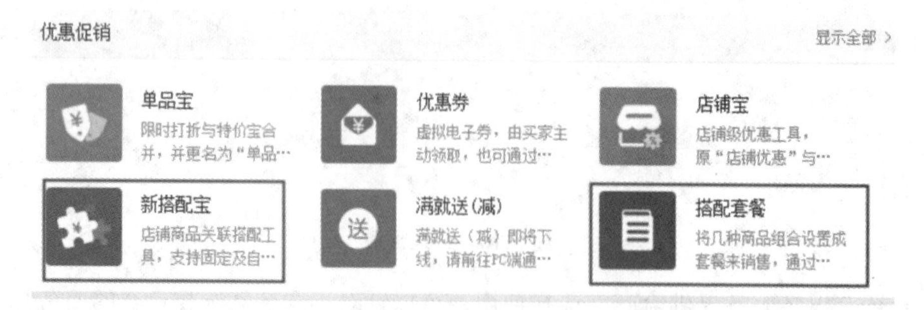

图 1-21　搭配宝

搭配商品最好有一定关联。比如，卖衣服就可以搭配“衣服+裤子+鞋子”一整套进行销售；像做护肤品的网店就可以做“洗面奶+面膜+面霜”这种搭配套餐；当然也有可以用“热销款+某宝”滞销商品，来提高滞销款的销量，根据网店的具体情况来做营销。如图 1-22 所示。

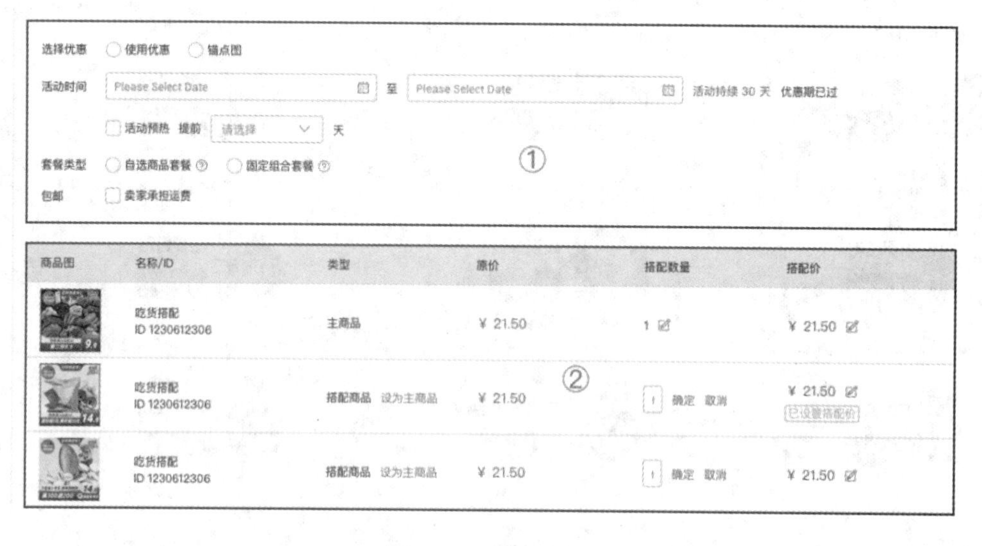

图 1-22　搭配套餐

5. 竞品定位

在寻找竞争对手时，应注意不是所有经营同类目商品的卖家都是竞争对手。在网店的运营过程中，要找到自己真正的竞争对手，可以从商品属性相近、商品价格相近、商品销量相近等方面展开分析。

（1）竞争对手分析

1）品牌规模

选择品牌规模大小相近的品牌店铺，小品牌不要去定位已经占有市场大部分份额的大品牌，从品牌影响力来对比完全没有优势。

2）客单价

选择的竞品价格、功能、性能要大致相同，竞品的价格过高过低都在对产品质量上有很大的差异，例如 10 元的 T 恤大多数没有 50 元的 T 恤质量好。

价格也要参考客户接受程度，可以参考平台数据简单分析。如图 1-23 所示。

图 1-23　价格分析

通过分析可以看出客户选择 T 恤的价格在 35～107 元的人数占比是 60%，已经超过一半的客户心理在这个价格段上，可以通过数据对比分析不同的价格段。

3）排名

销量高的产品相对稳定，选择这类产品作为竞品，可以对顾客购买体验竞品的整个购物体验进行模拟和分析，找出不知之处进行改进，目标在服务与产品上要优于竞品。

4）平台工具分析

通过生意参谋流量商品榜，商品以流量指数排名，还可以查看哪些品牌流量比较大。如图 1-24 所示。

热搜排名	搜索词	搜索人气	相关搜索词数	词均点击率	点击人气	词均支付转化率	直通车参考价
1		59,666	521	82.79%	38,631	2.67%	2.08
2		41,272	285	79.15%	25,415	0.90%	2.80
3		40,907	640	51.84%	22,091	0.56%	2.16
4		40,713	877	56.80%	23,132	0.83%	2.48
5		34,633	146	81.42%	21,338	0.49%	4.46
6		30,684	237	72.91%	19,182	2.97%	1.59
7		29,998	120	82.58%	18,517	2.28%	2.20

图 1-24　平台品牌分析

（2）竞品分析

1）主图分析

主图商家通过对产品美化及文案排版来展示给顾客吸引其购买，从而促进消费，提高转化率。

主图一般有 5 张，第 1 张为“产品+卖点”，提高点击率；第 2 张为核心功能介绍；第 3 张为解决用户需求或痛点问题；第 4 张为产品促销信息或保修售后等，增强买家信任；第 5 张为纯白色底图。按淘宝规定，主图应具有视觉冲击力，融入营销，提高点击率。

2）详情分析

一套好的详情页，需要强化主图卖点、减少访客跳失率，增加收藏和关注，最重要是促进产品转化。快节奏生活对详情页的要求不降反增：要求短小精悍，言简意赅，卖点突出，排版美观。

商品详情页的配色有讲究，如果背景色多而杂乱的话，很容易掩盖宝贝的真正风采。所以可以考虑选取干净的颜色作为背景色，这样就能更好地衬托宝贝的风姿了。

3）色彩分析

图 1-25 中的这张女装商品详情页模板，采用的就是纯色背景，这样可以很好地衬托模特身上的女装，让买家一眼就接收到图片想传递的信息。

图 1-25　详情页

商品详情页的配色要掌握方法，比如说，如果商品是暖色调的话，图片的背景可以选用冷色调，形成强烈的对比，在这样的反差中主题会更加突显。

4）SKU 分析

SKU（Stock Keeping Unit，库存管理单位）本身就是为了满足消费者多样化的选择，减少访客流失，充分利用流量。而且 SKU 可以以套餐匹配的形式设置，这样还可以节省客户的购物选择时间，更简单、更方便、更快捷，满足客户的需求。如图 1-26 所示。

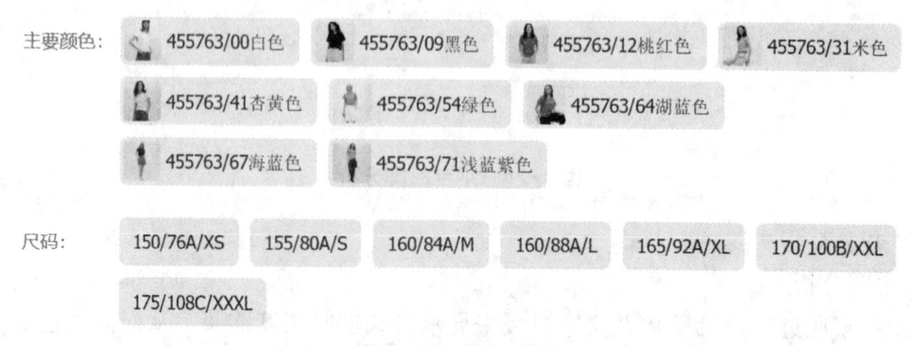

图 1-26　SKU 示例

（3）竞品包装分析

服装品牌都需要有自己的独特标识，来带动大众对品牌的认可和了解。对于服装产品包装设计来说，创造属于自己独特的、和品牌标志统一的服装包装，也是品牌进行宣传的一种方式。优秀的服装包装设计可以带给消费者更好的购物体验，来吸引更多回头客，同时也能通过包装的移动，来达到更好的传播效果（如图 1-27 所示）。

图 1-27　包装

（4）竞品评价分析

产品评价会直接影响到买家的购物决策，一般来说消费者在购物的时候都会选择查看产品的相关评价，如果该产品的差评较多，那么自然会导致买家对该产品不放心，那么买家就不会下单。如果差评较多，那么就会直接导致网店评分降低，从而影响到网店的流量获取。要重点分析产生差评的原因取长补短。图 1-28 为某件商品的评价。

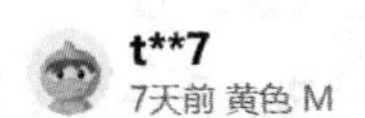

裙子好看的嘞。168，100斤，m码长度可以的，会露一点小腿（姐妹们参考下图），腰那里也可以，有一点不好脱了，挑的尺码很合适，很显瘦。也没有色差，布料摸着也可以，个人喜欢搭玛丽珍 小白皮鞋，非常非

0天后追评　裙子长度刚好到小腿中上方。高个子女生不要考虑啦。裙子很有质感，不会很轻，是纱和布的

图 1-28　评价

6. 人群定位

店铺定位是每个卖家在开店之前都需要做的一件事情，最简单的理解就是卖什么产品、卖给谁、在哪里卖，用专业的定义来说就是定位人、货、场。消费者来购买你的产品，并不是你的产品有多好，而是你的产品可以满足消费者自身的需求。所以，消费者买的不是产品，而是自身需求的一种解决方案。

（1）人群画像

人群画像是指目标人群定位，在生意参谋-流量-访客分析中有大致的人群画像，完整版的可以查看客户运营平台和钻展达摩盘，在此就不一一赘述了，直接进入本节的核心，人群定位应该注重哪些要点。图 1-29 所示为达摩盘。

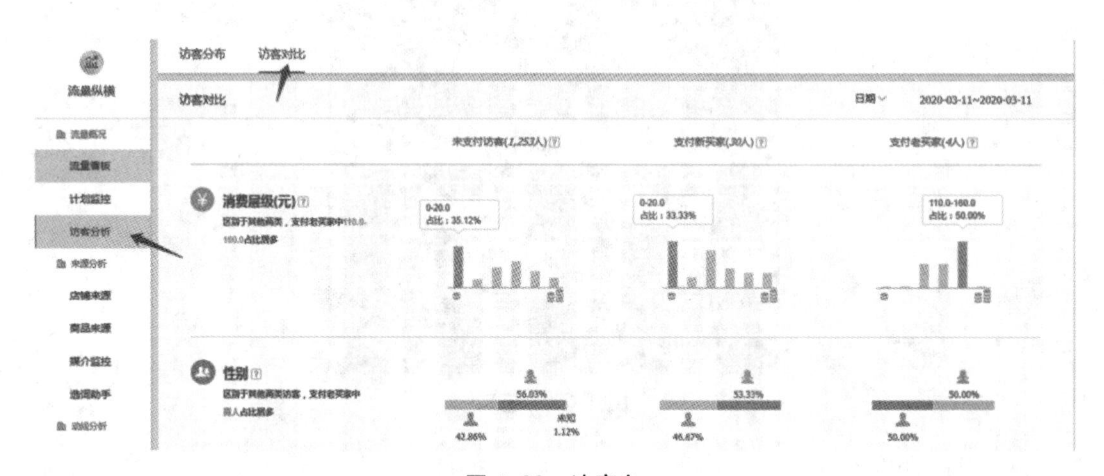

图 1-29 达摩盘

（2）人群性别

如何确定目标客户人群，是很多卖家都会陷入的一个误区，自己主观的判断往往与实际情况是有差距的，例如，丝袜这个关键词，搜索量最大的是女性，但是性感丝袜，搜索量最多的是男性。而大部分的卖家都以为，丝袜针对的人群就应该是女性，但这一点恰恰是错误的。所以，店铺定位的第一步，确定好你的产品针对的人群性别，是尤为重要的。图 1-30 所示为某一店铺的客户性别。

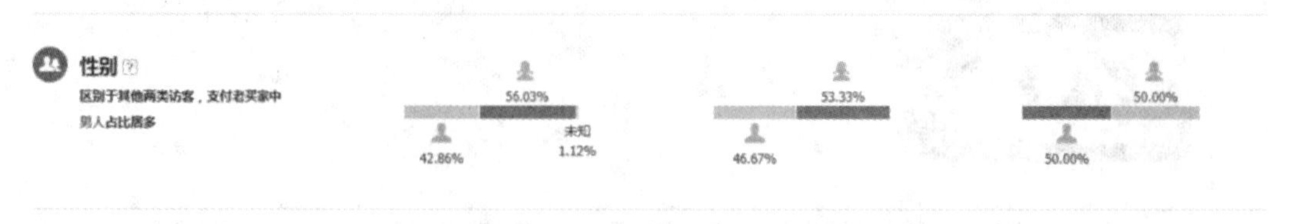

图 1-30 性别

（3）人群年龄

电商年龄指的是消费群体的年龄。中低端价格和中高端价格，在不同的类目中对应的年龄段是不同的，你的产品针对的年龄层级，会直接决定店铺后续的营销策略、定价方案、详情页的卖点制作、推广渠道，等等。图 1-31 所示为某店铺的客户人群年龄。

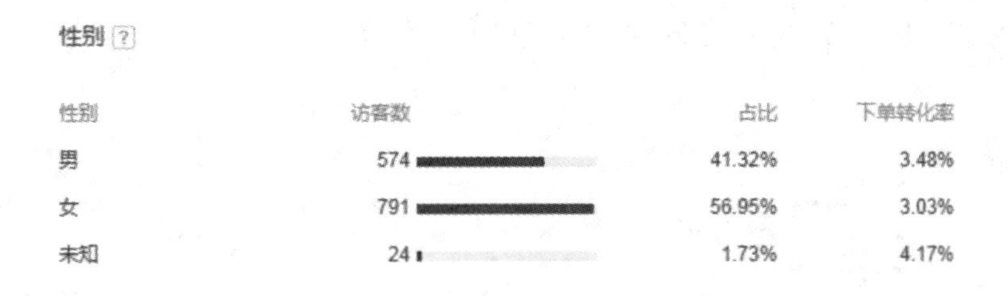

性别

性别	访客数	占比	下单转化率
男	574	41.32%	3.48%
女	791	56.95%	3.03%
未知	24	1.73%	4.17%

图 1-31　年龄

（4）流量时间

流量时间指的是买家集中购买产品的时间。现在的消费者都是碎片化的时间比较多，但是特定人群的行为和浏览轨迹基本差不多。比如，年轻妈妈这一人群，可能在凌晨或者是早上四五点浏览购买的有很多，可以由此确定直通车或者钻展等广告投放的时间，以及宝贝上下架时间。图 1-32 所示为某店铺流量时间。

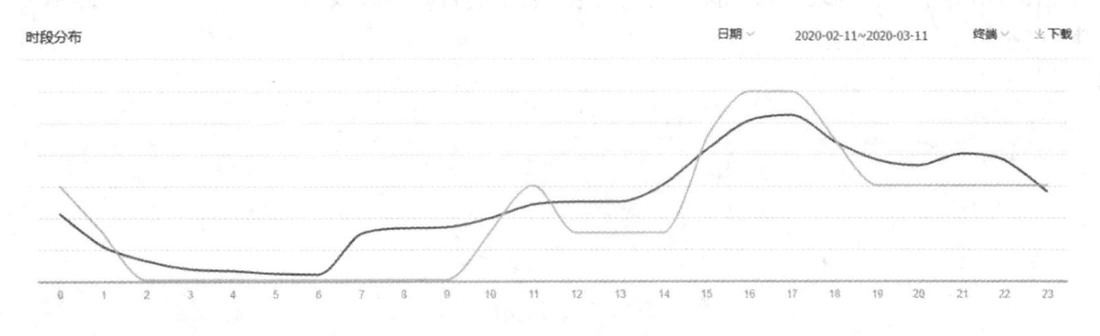

图 1-32　流量时间

（5）地域

地域是指购买产品的人都集中在什么地区。运营一个店铺，数据分析先行，而后再下手执行操作。知道了买家的地域之后，就可以把广告投放在买家所在地，锁定目标客户；可以把人为销量提升在买家所在地；把物流仓储投放在这些买家集聚的地方，从而提高物流速度，进而提高点击转化率；方便店家把主图和详情页卖点表达的文案做成买家所在地的风格；把标题中地域写成买家所在的地方；等等。如图 1-33 所示。

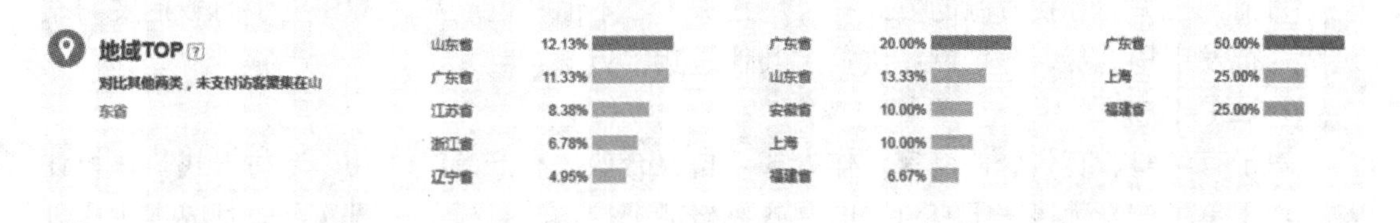

图 1-33　地域

（6）购物习惯

指搜索某个关键词的买家所具备的购物分类特征。卖家可以从店铺的钻展达摩盘中查看店铺对应的行业标签、购物习惯和消费水平，这也是目前平台内比较完善的标签定位渠道之一。暂未开通钻展达摩盘的小伙伴，可以在生意参谋-流量-访客分析中查看自己店铺的人群购物习惯。图 1-34 所示为某店铺的客户人群购物习惯。

来源关键词TOP5

关键词	访客数	占比	下单转化率
海螺肉	35	31.25%	0.00%
孕妇零食	23	20.54%	4.35%
海螺肉即食...	23	20.54%	13.04%
麻辣海螺肉	21	18.75%	9.52%
鲸洋旗舰店	10	8.93%	20.00%

浏览量分布

浏览量	访客数	占比
1	867	67.47%
2-3	224	17.43%
4-5	76	5.91%
6-10	67	5.21%
10以上	51	3.97%

图 1-34 购物习惯

（7）消费层级

是指买家平时在淘宝购物时，喜欢花多少钱来购买同类产品。搜索确定好的市场，在浏览器或者是淘宝中搜索对应的关键词，比如连衣裙，有 54%的人群喜欢 112～335 元的价格区间内的产品，那么由此可以大致判定产品的定价范围以及目标客户。图 1-35 所示为某店铺的客户消费层级。

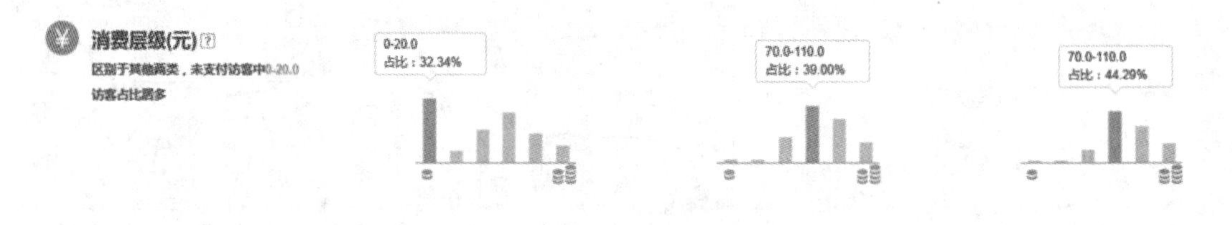

图 1-35 消费层级

技能点二 货源认知

根据店铺的定位，找到对应的产品，做好充分的准备，通过线上线下两种渠道，选择适合自己店铺风格的货源。

目前，常见的寻找货源的方式有工厂代加工、本地特色产品、B2B 电子商务批发网站进货、批发市场进货、分销网站进货、其他进货等方法。

1. 工厂代加工

对于有经验、有资金的商家运作方式。自己合伙人有产品经理人，专门去找货，设计款式，下单生产。优势在于有自己的款式风格能把控，随意模仿大牌款，而且成本价压到最低，利润最大化，拼价格才有底气。但不要压太多货、占用资金流，及时清仓变现。如果团队、运营、产品都做好，这样的模式销售空间是非常大的。图 1-36 所示为某代加工工厂。

图 1-36　代加工工厂

2. 本地特色产品

很多客户现在网上购买其他地方的土特产产品。本地特产有地域优势，产量大，也比较有知名度，可以选择从本地采购产品在网店销售，这样既能保证产品质量，也能保证产品产量，而且可以很直观地看到产品，产品好了，销量肯定也会不错。图 1-37 所示为某店铺土特产页面。

图 1-37　土特产

3. B2B 电子商务批发网站进货

批发网站上的厂家众多，品类丰富全面，商家不仅可以快速选购满意的商品，还可以使用厂家提供的相关图片资料，省去了自己拍摄商品图片的工作。国内批发网站有很多，常见的有阿里巴巴采购批发网（简称“阿里巴巴”）、慧聪网、天下商机网、中国供应商网、中国制造网、敦煌网等。网络进货兴起时间较短，还处于发展阶段，但网络进货相比传统渠道进货的优势很明显。

4. 批发市场进货

批发市场也是常见的进货渠道。对于商家来说，最好从自己周边的批发市场进货。新店开设初期，网店规模往往较小，销量也不大，因此商家在前期进货时可以选择少量商品进行试卖，严格把控商品的库存；如果商品销售情况较好，再考虑增加进货量。

前期要先了解所做类目的主要市场地，如女装批发市场在广州、虎门、杭州等地，小百货批发市场主要集中在义乌。批发市场进货的优点是直观，质量、款式一眼就能看出来，可选性强，价格合适；缺点则是进货需要大量库存，资金压力比较大，跑市场比较辛苦。图 1-38 为某服装批发市场商品。

图 1-38　批发市场

5. 分销网站进货

网络上还有很多提供批发服务的分销网站，如搜物网、衣联网、中国代销货源网、鞋都网等。其中，衣联网主要提供女装批发服务，鞋都网主要提供女鞋批发服务，它们的批发流程与阿里巴巴大同小异。商家需要在对应分销网站上注册，然后选择所需商品，设置订购信息并支付金额。

6. 其他渠道进货

寻找品牌积压库存、寻找清仓商品、寻找民族特色工艺品、关注外贸尾单商品等。

技能点三　网店商品布局

不管是大商家还是中小卖家店铺，发展得越完善，产品结构就相对越重要。在店铺的所有单品中，只有单品之间互为补充、互相转化，才能形成可持续发展的长久生意，并形成相对完整的产品结构。

通常情况下，店铺商品应该具有引流款、利润款、活动款、形象款和备用款这 5 种完整的产品结构，方便顾客选择。

1. 引流款

引流款主要的作用就是为店铺引流，吸引更多有意向的买家。引流款就是通过各种渠道为店铺引流，就是用来走量，来提升店铺的人气以及沉淀买家的数量。尽管这类产品的利润是最低的，但能够为店铺带来非常高的间接利润。

通常，引流款的产品相对于同行业的同类产品来说会比较占据优势的。但是店铺在具体的营销过程中也要注意，买家在搜索同类产品时，价格因素绝对不是吸引买家眼球的唯一方式。

另外，引流款必须是目标客户群体中绝大多数买家都可以接受的产品，而不能选择一些非常小众的产品。而在选择具体的引流款时，应该要先对产品的数据进行测试，最初只给产品比较少的推广流量，然后观察具体数据的情况，最后再选择转化率比较高、地域限制比较少的产品。图 1-39 为某店铺的引流款产品。

2. 利润款

利润款就是利润最高的产品，并针对特定的买家群体进行转化成交，来达到利润的最大化。

通常，销售产品有“二八原则”这个说法，那么也就是能够为店铺带来百分之八十利润的往往都是百分之二十的产品。而这个利润款就是“二八原则”中的百分之二十，能为卖家带来百分之八十甚至更多的利润。

利润款应该选择目标客户群体中特定的一个小众人群。这个群体喜欢追求个性，所以要突出产品的独特卖点，必须要满足他们的心理。另外，利润款在前期操作时对挖掘数据的要求会很高，必须要精准分析那些比较小众的人群的喜好，然后再分析具体的款式、设计风格、价格区间、产品卖点等等。

图 1-39　引流款产品

在推广方面，要以更加精准的方式对目标人群做定向推广。而在推广前期，要先以少量的定向数据来做测试，或者通过预售等方式来对产品进行市场调研，来实现供应链的轻量化。图 1-40 所示为某店铺的利润款产品。

图 1-40 利润款产品

3. **活动款**

活动款通常在一些店铺搞活动时使用，特别是清理库存或者实现某些目标时来做活动。

活动款的要点就在于，要迅速为店铺产生销量，尽快获取利润。

店铺的活动基本上都是短平快，两三天里迅速爆发销量，不过爆发的时间不长而已。一般做活动就为了三个目的，就是清理库存、冲量和体验品牌。

（1）清理库存

库存产品大多是款式比较陈旧的或者尺码不全的，如果这样为了牺牲买家的体验，那么就应该要采取低价这种方式来弥补买家。例如，一些大品牌的会经常提供一些库存款，而且会以原价 1 折到 3 折之间的低价提供买家进行抢购。

（2）冲量

活动款要有供应链的优势和保证，而且还要注意，在活动期间，买家体验不可以对品牌产生负面影响。

（3）体验品牌

这是活动款最应该产生的效果，例如说店家要统计多少买家成为回头客。而有些活动则会导致复购率比较低，这就说明没有规划好活动款。通常活动款的选款是大众款的，但并不是非要定价低，必须要让买家看到活动折扣，同时也要看到平时基础销量的价格之间的落差，这样才能使买家产生购物的冲动。另外，为之前的老客户提供一些比较优惠和福利，则是做活动款的另外一个理由。图 1-41 所示为某活动款页面。

图 1-41　活动款

4. 形象款

形象款是支撑店铺的调性和用户的信任感的产品。

对店铺来说，一些高品质、高调性和高客单价的极小众产品是形象款的首选。这类产品对于提升店铺的整体形象和品质，以及吸引买家眼球和增加浏览量发挥着很大的作用。

在操作过程中，可以选择 3 到 5 个款来满足目标买家群体的一些细分人群的需求。形象款虽然在销售中占比很少，但是还是要将它保留在安全库存中，最终的目的就是为了提升店铺和品牌形象。图 1-42 为某店铺的形象款产品。

图 1-42　形象款

5. 备用款

备用款只是为了以防万一，给以后产品作准备，通常是作为店铺产品的一种补充而存在的。举例来说，如果一些产品出现断货或者某方面出了问题，备用款就会用上，成为店铺新的爆款产品。

另外，备用款也可以这样解读，店铺卖家总是会面对很多喜新厌旧的买家，那么就不得不一直在研发新品新款式，找到新的销售增长点，而这些新款其实也就是备用款。

总的来说，店铺线上的 5 大款都有各自的分工，它们共同发挥作用才能实现利润最大化，这是做好品牌的店铺必须要考虑的。同时，这 5 大款里面还要有一个超级明星，因为超级明星能带来的最佳效益就是单品制胜。而这个制胜产品极可能是引流款，有可能是利润款，这就需要在具体的经营过程中好好把握。图 1-43 所示为某店铺备用款产品。

图 1-43 备用款

技能点四 网店运营预算

对淘宝运营者来说，能够提前做好店铺的运营预算很重要，这样也可以更好地规划店铺的目标，帮助店铺实现盈利的目的。

淘宝店铺运营在做费用预算时可以从保证金、服务费、运费、包装、人员工资、推广费、团队培训拓展、会议聚餐、硬件、软件、场地等方面进行分析，可以合理规划网店费用布局。

假设以一家千万级天猫女装旗舰店为例，需要大约 20 人的团队，年销售额 2000 万元，利润率为 50%，毛利润为 1000 万元。

1. 场地租金

一线城市中，北京、上海通用仓库平均租金相对较高，分别为 41.84 元/（m^2・月）、43.04 元/（m^2・月）；成都通用仓库平均租金相对较低，为 21.34 元/（m^2・月）。二线城市中，无锡通用仓库平均租金相对较高，为 29.11 元/（m^2・月）；济南通用仓库平均租金相对较低，为 21.63 元/（m^2・月）。

按照济南仓库 21.63 元/（m^2・月）来计算 1000 平方米的仓库费用为：21.63 元*1000 平

方米*12 个月=259560 元。

按照济南写字楼 200 平方米估算，一年房租大概在 12 万元左右。

场地租金合计 259560 元+120000 元=379560 元，占比毛利润 3.8%。图 1-44 为某店铺办公场地。

图 1-44　办公场地

2. 保证金和技术服务费

一般旗舰店和专卖店持商标注册受理通知书的店铺保证金为 10 万元，持注册商标的店铺保证金为 5 万元；以天猫保证金 5 万元为例，6 万元的技术服务费，合计 11 万元，占比毛利润 1.1%。图 1-45 为某店铺所需的保证金和技术服务费。

下载专营店-TM标-资质清单

您所需资费

查询结果仅供参考，详细内容请下载说明文档

15万

保证金

当经营多个类目时按照保证金最高的类目缴纳

6万

软件服务年费

图 1-45　保证金技术服务费

3. 运费

基本女装客单价如果是正常的公司化运行，至少要保证在 130 元年度平均客单，可得出一年需发出订单 153900 单，运费平均 4～6 元，年度运费 769500 元，其中按照比例分配，占比毛利润 7.7%。图 1-46 为快递示意图。

图 1-46 快递

4. 包装费

产品本身的包装成本，产品发货的包装如果是以纸盒和售后服务保障卡的形式，那么，一个纸盒加售后卡的成本在 2 元左右（春夏小，冬装大，取平均）。预计产品一年发出 153900 单，需要 307800 元的产品包装费，占比毛利润 3%。图 1-47 所示为产品的包装。

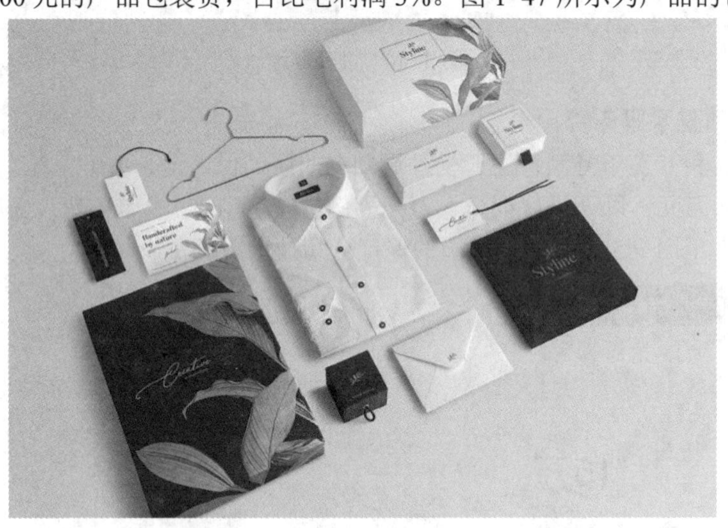

图 1-47 包装

5. 人员工资

2000 万元的销售额，1000 万元的毛利润需要大约 20 个人的团队。

（1）运营总监 1 人，年薪 30 万元左右。

（2）店长 2 人，年薪 30 万元左右。

（3）设计总监 1 人，年薪 15 万元左右。

（4）美工和摄影 2 人，年薪 18 万元左右。

（5）客服主管 1 人，年薪 9 万元左右。

（6）客服 5 人，年薪 20 万元左右。

（7）主播 2 人，年薪 18 万元左右。

（8）站外推广 1 人，年薪 10 万元左右。

（9）仓库 5 人，年薪 20 万元左右。

人员年工资共计 17 万元，占比毛利润 17%。

6. 推广费

推广费包括直通车、普通 CPM（Cost Per Mille，按展示付费广告）、定价 CPM 年度预算等，占推广费用 20%，合计 200 万元，占比毛利润 20%。图 1-48 所示为某店铺推广所需项目。

图 1-48　推广

7. 团队培训拓展

图 1-49 为团队培训拓展，中层人员需要外出培训，年度预算 5 万元，占比毛利润 0.5%。

图 1-49　培训

8. 硬件成本

（1）办公桌椅

20 人办公桌椅 500 元一套，共计 10000 元。占比毛利润 1%。某店铺的办公桌椅如图 1-50 所示。

图 1-50 办公桌椅

（2）电脑

普通电脑 17 台，单价 5000 元，合计 85000 元；美工摄影高端电脑 3 台，单价 8000 元，合计 24000 元，因此，20 台电脑合计 109000 元，占比毛利润约 1%。办公电脑如图 1-51 所示。

图 1-51 办公电脑

（3）摄像配套设备

相机、灯光、幕布、场地布置，合计 50000 元，占比毛利润 0.5%。摄像场地如图 1-52 所示。

图 1-52　摄像场地

（4）办公用品耗材

日常消耗品例如，手套、胶带、笔、墨盒、打印机等，合计 30000 元，占比毛利润 0.3%。办公耗材如图 1-53 所示。

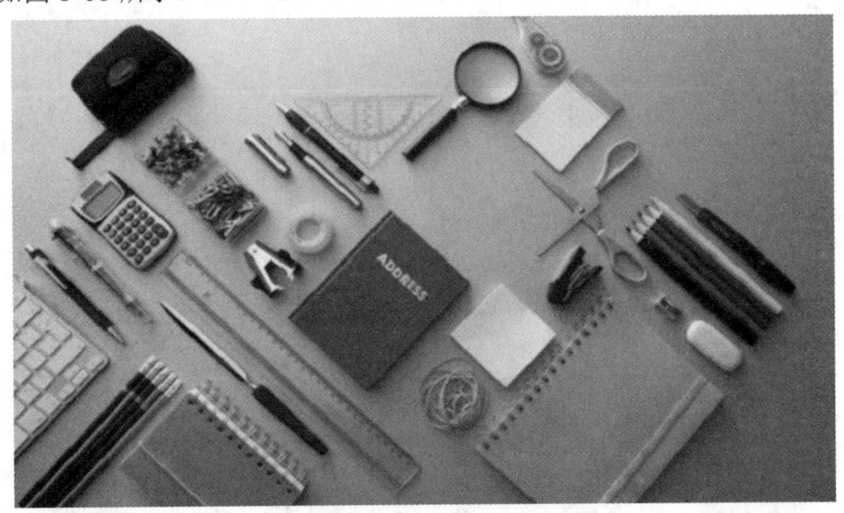

图 1-53　办公耗材

硬件成本合计 199000 元，占比毛利润约 2.0%。

9. 软件成本

淘宝装修模板、ERP（Enterprise Resource Planning，企业资源计划）系统、第三方插件、生意参谋等，合计 150000 元，占比毛利润 1.5%。图 1-54 所示为 ERP 系统。

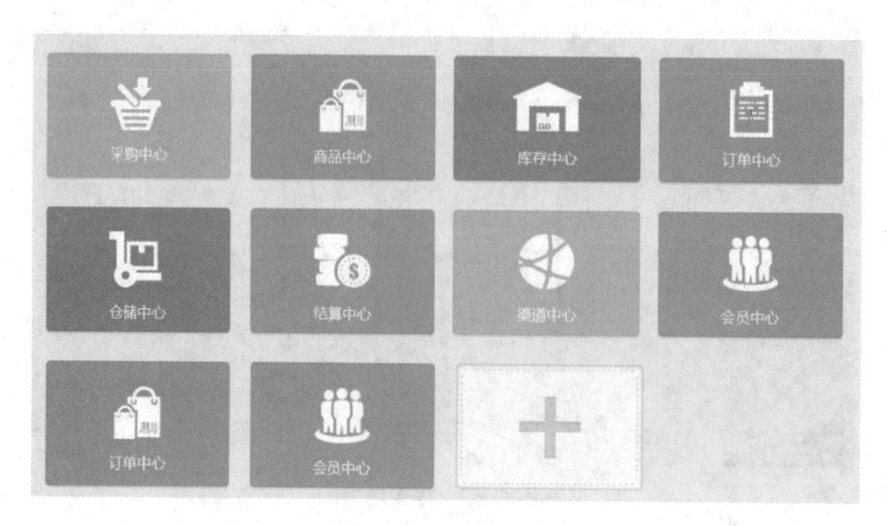

图 1-54 ERP 系统

10. 福利

年度预算约 5000—10000 元，根据公司情况而定，占比毛利润 0.05%—0.1%。如图 1-55 所示。

图 1-55 员工福利

11. 总结

年销售额 2000 万元的女装旗舰店，年毛利润 1000 万元，费用预算为 5675860 元，占比毛利润约 56.76%。根据公司具体情况，拟定不同的预算方案或减少不必要的环节来节省开销，合理分配资金使用情况。

技能点五 项目团队搭建

根据服装企业的基本情况，以实体资源为基础与电子商务相结合建立行业门户网站，肯定需要有一个强力有效的工作团队来进行维护营运。

在现代企业管理中，企业团队的素质是一家企业成功与否的关键，也是企业的核心竞争力。

打造优秀团队是管理者要解决的首要问题，也是对管理者的挑战。网站运营团队建设是网站运营中的重点。在网站团队建设中，从吸纳贤才到管理贤才，每一步都不容易。步步为营，才能打下良好的基础，有了良好的基础，才能为网站运营带来更大的效益。

通常情况下，一个网站运营团队应该有运营部、设计部、客服部、新媒体部、仓储部、财务部等相互配合，为公司线上运营奠定基础。

1. 运营部

电商运营是指通过互联网平台，利用各种技术手段和管理手段，协调电商企业内部各部门，从而实现电商平台的顺利运营和发展。电商运营涉及的范围非常广泛，包括商品管理、营销推广、订单管理、客服服务等多个方面。它是电商企业中最重要的一环，也是保证电商平台正常运转的关键部门。如图 1-56 所示。

图 1-56　运营部

运营部的人员构成如下。

（1）运营总监

1）岗位职责

①负责店铺日常维护（产品规划、标题优化、页面更新、库存维护等）；

②负责申报站内站外活动，促进销售；

③负责官方活动、店铺基本活动、联合活动等活动策划工作，确保正常上线；

④负责竞争对手运营情况分析和店铺数据分析，及时调整运营策略；

⑤制定月度年度计划并执行；

⑥制定各部门绩效考核。

2）任职要求

①专科及以上学历，电子商务等相关专业；

②1 年以上电商助理工作经验者优先；

③性格外向、反应敏捷、表达能力强，具备强烈的工作责任心；

④擅长 Excel 数据处理，熟练使用 PPT 等统计分析及展示工具；

⑤有商品运营经历并熟悉消费者心理，具备较强的组织协调能力、良好的沟通能力、语言表达能力和优秀的逻辑分析判断能力、推广策划能力以及沟通表达能力；

⑥有较强的学习能力，在工作中做到主动推动和踏实执行，具备良好的团队合作精神。

（2）店长

1）岗位职责

①负责店铺日常运营，协助完成店铺销售目标；

②定期策划网店活动，提升店铺名气，聚集流量和人气，形成销售；

③整理每日、周、月监控的数据；

④负责店铺日常管理，保证店铺的正常运作；

⑤制定月度销量任务和服务水平提升目标，月度店铺推广运营预算；

⑥定期针对推广运营效果进行跟踪、评估，并给出切实可行的改进方案；

⑦负责收集市场和行业信息，提供有效应对方案；

⑧负责每日监控的数据：营销数据、交易数据、商品管理、顾客管理。

2）任职要求

①有 1 年以上运营工作经验，熟练掌握操作流程并有成功独立运营的案例；

②熟练使用各种办公设备及 Office 软件；

③工作细致耐心，具有良好的沟通能力、协调能力；

④思维清晰，具有较强的数据分析能力；

⑤熟悉平台的运营规则并熟悉推广工具；

⑥具有责任心及团队合作精神。

（3）站外推广

1）岗位职责

①能够独立运营公众号，负责公众号的日常运营和维护工作；

②负责新媒体运营信息采编、编辑等相关工作；

③透过各种网络创意短片的制作或其他互动方法刺激各媒体平台的趣味性；

④配合公司各部门做好营销推广，以达到咨询量增加的效果；

⑤了解并掌握公司市场经理对产品的营销诉求，根据需求发展创意、撰写文案；

⑥根据用户关注的内容热点及其他部门业务需求，做好专题策划；

⑦积极探索和创新营销新手段、新模式；

⑧负责维护公司新媒体的加粉工作，保证粉丝量的持续增加；

⑨负责利用 H5 软件制作新颖的宣传内容，增加粉丝的黏合度；

⑩完成上级领导安排的临时性工作任务。

2）任职要求

①具备 2 年以上新媒体运营或网络推广工作经验；

②熟练掌握微信、微博、抖音等新媒体平台的运营机制及规则；

③文字表达能力强，善于捕捉各类热门网络热词，有较强的营销意识；

④有文案创作和编写能力，能结合公司项目撰写出符合用户需要的软文；

⑤具有良好的沟通和协调计划能力和新媒体思路；

⑥具有责任心及团队合作精神。

2. **设计部**

设计部成为电商平台的秘密武器，他们为团队提供原创的设计概念，既丰富电商平台又刺激消费市场，让电商充分拓展获利空间。设计部主要是负责设计出优秀的设计图，根据公司需要完成产品图片（包含白底图、细节图）的拍摄和修图，产品分析、市场调查、定位分析、卖点提炼、文案策划，以及详情页设计、页面设计、主图设计、广告图设计等一系列工作。设计部主要是负责店铺的整体风格和视觉，打造品牌形象，并要运营数据，分析产品设计，配合运营同事，随时调整设计内容，还有日常纠错、更新和替换图片设计等工作。设计部如图 1-57 所示。

图 1-57　设计部

（1）设计总监

1）岗位职责

①负责线上各店铺、商品、品牌整体形象、视觉风格的策划定位和装修设计，并把控促销活动、产品推广页面的装修设计，加强营销的视觉效果；

②实时掌握网站视觉流行趋势，有独到的创意、策略及想法，能够将设计理念与技术执行相结合；

③负责产品平面、摄影、摄像的策划和实施，对产品卖点、图片进行深入挖掘，研究潜在客户的需求，进行直观并且富有吸引力的描述，注重商品卖点提炼与润色，从而提高店铺商品的转换率；

④提升产品表现能力，把控宝贝详情页面文字和图象的设计和优化，提高店铺转换率；

⑤负责把控广告图（直通车、钻展）的设计，配合运营和推广，优化设计，提高点击率。

2）任职要求

①相关专业毕业，有大型互联网公司相关工作经验优先；

②认真细致，善于创新，思维活跃；

③有良好的团队合作精神，良好沟通能力；

④负责电商设计团队的人员管理、培训、工作安排等；

⑤负责活动页面、商品页面等电商相关视觉页面的把关及规划；

⑥负责电商相关页面的主设计，相关网站、店铺的主设计；

⑦负责与业务团队的整体统筹配合，把控整体设计项目进度；

⑧具有责任心及团队合作精神。

（2）美工

1）岗位职责

①负责公司网站的设计、改版、更新；

②负责公司产品的界面进行设计、编辑、美化等工作；

③对公司的宣传产品进行美工设计；

④负责客户及系统内的广告和专题的设计；

⑤负责与开发人员配合完成所辖网站等前台页面设计和编辑；

⑥其他与美术设计相关的工作。

2）任职要求

①美术、平面设计相关专业，专科及以上学历；

② 3 年以上网页设计及平面设计工作经验，2 年以上管理经验；

③能够根据产品特点、设计布光、优美构图，加上自己独特的创意完成拍摄；

④独立并灵活运用影棚灯光，充分体现出商品的质感，有一定的审美能力；

⑤具备商业摄影光影布局能力，能抓住产品特色进行拍摄；

⑥具有责任心及团队合作精神。

（3）摄影

1）岗位职责

①独立完成高品质各类产品图片、产品场景布局打光；

②根据产品提炼卖点并拍摄、调研并确认符合该产品的调性；

③对公司的宣传产品进行美工设计；

④负责客户及系统内的广告和专题的设计；

⑤负责与开发人员配合完成所辖网站等前台页面设计和编辑；

⑥图片与实物色彩、构图、细节等方面校对。

2）任职要求

①独立完成高品质各类产品图片、产品场景布局打光；

②具有较强的理解、分析、创意创作能力，具备专业摄影技巧和创新拍摄水平；

③有创造力、热爱生活，拍摄过家居百货产品者优先；

④有一定图片处理软件基础，熟悉操作主流软件，对电子商务行业有一定了解；

⑤具有良好的敬业精神和团队合作精神，有上进心，责任感强，自我学习能力强；

⑥具有责任心及团队合作精神。

3. 客服部

电子商务客服是承载着客户投诉、订单业务受理（新增、补单、调换货、撤单等）、通过各种沟通渠道获取参与与客户调查、与客户直接联系的一线业务受理人员。

作为承上启下的信息传递者，客服还肩负着及时将客户的建议传递给其他部门的重任，如来自客户对于产品的建议、线上下单操作修改反馈等。客服部如图 1-58 所示。

图 1-58　客服部

（1）客服主管

1）岗位职责

①带领客服团队完成销售业绩，负责销售目标的分解、落实；

②负责客服团队的日常管理、监督、指导、培训和评估；

③制定客户服务规范、流程和制度；

④完善客户常见问题反馈及解决流程，全方位优化客户服务质量；

⑤特定客服培训计划并组织落实，通过培训不断提高客服人员的业务技能；

⑥管理客户档案，建立客户关系维护相关办法；

⑦建立并优化企业独有的服务准则，包括售前、售中和售后服务；

⑧店铺日常操作的维护和管理，关注店铺交流区及留言回复；

⑨协助上级处理店铺其他事务。

2）任职要求

①电子商务商城 2 年以上客服主管经验；

②带领团队完成销售业绩、负责销售目标的分解、落实；

③负责客服团队的日常管理、监督、指导、培训、完善工作流程及 KPI（关键绩效指标）；

④管理会员档案及掌握会员营销技巧；

⑤熟悉平台规则及善于处理突发情况；

⑥熟悉使用网络交流工具和各种办公软件；

⑦做好客户关系管理，维护老客户销售推广，做好新客户服务体验；

⑧具有责任心及团队合作精神。

（2）售前客服

1）岗位职责

①网店日常销售工作，为顾客导购，问题解答；

②负责解答客户咨询，促使买卖的成交；

③对待买家态度要有耐心、细心，有较好的理解沟通能力；

④日常促销活动维护、平台网站（淘宝等）页面维护；

⑤负责发展维护良好的客户关系；

2）任职要求

①大专及以上学历，熟悉电脑基本操作，熟练使用 Office 办公软件，打字速度不低于 50 字 / 分钟；

②熟悉天猫淘宝交易规则，有 1 年以上淘宝客服工作经验，良好的销售与服务技能；

③为人诚信正直，有责任心，做事主动积极，有同理心，服务态度好；

④沟通能力强，有团队合作精神，做事有条理性，目标感强，能承受高压环境下工作；

⑤有销售童装服装相关、卖场零售、客户服务类等工作经验者优先考虑；

⑥具有责任心及团队合作精神。

（3）售后客服

1）岗位职责

①负责客户回访，满意度和客户关怀活动，搜集客户反馈信息，不断提升服务质量；

②及时跟进处理客户的相关信息，做好客户服务工作，解决客户投诉；

③及时、有效、妥善地处理客户的各种问题；

④处理客户咨询，解答客户疑通过聊天工具与客户沟通，解答客户疑问；

⑤引导客户下单，接听订购电话等；

⑥了解客户服务需求信息，进行有效跟踪，做好售后指导和服务工作；

⑦具有责任心及团队合作精神。

2）任职要求

①具备较强的学习能力、应变能力，可快速掌握专业知识，及时开展工作；

②需要对电脑操作熟悉，打字速度 50 字/分钟以上；

③普通话流利、工作耐心细致，有很好的服务意识应对各种类型顾客；

④有淘宝、阿里巴巴等大型商业网站的相关客服经验者优先；

⑤具有责任心及团队合作精神。

4. 仓储部

仓储部主要负责各种产品的出入库、保管及发货工作，协助相关部门完成商品的销售，为公司提供仓储服务。部门主要工作职责是：核对相关单据，检验商品，正常出库入库；及时更新商品库存及耗材信息，配合相关部门，适时更新补充；定时出具发货单，准确发货，监督物流包装工作。仓储部如图 1-59 所示。

图 1-59 仓储部

（1）仓储主管

1）岗位职责

①按规定做好货物进出库 ERP 验收，记账，做到账相符；
②随时掌握库存状态，保证货物供应，充分发挥周转效率；
③定期对仓库 7S 管理，保持仓库的整齐美观；
④货物分类排列，存放整齐，数量准确；
⑤搞好仓库的安全管理工作，检查仓库的防火、防盗设施，及时堵塞漏洞；
⑥按照订单要求配货及协助上级完成其他的工作；
⑦具有责任心及团队合作精神。

2）任职要求

①有电商行业仓储工作经验，具有天猫或京东平台商家仓储管理经验优先；
②必须具有独立的订单处理、打单、配货能力；
③熟悉电商仓库运作流程，包括收货、发货、商品管理；
④有较强的现场管理能力，解决异常问题的能力；
⑤大专及以上学历，熟练掌握办公软件。

（2）配货员

1）岗位职责

①熟悉商品知识，熟悉自身工作流程；
②定期对仓库盘点；
③配合仓库主管经理对来货的清点工作；
④商品归类、堆码、整理陈列；
⑤清楚特殊客户的特殊配货要求；
⑥及时向上级反映相关工作情况，完成主管领导交代的其他事情。

2）任职要求

①物流、运输、仓储相关专业中专以上学历；
②熟悉配送工作流程；
③具备 1 年以上配送或相关工作经验；
④具备良好的沟通协调能力；
⑤具备良好的语言表达能力及应变能力；
⑥工作认真细致，具有责任心。

（3）打包员

1）岗位职责

①按照仓库包装标准及订单要求对客服订单进行包装、打包；
②负责对每个订单的打包、张贴快递单等工作；
③主管安排的其他日常性工作。

2）任职要求

①此职位男女不限，需要会操作电脑，打字熟练，淘宝发货经验 1 年以上者；
②对电子商务有浓厚的兴趣，吃苦耐劳，服从领导分配，能够接受加班安排；
③工作认真、细心、有责任心、为人踏实诚恳上进；

④具有较强的梳理能力、规划能力；

⑤执行力强，能吃苦耐劳，能积极融入团队协作团队完成工作。

5. 新媒体部

电商新媒体又可以称为新媒体电商，是从传统电商中衍生而出的新型电商形式。从字面意思上理解可知，电商新媒体即“电商+新媒体”。采用传统电商与新媒体相结合的方式进行对商品的展示和变现，例如微博、短视频直播、小红书等，通过在这类平台上对商品进行展示，进而实现商品在线销售与变现。新媒体部如图 1-60 所示。

图 1-60 新媒体部

（1）主播

1）岗位职责

①负责公司各平台直播，销售公司产品；

②直播中跟客户介绍产品，活动内容及粉丝互动，促成订单成交；

③在直播当中解答客户的疑问；

④并维护老客户，开发新客户；

⑤讲解产品卖点，活跃直播间气氛，与粉丝及客户互动引导粉丝购买推荐商品；

⑥充分学习理解产品，根据产品特点梳理撰写直播脚本，操作直播后台。

2）任职要求

①五官端正，形象气质佳，上镜效果好，有镜头感性，口齿伶俐，能够调动气氛；

②能快速掌握产品款式卖点；

③积极与粉丝进行互动，维护老粉丝，开发新粉丝；

④播音主持、表演专业，无经验亦可；

⑤大专以上学历，18 岁及以上，口齿伶俐；

⑥有过销售、直播类的经验者优先。

（2）新媒体运营

1）岗位职责

①通过抖音、微信、微博、论坛等社交媒体营销推广；

②负责自媒体平台的布局，针对目标用户；

③持续发展媒体账户粉丝并做好客户服务工作；
④社交媒体营销活动策划、执行及评估；
⑤负责自媒体平台线上内容和活动的策划、执行等整体运营管理；
⑥负责增加粉丝数，提高关注度和粉丝的活跃度；
⑦分析把握用户、客户的需求，根据需求调整自媒体平台内容建设；
⑧利用运营数据分析工具，分析粉丝自媒体运营指标，提高运营效率与效果。
2）任职要求
①本科学历以上学历，优秀者可放宽要求，新闻、广告、市场营销专业优先；
② 3 年以上新媒体运营管理经验；
③熟悉新媒体推广等运营方式；
④具备策划、实施新媒体传播活动的能力，熟练使用 Word、Excel 和 PowerPoint；
⑤踏实肯干，有高度的责任心、团队协作能力，乐于接受新事物；
⑥思维活跃、抗压能力强；
⑦善于沟通，性格开朗，有高度的工作热情和良好的团队合作精神。

任务介绍

入驻淘宝女装类目之前，做好店铺发展规划，淘宝网的后台为商家提供众多的数据分析工具，方便商家进行各项数据分析，比如女装类目行业总规模、热销产品、竞争对手销售预测等。通过对这些数据进行分析，并结合产品自身优势确立方向、理清思路、明确定位，制定销售目标和发展步骤，确定阶段性的团队组建。之后形成具体的操作进度计划表格开展工作，当然在具体运营过程中还需要根据实际情况不断优化调整原来的计划和目标。

经营网店运营思路很重要，方法适应当下市场流量自然会多，接下来主要介绍淘宝平台母婴店铺的实战经验，尤其是店铺前期筹备工作的九个步骤。

第一步：市场分析

1. 市场潜量

随着网络普及，越来越多的人为了节约逛商店的时间会选择在网上购物，所以在网上销售是一个很好的路径。

2. 创新思维

目前在市场上的生活用品繁多，竞争激烈。其中很多的品牌占据了市场的绝大部分，且每种品牌产品均有各自的特点和稳定的销量，所以我们要寻找另一个市场，而创意不是人人都有的。创意具有新鲜感，让人感到思维的迸发，因此利用创意来吸引目光是一个不错的想法。

3. 消费者需求的特点

由于网上消费者以年轻人居多，他们的需求是时尚的、个性的，喜欢标新立异，所能普遍接受的价格为低价格。图 1-61 为服装市场分析。

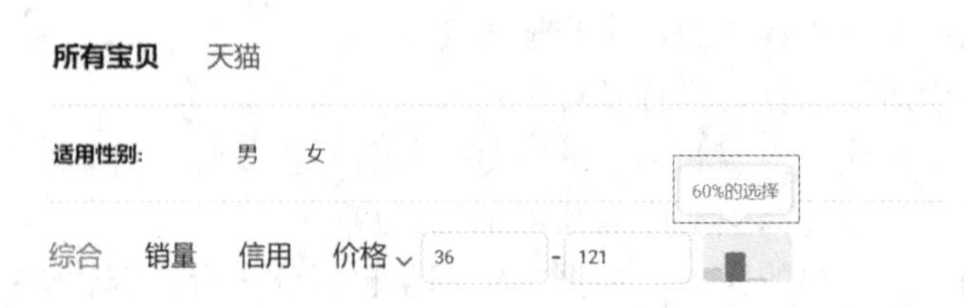

图 1-61 市场分析

第二步：行业分析

1. 市场规模

通过对过去连续五年中国市场女装服饰行业消费规模及同比增速的分析，判断女装服饰行业的市场潜力与成长性，并对未来五年的消费规模增长趋势做出预测。

2. 产品结构

从多个角度对女装服饰行业的产品进行分类，给出不同种类、不同档次、不同区域、不同应用领域的女装服饰产品的消费规模及占比，并深入调研各类细分产品的市场容量、需求特征、主要竞争厂商等，有助于客户在整体上把握女装服饰行业的产品结构及各类细分产品的市场需求。

第三步：目标市场分析

1. 淘宝店的目标市场

主要是追求时尚潮流、喜爱网上购物的年轻网民。竞争主要以特色的商品和价格以及良好的服务取胜，比如：经营的商品要紧跟潮流，以符合年轻消费者的要求；针对不同的消费者，定不同的价格给予不同的优待；针对不同的消费者给予不同的服务。

2. 校园的目标市场

制定合理的价格，供应特别服务，以及设展台展示商品让消费者了解商品。也可以送货上门，有质量服务的问题准时给以解决。

第四步：目标客户分析

依据上面的市场背景分析，得知网上购物的年轻人占多数，而年轻人的服装市场也是热门项目。虽然经营年轻人衣服的竞争者非常多，但仍可以以特色的服务取胜，如抓住年轻人的消费心理给予其所需服务，出售的衣服定价比较合理，适合年轻人的消费水平。对目标客户的画像分析如图 1-62 所示。

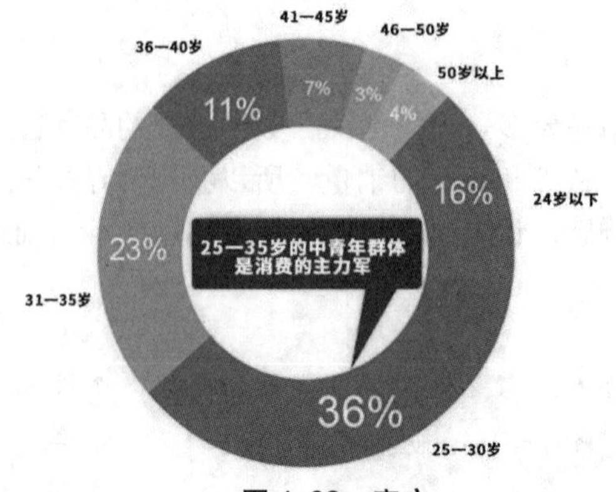

图 1-62 客户

第五步：产品策略

1. 产品定位

设计风格浪漫、丰富、自然，色彩沉稳、雅致，不盲从流行但始终时尚，材质多用不同肌理、风格的纯天然面料，如棉、麻、毛、丝等。

2. 包装定位

统一包装不会因为顾客的不同而不同。这样给顾客的感觉是同等的，没有因人而异，采取内包装袋加手提袋，外包装为飞机盒。

3. 价格策略

同类产品价格比实体店低于一半甚至多于一半，一方面能吸引顾客，另一方面可以提高自己的竞争优势。消费者情愿网购的原因大多数也是因为网上的价格比较廉价，质量还有一定的保证，而且网上购物比较便利。定价策略如图 1-63 所示。

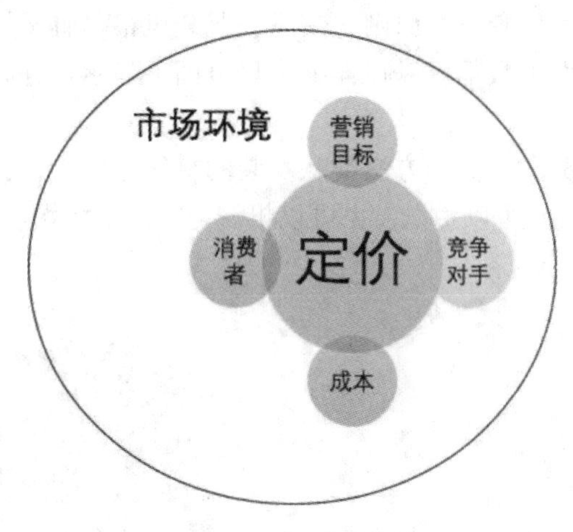

图 1-63　定价策略

第六步：页面制作

1. 店铺店招设计

依据网店主营商品确定店标，制作主题风格，例如，店铺主营为女装，风格确定为粉红色调，这种色调符合现在女生的审美，也能被大多数女生所接受。

依据店铺经营商品的状况在店招上面适当添加一些广告，如：满百就包邮、爆款商品图片链接等。

2. 主图设计

颜色与实物相符、细节表现、卖点突出、精益求精……这些图片呈现要素直达客户内心的购买欲望，引导客户拉动页面继续了解商品详情。商品主图尺寸制作成 800×800 像素，当大于这个值时，淘宝将启动放大功能有助于买家进一步了解商品信息。

3. 详情页设计

确定了产品的核心卖点之后，就需要设计产品的详细页面。细节页面的设计是为了告诉消费者独特的销售主张。一个好的详细信息页面应该具有以下特征。

（1）独特性：独特性的目的是快速吸引消费者的注意力，消费者对一些新奇的产品总是有强烈的好奇心。在一个细节页面中，产品的主图主要扮演一个像人脸一样被认可的角色。主图识别能力越强、越醒目，点击率自然越高。

（2）降低购买风险。值得注意的是，成年人的大脑对接受新的和不熟悉的东西既好奇又警惕。卖家需要给出一个令人信服的承诺，以减少消费者的警觉心理，例如，一些女装在细节页面上呈现 7 天无理由退货条款。

（3）材料介绍。材料是服装材料及其表面纹理的简称。在服装设计的三个基本要素，即造型、色彩和材料中，材料是服装最基本的物质基础，也是服装设计的依赖媒介。产品的材料必须在详情页上明确说明。

（4）尺寸介绍和购买建议。某种程度上，服装合体性的重要性大于材料和品牌。如果尺码不合适，再高档的服装也不适合消费者。因此，女性消费者在购买服装时，需要知道该服装的尺寸。

（5）匹配推荐。女装搭配分为六个部分，分别是个人服装搭配技巧、服装风格搭配技巧、脸型与身材搭配技巧、色彩搭配原则与禁忌、服装风格与鞋子搭配技巧、社交中的搭配原则。这六个内容中的大多数都可以在详细信息页面上显示，并且可以与营销和销售相关联。

（6）洗涤保养建议。洗涤和保养方法要从女装的材质考虑。比如棉布衣服，可以用肥皂、洗衣粉等各种洗涤剂洗，可以手洗，也可以机洗，一般洗涤温度为 40℃～50℃。图 1-64 所示为详情页设计的部分内容。

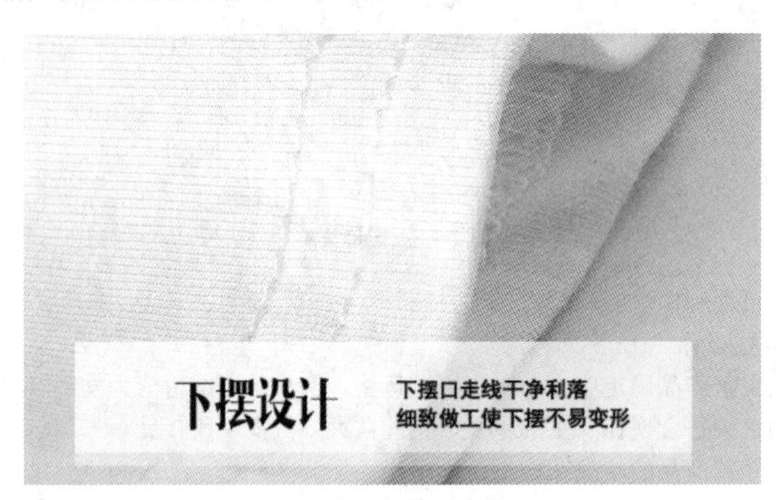

图 1-64 详情页设计

第七步：店铺推广

1. 店内推广

主要包括关键词优化产品上下架时间、整店及部分产品的促销优待活动。

主要促销工具有：满就送、限时打折、搭配套餐等。

2. 直通车

直通车是商家们使用最多的推广工具，通过设置关键词，在买家搜索相关词的时候，让宝贝展现出来，精准度很高。最重要的是，它适用于所有人群和店铺，不仅可以用来引流，还能测款、打造爆款。

3. 超级推荐

超级推荐属于场景推广的模式，它是信息流场景下的竞价，依赖的是场景推荐主动展示给有意向和个性化浏览的买家。其作用和淘宝直通车其实差不多。

4. 淘宝客

淘宝客的话不同于直通车，这个是给自己的产品加佣金，比如产品卖 100 元，你可以加 5%的佣金，也就是卖出去一件官方扣除你 5 块钱，这个佣金自己可以上调，佣金越高系统安排的推广就越多，效果就越好一些。

5. 引力魔方

阿里妈妈引力魔方，是超级推荐的全新升级版本，是融合了猜你喜欢信息流和焦点图的全新推广产品。原生的信息流模式是唤醒消费者需求的重要入口，全面覆盖了消费者购前、购中、购后的消费全链路；焦点图锁定了用户入淘第一视觉，覆盖了淘系全域人群。图 1-65 所示即推广可选的方法。

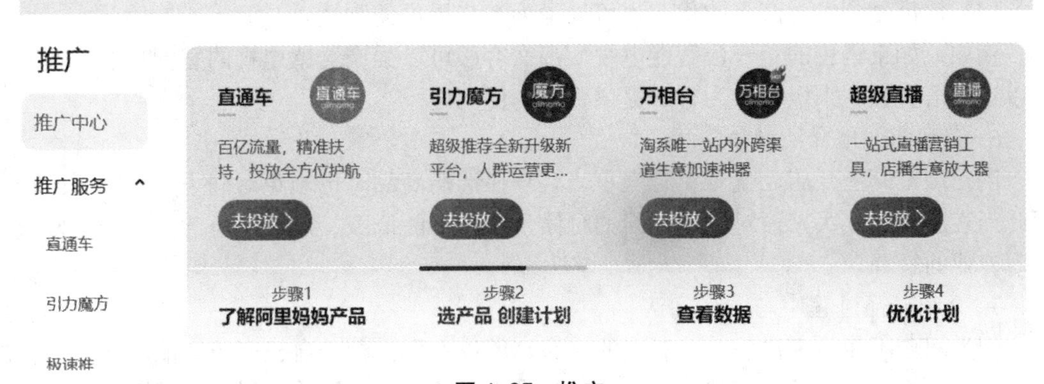

图 1-65　推广

第八步：客服销售

1. 了解客户的购物用途

先不要急着去推销产品，可以先去咨询下客户的购买用途是什么，掌握的信息越多，对销售就越有好处。针对客户购买商品的用途不同，客服在推销技巧、商品上也要有所不同。根据客户购买的用途，有针对性地推荐产品。

2. 了解客户的购物预算

咨询客户的购物预算是一个相对敏感的话题，会让客户觉得这是在质疑其经济能力，处理不好会中断客户的购买欲望。但是如果不知道客户的购买预算，就很难有针对性地选择合适价位的产品推荐给客户，所以，客服在咨询购买预算的时候要遵循循序渐进的原则。

3. 了解客户对产品的特殊需求

客户想购买商品时，也会对商品有一定的期望要求。比如客户在买衣服的时候，每个人的需求是不一样的。有人希望购买的衣服是名牌，有人希望是纯棉材质，还有的人希望能方便搭配。需求不同，推荐商品的筛选也就不同了。

4. 介绍商品的各项细节

有些客户对商品的质量、材质、价格、实物效果等难免有所怀疑，这种时候就考验客服对商品的熟悉程度了，需要客服对商品细节进行说明来说服客户。

5. 阐述产品优点给客人带来的好处

客服在销售商品的时候，可以重点突出商品的优点，这些优点能够给客户带来什么好处。客服在介绍商品能带来的好处时，可以侧重说明以下四个方面。

（1）提高生活品质：产品的优点可以显著提高客户的生活质量。

例如，如果销售的是一台节能空调，那么客服可以强调这款空调的节能特性，说明它可以帮助客户节省电费，从而提升他们的生活品质。

（2）提高工作效率：对于一些与工作相关的产品，其优点往往能够提高工作效率。

例如，如果销售的是一台高性能的电脑，那么客服可以强调这款电脑的处理速度和存储空间，说明它可以帮助客户更快地完成工作，提高工作效率。

（3）提升健康水平：对于一些健康相关的产品，其优点可以提升客户的健康水平。

例如，如果销售的是一台空气净化器，那么客服可以强调这款产品的净化效果，说明它可以帮助客户改善室内空气质量，提高他们的健康水平。

（4）提供便利性：产品的优点也可以是为客户提供便利性。

例如，如果销售的是一台智能电视，那么客服可以强调这款电视的智能功能，说明它可以通过语音控制来操作，为客户提供极大的便利性。

6. 客观职业地介绍竞争对手

同在淘宝网上开店，就难免有竞争，客户在选购商品时也难免对同类产品有所比较。因此当客服在遇到买家做对比、疑问的时候，千万不能诋毁、贬低竞争对手，一定要给予客观专业的解释。

7. 介绍产品过程中与顾客确认

因为网购不能与客户进行面对面的交流，所以不要只顾着自己介绍商品，要多与客户确认消息，确认客户是否清楚你在说什么，是否需要继续解答，这样才能保证信息传递是有效的。

8. 主动邀请顾客购买

淘宝客服除了推销给新客户之外，还可以考虑积攒回头客，主动邀请顾客购买商品。例如有上新、优惠等活动时，可以通过旺旺、手机短信、电子邮箱主动邀请客户购买。

9. 在顾客已经购买的情况下礼貌致谢

有些客户在某种商品有优惠活动前就已经购买了，但客服并不知情，仍在努力推销自己的商品，这会让客户觉得很不耐烦，回答的态度也会稍显冷漠。这个时候客服要调整好自己的情绪，礼貌致谢，给顾客留下一个好印象，记住每一个你交流过的顾客都是你的潜在消费者。图 1-66 所示为客服工作场景。

图 1-66　客服工作场景

第九步：数据分析

店铺的数据十分重要，把这些数据调整好，才会对营业额产生正向的影响，这样店铺经营中可以做到心中有数，不会经营混乱。

1. 进入店铺生意参谋后台

在生意参谋首页可以看到店铺支付金额、访客数、支付转化率和客单价、退款金额以及付费工具情况，如图 1-67 所示。

图 1-67　生意参谋

2. 数据分析

通过付费工具进行测图，各个免费流量渠道（例如商品素材中心、鹿班智能主图等）进行素材优化完善，争取更多流量展现机会。图 1-68 为数据分析界面。

单品诊断 销售分析 流量来源 标题优化 内容分析 客群洞察 关联搭配 服务分析

统计时间 2020-08-31 ~ 2020-09-29 实时 7天 30天 日 周 月

流量来源	访客数	下单买家数	下单转化率	浏览量	(占比)	操作
手淘推荐 较前30天	11,919 422.53%	54 671.43%	0.45%	22,602 546.88%	28.97%	趋势
超级推荐 较前30天	3,145 2,866.98%	26 2,500.00%	0.83%	7,263 >5000.00%	9.31%	趋势
手淘拍立淘 较前30天	2,346 1,485.14%	54 1,250.00%	2.30%	6,664 2,472.97%	8.54%	趋势
手淘淘宝直播 较前30天	2,097 348.08%	59 210.53%	2.81%	6,747 691.90%	8.65%	趋势
我的淘宝 较前30天	2,036 500.59%	104 511.76%	5.11%	11,066 1,068.53%	14.19%	趋势
手淘搜索 较前30天	1,691 1,465.74%	14 180.00%	0.83%	3,832 1,420.63%	4.91%	详情 趋势

图 1-68 数据分析

如果有些中小卖家没有购买生意参谋-流量纵横工具的，可以购买“生 e 经”工具进行替代，也可以点击宝贝分析查看单品数据，并有针对性地进行优化。

任务总结

本项目介绍了开网店的前期筹备工作，分别从市场分析、行业分析、目标市场分析、目标客户分析、产品策略、页面制作、店铺推广、客服销售、数据分析等方面开展前期工作，学习之后能够对店铺运用有更好的认识与帮助。

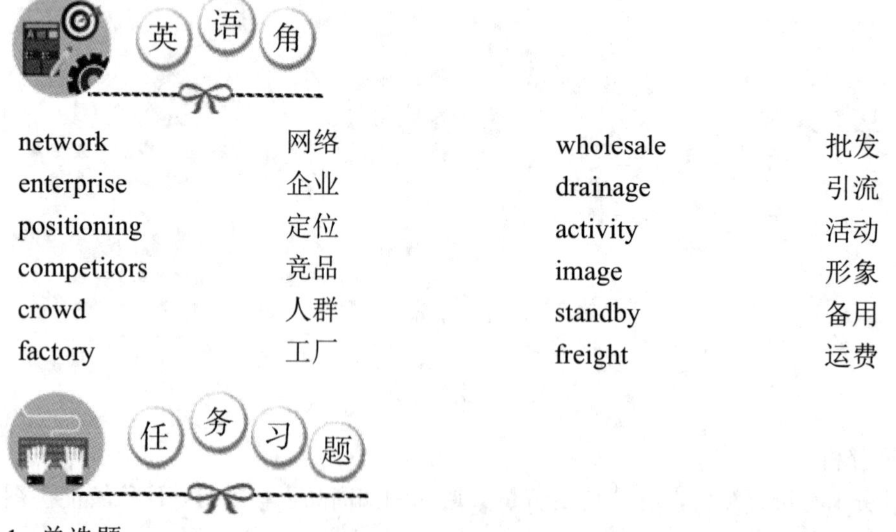

英语角

network	网络	wholesale	批发
enterprise	企业	drainage	引流
positioning	定位	activity	活动
competitors	竞品	image	形象
crowd	人群	standby	备用
factory	工厂	freight	运费

任务习题

1. 单选题

（1）机构要在新生态中站稳脚跟，就要在人、货、场上有所突破，其中人指的是（　）。

A. 机构旗下的主播　　B. 消费者

C. 商品供应链和品牌　　D. 直播场景

（2）（ ）强调满足消费者的需求，关注消费者在消费过程中的心理体验。

A. 购物的本地化　　B. 消费的圈层化

C. 服务的体验化　　D. 营销的泛娱乐化

（3）商家在定价时基于商品的成本来提高定价以创造利润，这是采用的（ ）的商品定价策略。

A. 基于成本定价　　B. 基于盈利定价

C. 基于竞争对手定价　　D. 基于商品价值定价

（4）下面不属于利用损失厌恶心理定价的做法是（ ）。

A. 非整数定价　　B. 价格对比　　C. 价格分割　　D. 限时优惠

（5）（ ）是指商家通过付费活动、营销工具等方式获得的流量。

A. 公域流量　　B. 付费流量　　C. 私域流量　　D. 免费流量

2. 填空题

（1）2018 年，第十三届全国人大常委会第五次会议上，表决通过了《____________》，该法的出台进一步整顿和规范了电子商务活动，对以淘宝为首的电子商务平台产生了重大的影响。

（2）________________是指电子商务中为交易双方或者多方提供网络经营场所、交易撮合、信息发布等服务，供交易双方或者多方独立开展交易活动的法人或者非法人组织。

（3）__________是指有相似的经济条件、生活形态、艺术品位、消费观念的消费者，在特定的时间通过某些途径形成的小圈子。

（4）_________指商家可以根据淘宝个性化推荐机制以及竞争对手的情况来确定网店风格。

（5）选品的基本思路是根据____________________，选择合适的商品品类，再选出有优势、竞争力的商品。

3. 简答题

（1）商品定价有哪些策略？

（2）商品定价需要掌握哪些技巧？

项目二　人员培训

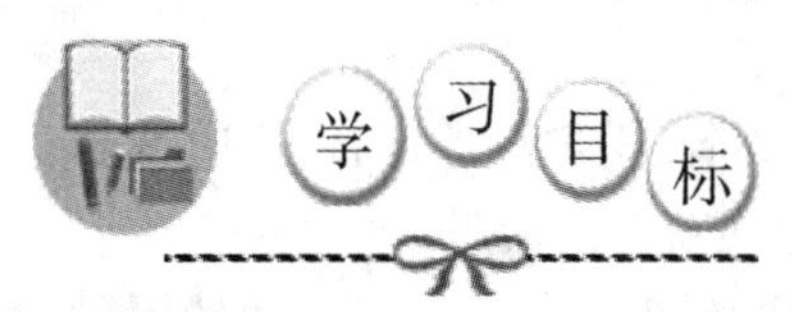

通过对人员培训的学习，了解培训的目的与意义、培训的要素、培训的方法、 培训的流程、培训人员的能力，在任务实施过程中：

- 了解培训的目的与意义；
- 熟悉培训的要素；
- 掌握培训的方法；
- 掌握培训课程；
- 熟悉培训的流程。

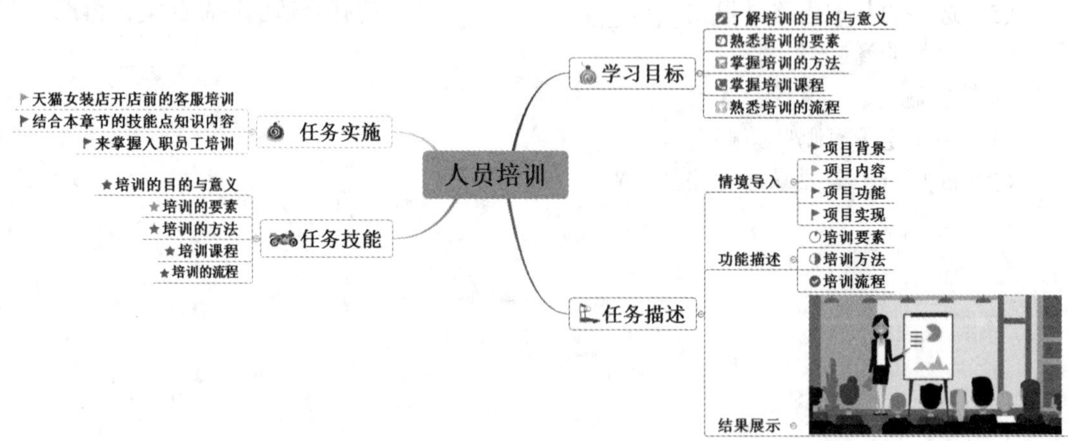

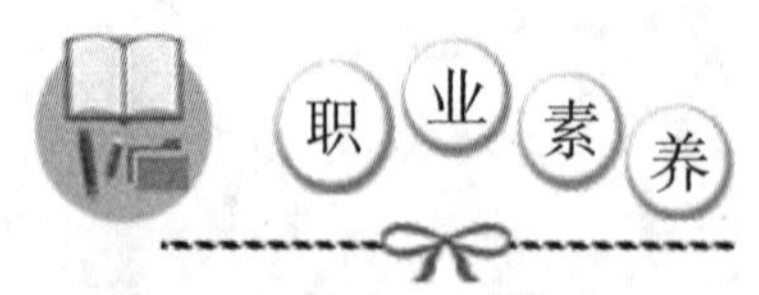

通过本课程的学习，加深对电商企业对员工培训理解和认知，通过学习培训的目的与意义，激发学习兴趣，鼓励学生运用专业技能服务社会、回报祖国。贯彻党的二十大精神，“人民对美好生活的向往，就是我们的奋斗目标”。坚持以人民为中心的发展思想，就要不断实现发展为了人民、发展依靠人民、发展成果由人民共享，让现代化建设成果更多更公平惠及全体人民，不断把人民对美好生活的向往变为现实。

【情境导入】

某品牌是知名的女装类目淘品牌，因其出众的品质一直备受爱美女性的青睐。

在天猫平台代理某品牌女装，店铺前期规划已经完成，接下来需要招贤纳士，运营整个店铺。为了确保新员工能够快速适应企业文化和品牌，提高工作效率，增加销售额以及更好地维护老顾客，新员工通过培训将能够快速适应企业文化和品牌，提高工作效率，从而为店铺的发展做出更大的贡献。

本项目主要介绍培训的目的与意义、培训的要素、培训的方法、培训的流程，学习人员培训相关工作。

【任务描述】

- 培训的目的与意义
- 培训的要素
- 培训的方法
- 培训课程
- 培训的流程

技能点一　培训的目的与意义

电商品牌公司对新员工进行培训的目的是帮助新员工快速适应公司的文化、价值观和工作流程，掌握所需的技能和知识，提高工作效率和质量，为公司的业务发展做出贡献。此外，培训还可以加强团队合作和沟通，增强员工的职业素养和自信心，提升员工的工作满意度和忠诚度，促进公司长期稳定发展。

1. 帮助新员工快速适应公司的文化和价值观

每个公司都有自己的企业文化和价值观，这些文化和价值观是公司的灵魂所在，也是员工工作指南。培训可以让新员工了解并接受公司的文化和价值观，可以让新员工更好地融入公司团队，从而更好地完成工作任务。图 2-1 所示为某电商品牌的企业文化和价值观。

图 2-1　企业文化和价值观

（1）公司的历史和发展

通过介绍公司的历史和发展，可以让新员工了解公司的起源、发展历程以及未来的发展目标，从而更好地理解公司的文化和价值观。

（2）公司的使命和愿景

通过介绍公司的使命和愿景，可以让新员工了解公司的核心价值观和发展方向，从而更好地融入公司团队。

（3）公司的行为准则

通过介绍公司的行为准则，可以让新员工了解公司的道德规范和行为标准，从而更好地遵守公司的规章制度，提高工作效率。

（4）公司的战略规划

通过介绍公司的战略规划，可以让新员工了解公司的未来发展方向和重点领域，从而更好地为公司的发展做出贡献。

（5）公司的产品和服务

通过介绍公司的产品和服务，可以让新员工了解公司的核心竞争力和优势，从而更好地为客户提供优质的产品和服务。

丰富多彩的培训内容可以让新员工更好地了解公司的文化和价值观，从而更好地融入公司团队，为公司的发展做出更大的贡献。

2. 掌握所需的技能和知识

不同的岗位需要掌握不同的技能和知识，比如销售人员需要掌握销售技巧和产品知识，客服人员需要掌握沟通技巧和服务标准等。因此，公司需要为新员工提供相应的培训课程，让他们能够快速掌握所需的技能和知识。专业技能培训如图 2-2 所示。

图 2-2　专业技能培训

（1）销售人员需要掌握销售技巧和产品知识

包括如何与客户建立联系、如何推销产品、如何处理客户投诉等。此外，销售人员还需要了解公司的产品和服务，以便更好地向客户介绍。

（2）客服人员需要掌握沟通技巧和服务标准

包括如何与客户进行有效的沟通、如何解决问题、如何处理客户的投诉等。此外，客服人员还需要了解公司的产品和服务，以便更好地回答客户的问题。

（3）行政人员需要掌握办公室管理和组织协调的技能和知识

包括如何安排日程、如何管理文件和资料、如何协调团队等。此外，行政人员还需要了解公司的政策和流程，以便更好地履行自己的职责。

（4）技术人员需要掌握专业知识和技术能力

包括如何使用软件和工具、如何解决技术问题、如何开发新的应用程序等。此外，技术人员还需要了解公司的业务和技术方向，以便更好地为公司的发展做出贡献。

不同的职位需要掌握不同的技能和知识，公司需要为新员工提供相应的培训课程，以确保他们能够快速掌握所需的技能和知识，从而更好地履行自己的职责和任务。

3. 提高工作效率和质量

通过培训，新员工可以更好地理解公司的业务流程和工作要求，从而更加高效地完成工作任务。同时，培训还可以帮助新员工提高工作质量，减少错误和失误的发生，提高工作效率和质量，如图 2-3 所示。

（1）帮助新员工了解公司的文化和价值观

通过培训，新员工可以了解公司的文化和价值观，从而更好地融入公司团队，并在工作中更好地遵守公司的规章制度和道德规范。

（2）提供必要的技能和知识

不同的职位需要掌握不同的技能和知识，通过培训，新员工可以获得必要的技能和知识，提高工作效率，减少错误和失误的发生。

图 2-3 提高工作效率和质量

（3）提高沟通能力

对于客服人员、销售人员等需要与客户或同事进行沟通的职位来说，培训可以帮助他们提高沟通能力，更好地理解客户需求和同事意见，从而更好地完成工作任务。

（4）增强团队合作意识

通过培训，新员工可以更好地了解公司的团队文化和团队合作方式，更好地协作完成工作任务。

同时，培训还可以帮助新员工更好地融入公司团队，增强团队合作意识。

4. 加强团队合作和沟通

在电商品牌公司中，团队合作和沟通是非常重要的。通过培训，新员工可以更好地了解团队成员的角色和职责，加强彼此之间的沟通和协作能力，提高团队的整体效率和绩效，如图 2-4 所示。

图 2-4 加强团队合作和沟通

（1）提高工作效率

通过培训，新员工可以更好地了解团队成员的角色和职责，加强彼此之间的沟通和协作能力，从而提高整个团队的工作效率，更快地完成工作任务。

（2）增强团队凝聚力

团队合作和沟通可以帮助新员工更好地融入团队，增强彼此之间的信任和理解，从而增强团队的凝聚力，使团队更加稳定和高效。

（3）提高工作质量

通过培训，新员工可以学习到更好的工作方法和技巧，从而提高工作质量，减少错误和失误的发生。

（4）促进创新和发展

团队合作和沟通可以促进团队成员之间的交流和分享，激发创新思维和创造力，推动公司的发展和进步。

5. 增强员工的职业素养和自信心

通过培训，新员工可以了解行业发展趋势和市场变化，增强他们的职业素养和自信心。同时，培训还可以让新员工认识到自己的潜力和价值，激发他们的热情和动力，为公司的发展做出更大的贡献。如图 2-5 所示为增强员工的职业素养和自信心。

图 2-5　增加员工的职业素养和自信心

（1）提供培训和发展机会

为新员工提供培训和发展机会，帮助他们提高技能和知识水平，从而增强自信心。

（2）打造良好的工作环境

打造一个积极、支持和鼓励员工的工作环境，使员工受到尊重和重视，从而增强自信心。

（3）给予认可和奖励

及时给予员工认可和奖励，表扬他们的成就和努力，激励他们继续发挥出色的表现。

（4）提供反馈和指导

给员工提供反馈和指导，帮助他们了解自己的优势和不足之处，并提供改进的建议。

（5）建设团队合作文化

建设团队合作的文化，让员工感受到彼此之间的支持和协作，从而增强自信心。

通过以上方法，企业可以增强员工的职业素养和自信心，提高员工的工作效率和质量，促进企业的持续发展。

技能点二　培训的要素

员工培训是企业发展的基础，也是企业发展的重要组成部分。有效的员工培训不仅能提高员工的工作能力，同时也可以提高企业的工作效率。

目前，常见的培训要素包括确定培训目标、选择培训方式、选择合适的培训内容、安排培训时间、选择合适的培训人员、评估培训效果等内容。如图 2-6 所示。

图 2-6　培训的要素

1. 确定培训目标

企业在进行员工培训时，首先要确定培训的目标，比如增强员工的技能、提高工作效率等。确定目标之后，才能有针对性地进行培训。如图 2-7 所示。

（1）企业战略和业务需求

企业的长期战略和业务需求是制定培训目标的基础。通过了解企业的战略和业务需求，可以确定哪些技能和知识对员工最为重要，以及如何将这些技能和知识应用到实际工作中。

（2）评估现有员工的能力和水平

通过对现有员工的能力和水平的评估，可以确定哪些方面需要加强和改进，从而为制定培训目标提供依据。

（3）分析竞争对手和市场趋势

了解竞争对手和市场趋势的变化，可以帮助企业预测未来的业务需求，从而制定相应的培训目标。

图 2-7　培训目标

（4）参考行业标准和最佳实践

参考行业标准和最佳实践，可以帮助企业确定哪些技能和知识是行业普遍认可的，从而制定符合标准的培训目标。

（5）与员工沟通并听取反馈

与员工进行沟通，听取他们的意见和建议，可以帮助企业更好地了解员工的需求和期望，从而制定更加贴近实际情况的培训目标。

2. 培训方式

企业在选择培训方式时，应该根据培训目标，把握培训的效果，选择合适的培训方式，比如面对面培训、网络培训等。如图 2-8 所示。

图 2-8　培训方式

（1）面对面培训

这种方式是最常见的培训方式，通常由专业的培训师或内部专家进行授课。面对面培训可以提供更加互动和个性化的学习体验，同时也可以更好地控制学习进度和质量。

（2）在线培训

随着互联网技术的发展，越来越多的企业开始采用在线培训的方式进行员工培训。在线培训具有时间和地点的灵活性，同时也可以通过多媒体和互动工具提高学习效果。

（3）混合式培训

混合式培训是将面对面培训和在线培训相结合的一种方式。通过结合两种方式的优点，混合式培训可以提供更加灵活和多样化的学习体验，同时也可以更好地满足不同员工的学习需求。

（4）实践培训

实践培训是通过实际操作和案例分析等方式进行的培训。这种方式可以帮助员工更好地理解和掌握知识和技能，同时也可以提高员工的实践能力和解决问题的能力。

3. 合适的培训内容

选择合适的培训内容。企业在选择培训内容时，应根据培训目标，确定培训重点，并结合实际情况，选择培训内容。如图 2-9 所示。

图 2-9 培训内容

（1）产品知识培训

电商公司员工需要了解自己所销售的产品的特点、优势、使用方法等，以便能够更好地向客户介绍和推销产品。因此，产品知识培训是电商公司培训的重要内容之一。

（2）销售技巧培训

电商公司的销售人员需要掌握一定的销售技巧，如沟通技巧、谈判技巧、客户服务技巧等，以便能够更好地与客户沟通和交流，提高销售业绩。

（3）运营管理培训

电商公司的运营管理人员需要了解电商平台的运营模式、流程、规则等，以便能够更好地管理和运营电商平台，提高平台的效率和用户体验。

（4）数据分析培训

电商公司的数据分析人员需要掌握一定的数据分析技能，如数据挖掘、数据可视化、数据报告撰写等，以便能够更好地分析和利用数据，为公司决策提供支持。

（5）市场营销培训

电商公司的市场营销人员需要了解市场营销的基本理论和方法，如市场调研、品牌推广、广告投放等，以便能够更好地制定和实施市场营销策略，提高公司的品牌知名度和市场份额。

（6）法律合规培训

电商公司员工需要了解相关的法律法规和政策，如电子商务法、消费者权益保护法等，以便遵守相关法律法规和政策，保障公司的合法权益。

4. 安排培训时间

企业在安排培训时间时，要根据培训内容，合理安排培训时间，确保培训效果。

（1）培训的类型

包括技能培训、团队建设、管理培训以及其他类型的培训。

（2）培训的时间长度

新员工入职培训的时间因公司而异，一般由人力资源部组织实施。岗前培训定为入职的1～3天，培训结束后由用人部门进行岗位实操培训，培训期限截至员工试用期结束，人力资源部跟踪实施绩效考核。

（3）参与者的数量

预计参加培训的人数是多少，提前做好准备。

（4）培训地点

包括公司内部、外部培训机构或者在线平台等。

5. 选择适合培训的人员

企业在选择培训人员时，应根据培训目标，选择具有丰富经验和良好授课能力的培训人员，以确保培训效果。

6. 评估培训效果

企业在进行培训之后，要及时对员工的培训情况进行评估，以确定培训的效果。

- 培训内容是否符合员工的实际需求；
- 培训方式是否适合员工的学习习惯；
- 培训效果是否达到预期目标；
- 员工对培训的满意度等。

技能点三　培训的方法

随着互联网经济进程的不断深入，市场经济结构的不断调整，企业转型迫在眉睫，这不仅对企业来说是一种考验，对员工也提出了更高的要求。企业培训对提升员工职能、提高企业核心竞争力的重要性，越来越受到众多企业的肯定与认同。如何做好培训，使员工能够真正从中受益，成为企业内部管理中最为关注的焦点之一。

不同的企业，因为企业规模、企业资本实力、企业所属行业性质及培训目的、培训对象等不同，开展企业员工培训时所用的培训方法也必然存在一定的差异。

电商企业通常情况下培训有讲授法、视听技术法、讨论法、案例研讨法、角色扮演法、自学法、互动小组法、企业内部电脑网络培训法等，方便员工学习。

1. 讲授法

属于传统的培训方式，优点是运用起来方便，便于培训者控制整个过程。缺点是单向信息传递，反馈效果差。常被用于一些理念性知识的培训。如图 2-10 所示。

图 2-10 讲授法

2. 视听技术法

视听技术法是一种利用现代视听技术（如投影仪、录像、电视、电影、电脑等工具）对员工进行培训的方法。这种方法具有直观鲜明，教材生动形象且给学员以真实感的优点，而且视听教材可反复使用，从而能更好地适应受训人员的个别差异和不同水平的要求，如图 2-11 所示。

图 2-11 视听技术法

3. 讨论法

讨论法通过小组讨论的方式，让员工在互相交流、分享经验和知识的过程中，提高自己的技能和能力。这种方法可以促进员工之间的互动和合作，增强团队精神和凝聚力，同时也可以帮助员工更好地理解和掌握培训内容。如图 2-12 所示。

图 2-12　讨论法

4. 案例研讨法

案例研讨法通过分析实际案例，让员工在讨论和解决问题的过程中，提高自己的技能和能力。这种方法可以帮助员工更好地理解和掌握培训内容，同时也可以帮助员工更好地应对实际工作中遇到的问题。如图 2-13 所示。

图 2-13　案例研讨法

5. 角色扮演法

角色扮演法通过模拟真实场景，让员工扮演不同的角色，从而提高自己的技能和能力。这种方法可以帮助员工更好地理解和掌握培训内容，同时也可以帮助员工更好地应对实际工作中遇到的问题。如图 2-14 所示。

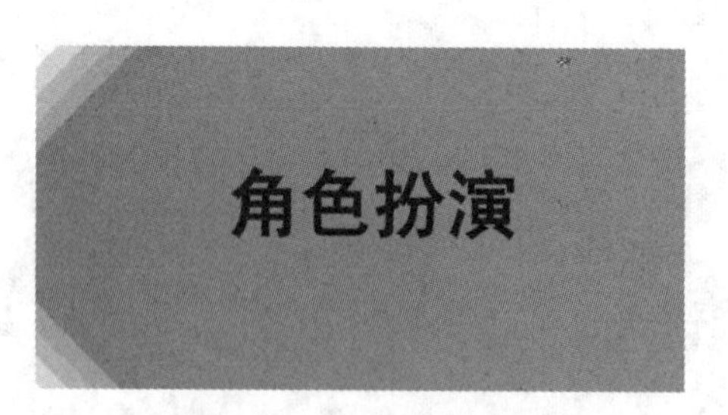

图 2-14 角色扮演法

6. 自学法

自学法通过自主学习的方式，让员工在不受限制的情况下，提高自己的技能和能力。这种方法可以帮助员工更好地掌握培训内容，同时也可以帮助员工更好地应对实际工作中遇到的问题。如图 2-15 所示。

图 2-15 自学法

7. 互动小组法

互动小组法通过小组讨论、分享经验和知识的方式，让员工在互相交流、合作的过程中，提高自己的技能和能力。这种方法可以促进员工之间的互动和合作，增强团队精神和凝聚力，同时也可以帮助员工更好地理解和掌握培训内容。如图 2-16 所示。

图 2-16 互动小组法

8. 企业内部电脑网络培训法

企业内部电脑网络培训法是一种新型的计算机网络信息培训方式，主要是指企业通过内部网，将文字、图片及影音文件等培训资料放在网上，形成一个网上资料馆或网上课堂，供员工进行课程学习。这种方式信息量大，新知识、新观念传递优势明显，更适合成人学习。因此，特别为实力雄厚的企业所青睐，也是培训发展的一个必然趋势。如图 2-17 所示为企业内部电脑网络培训法。

图 2-17　企业内部电脑网络培训法

技能点四　培训课程

企业的最终目标是盈利，而针对这一目标，培训课程应该根据不同岗位的需求进行分类。这些课程须注重实用性和功利性，旨在帮助员工尽快将所学内容转化为工作绩效，提高员工的工作能力和效率，从而为企业创造更大的价值和利润。与文化教育的课程相比，企业培训更关注实际应用和业务能力，强调解决具体问题和实现业务目标。因此，企业需要制定明确的培训计划，采用先进的培训方法和技术，建立有效的评估机制，并鼓励员工参与和提出建议，以确保培训课程的有效性和实效性。

本书通过运营部、视觉部、客服部、仓库部的课程介绍来对各岗位培训课程进行分类。

1. 运营部课程

运营部课程是指运营部门的培训课程内容。运营部门的培训课程内容一般包括：基本规则、店铺优化、数据分析、营销策划、引流方法、文案提炼等方面的知识。这些课程可以帮助运营人员更好地了解市场需求，提高产品的质量和用户体验，从而提高公司的业绩。

（1）天猫基本规则

作为淘宝平台的一部分，天猫的规则体系包含适用《淘宝平台规则总则》《淘宝平台争议处理规则》《淘宝平台违禁信息管理规则》《淘宝平台价格发布规范》《淘宝平台交互风险信息管理规则》等淘宝平台规则。此外，基于天猫市场的特殊性及业务发展需要，天猫进一步制定了仅适用天猫生态各方的规则内容。

下面将分别介绍天猫的基本规则、入驻规则、资费规则以及续签考核规则。

1）天猫基本规则

天猫基本规则是指天猫平台为保障消费者权益，维护市场秩序而制定的一系列规定。根据淘宝网的规定，天猫规则分为两类违规：一般违规和严重违规。一般违规行为是指除严重违规行为外的违规行为，严重违规行为是指严重破坏淘宝经营秩序或涉嫌违反国家法律法规的行为。如图 2-18 所示。

图 2-18　天猫基本规则

2）入驻规则

天猫根据商家品牌、经营状况和服务水平评估入驻资格。结合国家规定、行业动态和消费者需求，不时更新标准。入驻规则包括商家资质、店铺类型及要求、限制、跨类目经营限制、多家店铺限制、重新入驻限制和限制入驻。

3）商家资质

天猫会根据商家品牌、企业实际经营情况、服务水平等综合因素，评判是否准许商家入驻天猫平台。商家需要提供相关证明材料，如营业执照、税务登记证、组织机构代码证等，如图 2-19 所示。

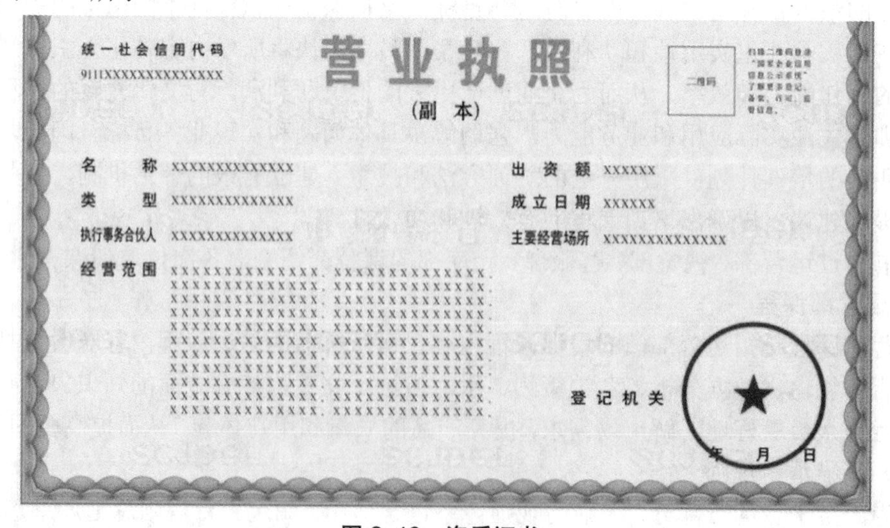
统一社会信用代码
911IXXXXXXXXXXXXXX

营业执照
（副　本）

二维码

扫描二维码登录“国家企业信用信息公示系统”了解更多登记、备案、许可、监管信息。

名　　称　XXXXXXXXXXXXXX
类　　型　XXXXXXXXXXXXXX
执行事务合伙人　XXXXXXXXXXXXXX
经营范围　XXXXXXXXXXXXX，XXXXXXXXXXXXX，……

出 资 额　XXXXXX
成立日期　XXXXXX
主要经营场所　XXXXXXXXXXXXXX

登记机关
年　月　日

图 2-19　资质证书

4）天猫店铺类型及要求

天猫有自营店、旗舰店、专营店、普通店四种类型，不同类型的店铺有不同的要求和限制。商家需要根据自己的经营情况选择合适的店铺类型，并满足相应的要求，如图 2-20 所示。

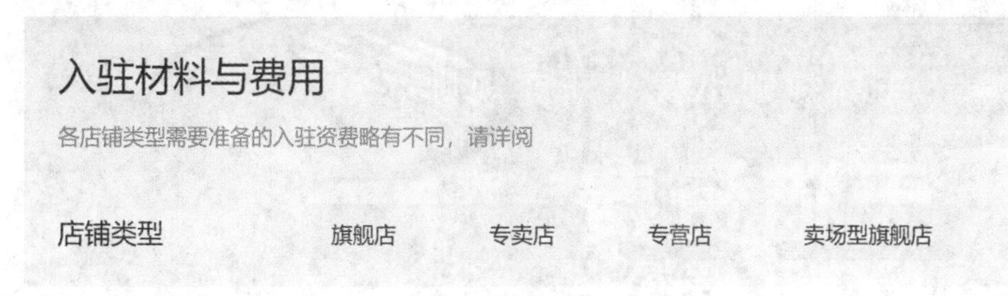

图 2-20　店铺类型

5）入驻限制

天猫会对某些行业或品类进行限制，如食品、保健品、化妆品等，只有符合相关规定的商家才能入驻。同时，天猫也会对一些地区进行限制，如中国台湾地区、中国香港地区等。如图 2-21 所示。

图 2-21　入驻

6）跨类目经营限制

如果商家在多个类目下经营，需要满足相应的条件才能申请跨类目经营。例如，如果商家想要在服装类目下经营家居用品，需要先在家居用品类目下开设店铺，并获得一定的销售业绩后才能申请跨类目经营。

7）同一主体开多家天猫店铺限制

同一主体只能开设一家天猫店铺，如果需要开设多家店铺，需要使用不同的主体信息进行注册。

8）同一主体重新入驻天猫限制

同一主体重新入驻天猫平台也需要遵守上述规则，不能直接使用之前的账号进行入驻。

9）天猫限制入驻

有些商品或服务可能因为法律法规、政策等原因而被禁止在天猫平台上销售，商家需要了解相关规定并避免违规行为。

①资费规则

开通天猫店铺，需要了解开店时准备缴纳的各项服务资费情况，提前为店铺开通做好准备，对店铺保证金、软件服务年费、实时划扣软件服务费进行深入了解。如图 2-22 所示。

图 2-22 天猫资费

②品牌、商号（或字号）、企业以及类目的限制

与淘宝（包括但不限于淘宝网、天猫、一淘等）已有的品牌、频道、业务、类目等相冲突的品牌；以“网”“网货”结尾的品牌；包含行业名称或通用名称的品牌，均无法入驻天猫。如图 2-23 所示。

图 2-23 商家入驻

③软件服务费

商家在天猫经营必须缴纳年费，各个类目的年费不同，对达到类目指定销售额的，官方会给予年费折扣，或者免年费。年费缴纳及结算详见《天猫 2019 年度软件服务年费缴纳、折扣优惠及结算标准》。

商家可通过天猫网（www.tmall.com）右上角“商家支持（如图 2-24 所示）-天猫规则-左侧导航栏”中找到需要学习的规则。

图 2-24　天猫软件服务费

④实时划扣软件服务费

实时划扣软件服务费是指在用户使用某些在线支付或交易服务时，系统会自动从用户的账户中扣除相应的费用。这种服务费通常是由第三方支付机构或交易平台提供的，用于维护和升级系统、提供安全保障和客户服务等。如图 2-25 所示。

《天猫2022年度各类目年费软件服务费一览表》

备注：

1、本表仅载明各项指标，具体年费缴纳及折扣优惠计算标准详见《 天猫2022年度软件服务年费缴纳、折扣优惠及结算标准 》。

2、由于类目划分较细，二级类目、三级类目、四级类目仅列出与一级类目扣点或固定年费不同的类目，各一级类目下完整的二级类目、三级类目、四级类目列表以商品展示页面为准。

天猫经营大类	一级类目	软件服务费费率	二级类目	软件服务费费率	三级类目	软件服务费费率	四级类目	软件服务费费率	软件服务年费（元）	店铺综合体验分均值标准	享受50%年费折扣优惠对应年销售额（元）	享受100%年费折扣优惠对应年销售额（元）
	服饰配件/皮带/帽子/围巾	5%							30,000	3.0	180,000	600,000
	女装/女士精品	5%							60,000	2.9	360,000	1,200,000

图 2-25　实时划扣软件服务费

⑤续签考核

天猫商家考核标准发生临时调整或年度更新（以下合称“变更”）的，不影响商家已进入的考核周期。考核中的商家将沿用变更前的考核标准直至当前考核周期结束，商家进入下一考核周期（包括变更时处于免考期的商家进入试考期、变更时处于试考期的商家进入正式考核期、变更时处于正式考核期的商家进入新的正式考核期等）时，适用当前最新生效的考核标准（即最近一次变更后生效的考核标准）。

例如，《2023年天猫商家考核标准》于2023年1月1日正式生效，商家在2023年1月1日及之后新进入的考核周期（不论是免考期、试考期还是正式考核期）均适用《2023年天猫商家考核标准》；商家在2023年1月1日前进入的考核周期，适用进入该考核周期时最新生效的考核标准，如《2022年天猫商家考核标准（按季度试考版）》。

⑥店铺销售额达标

试考期内，商家店铺销售额目标须进行4次考核，考核时间点分别为免考期结束后的第3/6/9/12个月末（以下简称“考核节点”）。例如，某商家2023年8月1日0时开始试考期，2024年7月31日24时试考期结束，则4次考核节点分别为2023年10月31日24时、2024年1月31日24时、2024年4月30日24时、2024年7月31日24时。正式考核期内，考核节点为正式考核期的第12个月末。截至各考核节点，对应考核周期内商家累计的店铺销售额须不低于该考核节点对应类目的销售额目标。

⑦店铺综合体验分达标

商家每月店铺综合体验分（每月的考核分值以商家在考核当月最后一天的分值为准）超过对应类目“店铺综合体验分目标”，则该月度考核通过。

考核周期内，商家未通过月度考核的月数小于“累计不符合店铺综合体验分目标的月数”的，属于店铺综合体验分达标；

持续经营：试考期内，商家持续无经营的时间不超过3个月；正式考核期内，商家在单一考核周期内持续无经营的时间不超过6个月。

无经营是指店铺存在以下任一情形的：未发布任何商品、虽有已发布商品但未产生店铺销售额，或未有主营类目。

⑧其他说明

涉及跨类目经营的商家，按照店铺主营类目相对应指标进行考核。

店铺销售额是指在考核期间，商家所有交易状态为“交易成功”的订单金额总和。

店铺综合体验分是天猫综合商家店铺的商品体验、物流体验、售后体验、咨询体验、纠纷投诉五个维度的表现后所得出的体现商家综合服务能力的综合分值。

（2）店铺优化

在日常的网络商店运营中，每一次店铺优化都是提升的积累。通过持续的优化，可以建立一个流量闭环，从而提高店铺的质量和声誉。合理地规划产品分类也是非常重要的，它能够直接影响到销售额的提升。

为了进一步了解如何进行店铺的内部优化，必须深入研究以下几个方面：店铺装修的操作步骤、产品标题的优化以及产品主图详情的优化。这些都是提升店铺内功的关键要素。如图2-26所示。

图 2-26　店铺优化

1）店铺装修操作步骤

①在天猫后台的“店铺管理”中找到“店铺装修”，点击进入。如图 2-27 所示。

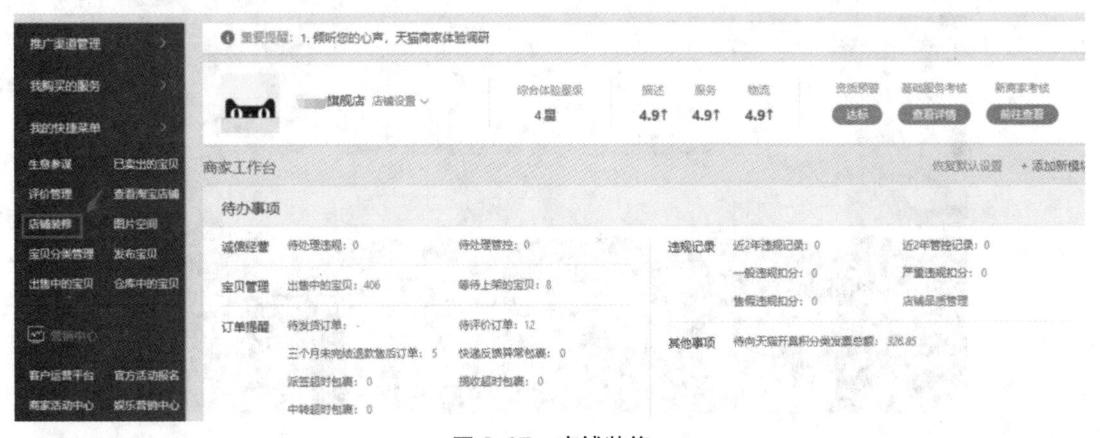

图 2-27　店铺装修

②进入装修页面选择首页，点击“装修页面”。如图 2-28 所示。

页面名称	更新时间	状态	操作
首页	2023-06-07 08:30:04	已发布　线上首页	装修页面

图 2-28　装修页面

③进入新建装修页面，在左侧选项栏有多个可以拖动的装修模块。如图 2-29 所示。

图 2-29 装修模块

④美工将做好的图片传入对应的模块中，添加好对应跳转的产品链接即可。装修效果如图 2-30 所示。

图 2-30 装修效果

2）产品标题优化

宝贝标题是吸引买家进入店铺的一个关键途径。如果优化得好，当客户搜索某一个产品时，产品就会相应地排在前面，更容易吸引客户的注意。因此，对于网店来说，优化宝贝标题是非常重要的一步。

①30 个汉字/60 个字符以内（1 个汉字是 2 个字符，1 个字母/数字是 1 个字符），充分利用这 30 个字。

②标题需要和商品的类目、属性一致，比如，出售的是连衣裙，标题中就不能出现女鞋等不相关的关键词。

③核心词：或者叫产品词，是宝贝标题的核心，也是流量最大的词，用来描述卖家卖的是什么产品，如图 2-31 所示。

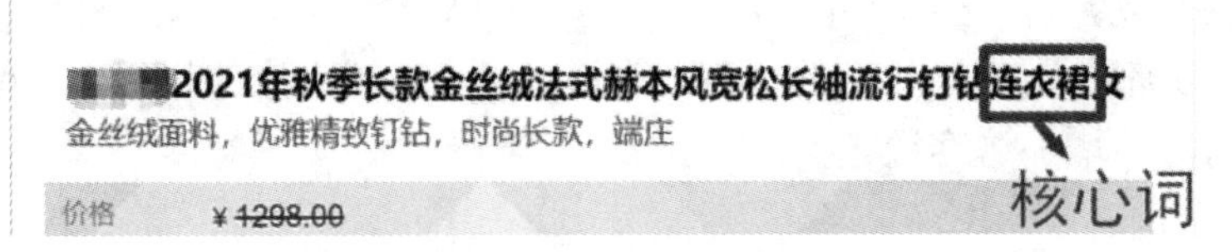

图 2-31　核心词

④属性词：对产品信息的重要补充，帮助买家在搜索时更容易匹配到自己的产品，包括产品的外观、参数、风格、季节、材质、规格等，如图 2-32 所示。

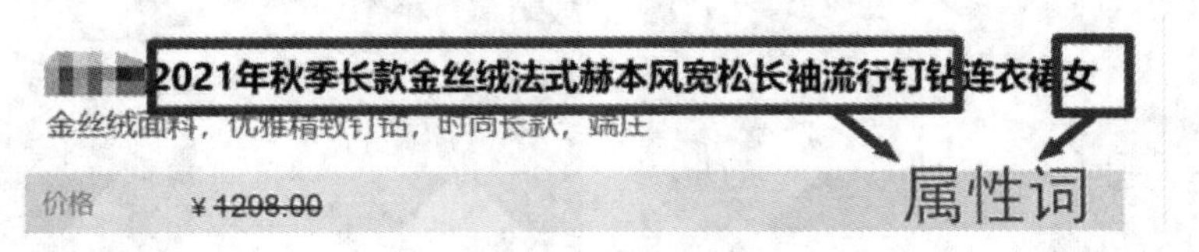

图 2-32　属性词

⑤长尾词：指买家搜得比较多，但是卖家用得比较少的词，一般由多个属性词+类目词组成。这种词有一定热度，但竞争又不会太激烈。在店铺基础较弱或新品上市时，通常需要用长尾词帮助产品脱颖而出。如图 2-33 所示。

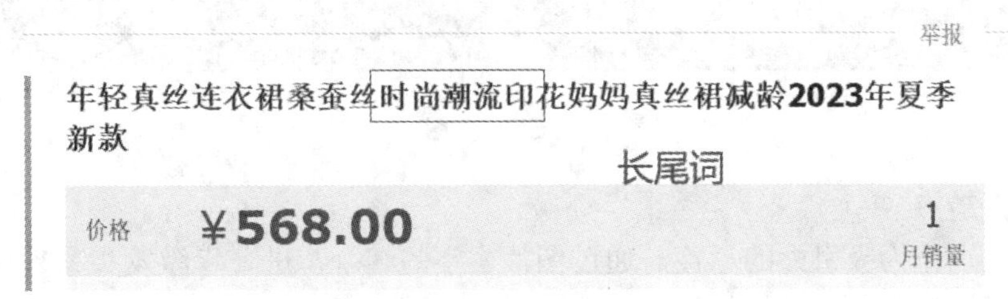

图 2-33　长尾词

⑥通过生意参谋—市场—搜索分析—相关搜索词进行查询，通过数据分析关键词的各项指标，选择数据好的关键词进行组合标题。如图 2-34 所示。

热搜排名	搜索词	搜索人气 ≑	商城点击占比 ≑	点击率 ≑	点击人气 ≑	支付转化率 ≑	直通车参考价 ≑
1	手表	54,936	73.77%	102.18%	34,877	3.58%	1.86
2	手表男	54,099	75.15%	102.33%	39,668	7.53%	1.97
3	手表女	46,024	59.27%	125.63%	34,201	5.77%	1.61
4	卡西欧	34,673	78.28%	99.31%	19,360	0.93%	1.59
5	dw	29,465	94.51%	209.96%	22,567	0.26%	1.02
6	dw手表女	25,009	83.02%	182.27%	20,572	0.33%	1.47
7	手表女学生韩版简约...	23,695	7.81%	117.77%	19,273	4.20%	0.58
8	dw手表	23,245	86.58%	177.22%	17,976	0.43%	1.42
9	浪琴男表	21,278	75.72%	87.67%	15,755	0.11%	0.32

图 2-34　关键词数据分析

3）产品主图详情页优化

主图和详情页都是影响转化率的因素。主图起到为店铺引流的作用，只有主图设计好，才会有买家点击产品增加访客数。

①目光吸引力

吸引力的位置是在详情页的最顶端——首图。作为详情页的顶部位置，有吸引用户目光以及引导用户继续浏览的重要作用，要直观地体现是卖什么的。如图 2-35 所示。

图 2-35　首图

②强化兴趣点

兴趣点可以作为吸引力的承接，通过图片文字的结合，进一步激发买家兴趣，为下一步做铺垫，同时也是对产品的优势做一个表述。如图 2-36 所示。

图 2-36　兴趣点

③购买说服力

说服力毫无疑问是详情页关键的一部分，这部分需要用细致描述、对比手段、权威认证、喜好优惠等方法，说服买家对产品的信任，并且使其有为产品买单的意愿。如图 2-37 所示。

图 2-37　购买说服力

④易阅读

每一个产品详细信息会有多达上万字的文字介绍，通过详情页设计，将文案卖点优化，配图设计，减少买家阅读的困难性，让买家更轻松地了解产品。

⑤差异化

打造差异化的主图和详情页是提高产品在电商平台上销量的重要手段。

- 提高点击率：主图和详情页是用户了解产品的第一印象，通过差异化的设计与布局，可以吸引用户的注意力，提高点击率。
- 增加转化率：差异化的主图和详情页可以更好地展示产品的特点和优势，让用户更容易被说服购买。
- 提升品牌形象：通过打造独特的主图和详情页，可以提升品牌的形象和知名度，增强品牌的竞争力。
- 满足用户需求：差异化的主图和详情页可以更好地满足用户的需求，让用户更加信任和满意。
- 优化用户体验：通过优化主图和详情页的设计和内容，可以提高用户体验，增加用户留存率和复购率。如图 2-38 所示。

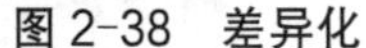
图 2-38　差异化

（3）数据分析

通过生意参谋查看每天的数据情况，掌握店铺各维度的细微变化，便可知道店铺目前的经营状态。如图 2-39 所示。

图 2-39　生意参谋

1）客户概况

淘宝生意参谋中的客户概况是指对店铺的买家进行分析，包括买家的性别、年龄、地域等信息。这些信息可以帮助商家更好地了解自己的目标客户群体，从而制定更精准的营销策略和推广计划。如图 2-40 所示。

图 2-40　客户概况

2）价格区间分析

产品以多少钱销售能够被顾客接受要参考数据分析。有关价格段的数据分析如图 2-41 所示。

近90天支付金额

支付金额	搜索点击人气	搜索点击人数占比
0-25元	8,629	26.36%
25-50元	5,073	11.25%
50-115元	4,498	9.30%
115-220元	10,095	34.01%
220-505元	5,715	13.60%
505元以上	3,211	5.48%

图 2-41　价格段

3）销售地域

产品在不同地区销售情况各不相同，通过数据分析可以了解到产品在各地区的销售情况。如图 2-42 所示。

省份分布排行

排名	省份	搜索点击人气	搜索点击人数占比
1	广东省	16,437	14.33%
2	山东省	10,482	6.84%
3	江苏省	9,406	5.74%
4	河南省	9,341	5.67%
5	浙江省	9,306	5.64%

图 2-42　销售地域

4）购买人群

产品的购买人群也可以通过数据看出。如图 2-43 所示。

职业占比

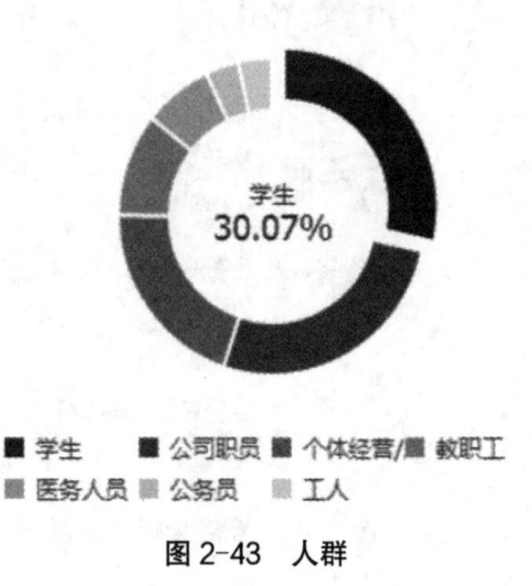

图 2-43　人群

5）行业大盘

电商网店行业大盘数据分析的意义在于帮助企业了解整个行业的发展趋势、市场规模和竞争格局，从而制定更加科学合理的发展战略。如图 2-44 所示。

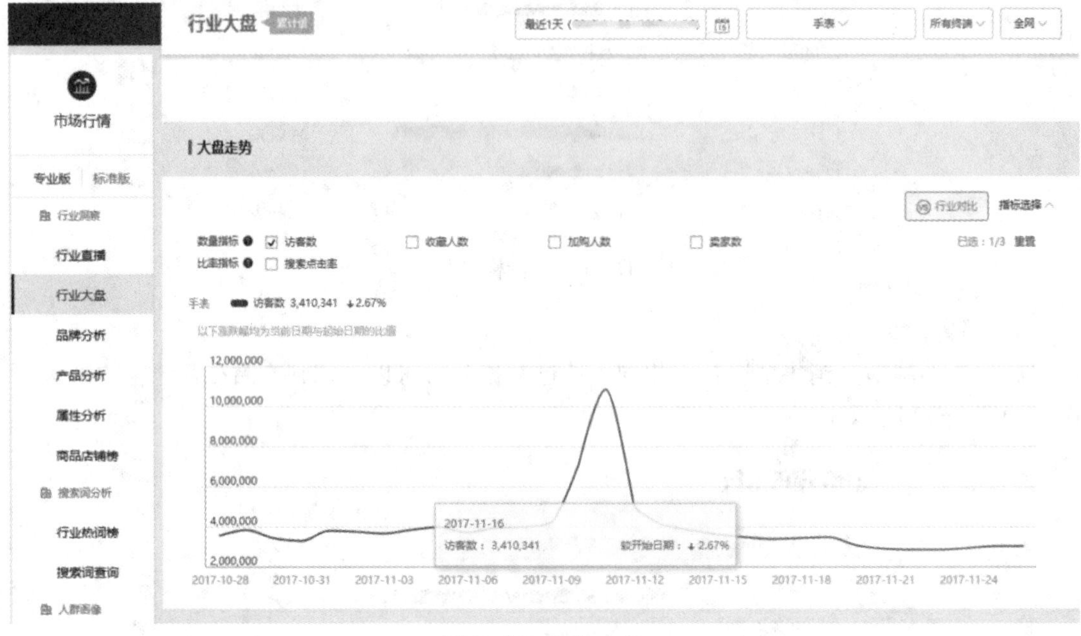

图 2-44 行业大盘

6）竞店分析

电商网店竞店分析数据分析的意义在于帮助企业了解自己在行业中的位置和竞争对手的情况，从而制定更加精准的营销策略并提高自身竞争力。如图 2-45 所示。

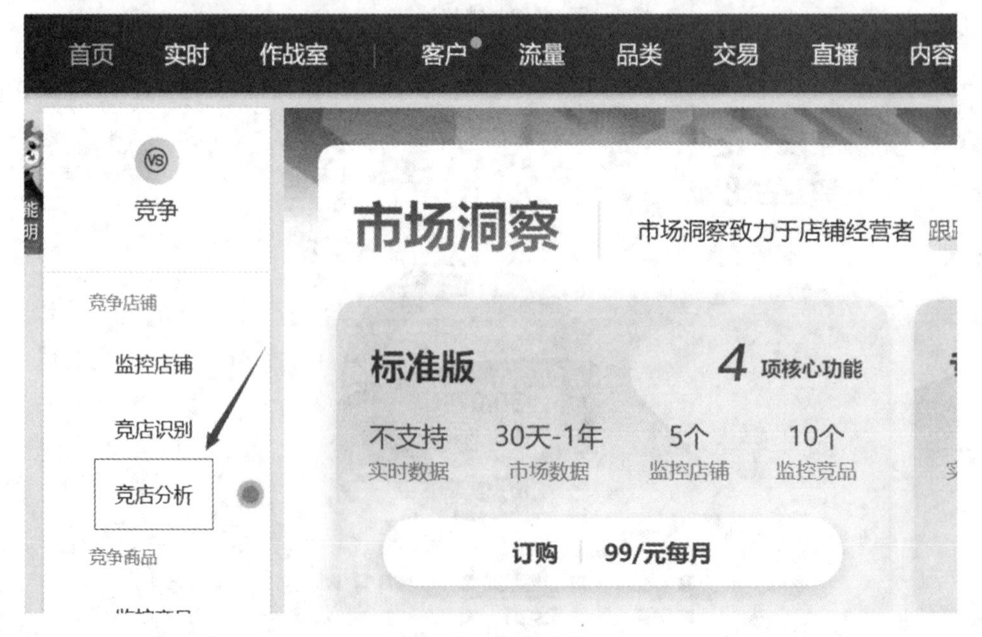

图 2-45 竞店分析

电商网店竞店分析数据分析是企业决策的重要依据之一，可以帮助企业更好地了解市场情况和竞争格局。

（4）营销策划

天猫店铺营销活动策划的目的是吸引更多的顾客，提高店铺的知名度和销售额。不同的活动策划可以达到不同的目标，例如，增加品牌曝光度、提高转化率、增加销量等等。如图 2-46 所示。

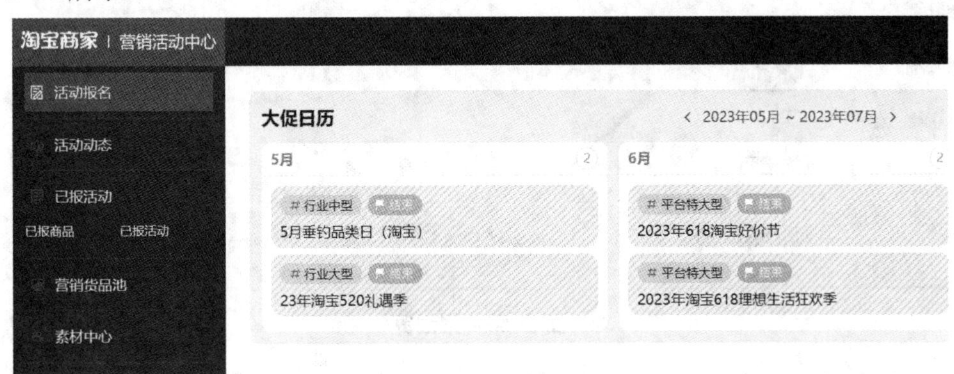

图 2-46　营销活动

1）天天特卖

天天特卖是淘宝开创的一个促销活动，扶持小卖家成长的营销平台。在此平台上，优质的产品应季折扣销售，买家限时抢购，互惠互利，小卖家能获得高流量展示，快速获取客户资源，增强店铺营销能力，促进自身成长。如图 2-47 所示。

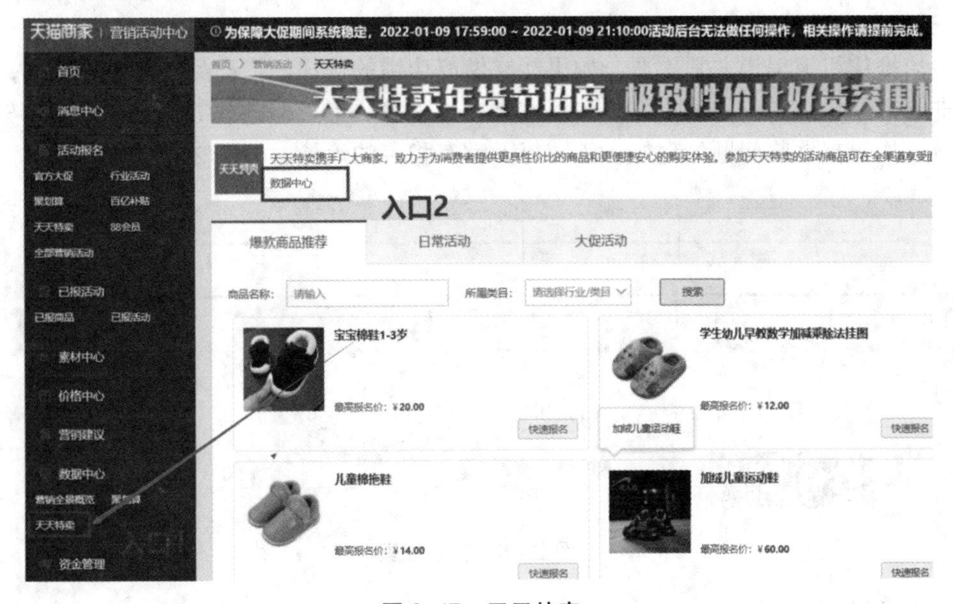

图 2-47　天天特卖

2）聚划算

天猫聚划算是淘宝旗下的一个团购平台，旨在为消费者提供更优惠的价格和更多的选择。对于商家来说，参加聚划算活动可以增加店铺的曝光度、流量引入和成交量。此外，聚划算还可以帮助商家冲量成为KA商家，拉新和权重排名，给予一定的优惠，活动微亏或不赚钱，累积的用户和权重能让店铺更加稳定。如图2-48所示。

淘宝KA商家是指在某个类目中，销售额排名前几名的商家。KA即Key Account，中文译为“重要客户或大商家”。对于企业来说，KA卖场就是营业面积、客流量和发展潜力等多方面都处于优势的大终端。

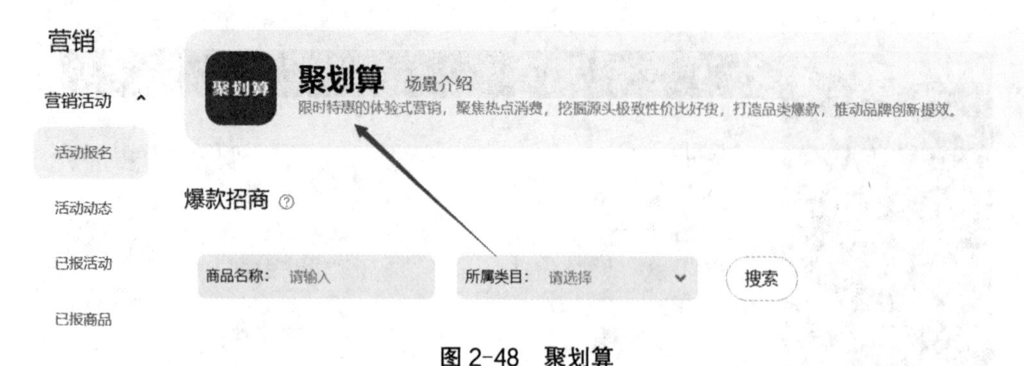

图2-48 聚划算

（5）引流方法

网店引流是让更多的客户群体来关注自己的企业、产品或服务，然后提高产品的知名度或服务的影响力，企业可以在短时间内迅速实现收益。引流可以加快获客和提高有效转化率。

介绍几种非常实用的网店推广引流渠道，分别是淘宝自然搜索、店铺促销活动、报名官方活动、淘宝联盟、店铺外推、淘宝付费推广。

1）淘宝自然搜索

网店推广引流渠道非常重要，如果能够做好店铺的优化，把产品排名提高上去，店铺引流非常容易，淘宝自然搜索主要利用淘宝搜索引擎、宝贝标题关键词、宝贝上下架时间设置等，如果把这些问题处理好，店铺每天都有稳定的流量。如图2-49所示。

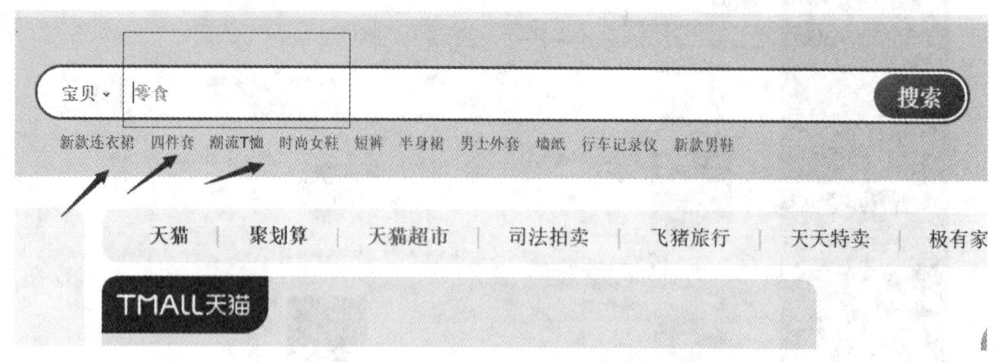

图2-49 自然搜索

2）店铺促销活动

店铺能够做好内部活动策划，可以给店铺带来很多的流量，其中常见的店铺促销活动有抽奖、买家秀、投票、发放权益、优惠券、折扣、淘金币等。利用好节日活动做好店铺的活动策划也可以给店铺带来大量的流量，而且流量质量也非常高。如图2-50所示。

图 2-50　店铺活动

3）报名官方活动

淘宝官方的活动本来就有很多，店铺如果能够成功申报这些官方活动，就可以在淘宝网上获得一个非常好的广告展示位，能够带来很好的流量，其中官方活动有淘营销活动、天天特价、阿里试用等。如图 2-51 所示。

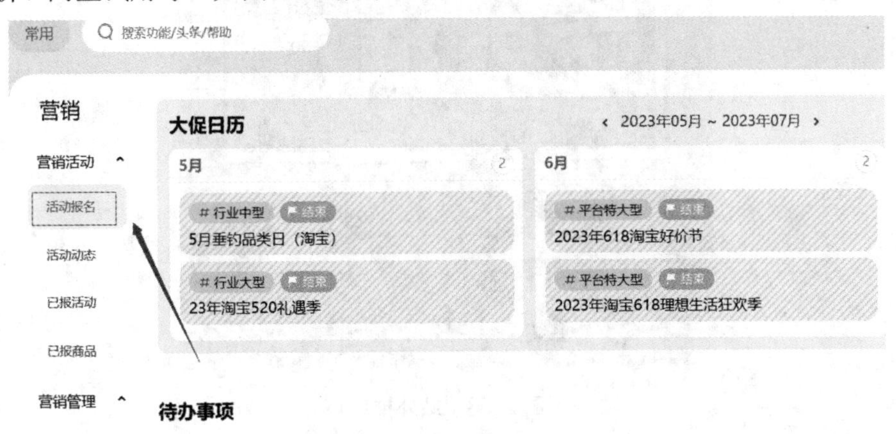

图 2-51　活动报名

4）淘宝联盟

淘宝联盟也是店铺联盟，这是一个官方的推广渠道，相当于同一个产品名称下，在其他店家的商品系统会自动展示自己家的产品，开通店铺联盟产品也会展示在别人家的店铺产品下，可以给店铺带来大量的流量，是非常好的推广引流渠道。如图 2-52 所示。

图 2-52 淘宝联盟

5）店铺外推

指一些论坛、社区、微博、微信、QQ 等社交平台的一些推广引流渠道，就是将店铺链接发布到其他的交流平台上，这是非常好的免费推广引流渠道，也比较实用，能够给店铺带来大量的流量。如图 2-53 所示。

图 2-53 站外推广

6）淘宝付费推广

官方付费的推广平台，比如淘宝客、直通车、引力魔方、万相台等，这些都是属于付费推广渠道，推广效果非常好。相应地，想要获得大量流量就需要付费。如图 2-54 所示。

图 2-54　付费推广

经营网店的推广宣传渠道有很多，方法也是多种多样的，要想给店铺带来大量的流量就需要自己用心去做店铺推广，不断地去学习和研究，找到适合店铺的推广渠道和方法，为店铺带来更多精准流量。

（6）文案提炼

电子商务文案的写作并非简单的字词组合，需要掌握连贯精确的写作步骤。文案人员应该根据产品、公司的相关材料及经典案例进行资料搜集，而不是随意套用模仿或漫无目的地搜集。只有这样才能写出一篇语言流畅、结构清晰、逻辑严密并且满足消费者需求的电子商务文案。

1）产品标题写作

在电子商务环境下，消费者掌握着信息的浏览主动权。作为文案人员，需要熟悉电子商务文案策划与写作步骤，并掌握文案标题的写作方法。因为消费者最先看到的是标题，只有标题具有吸引力，才能吸引消费者的注意力，进而增加文案的点击量，最终达到宣传推广的目的。如图 2-55 所示。

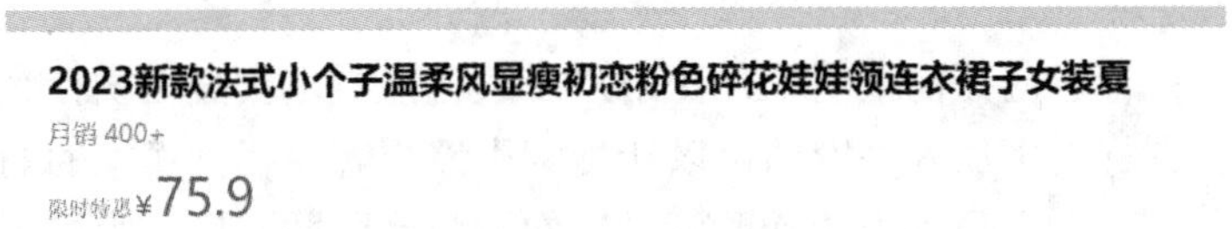

2023新款法式小个子温柔风显瘦初恋粉色碎花娃娃领连衣裙子女装夏
月销 400+
限时特惠¥75.9

图 2-55　标题写作

2）正文写作

具有吸引力的标题可以引导消费者继续浏览文案正文内容，若正文内容也写得符合消费者胃口，则能使其成为潜在消费者。因此，文案人员需要掌握文案正文的写作方法，包括开头、内容和结尾的具体写作方法，以写出能吸引消费者的正文内容。

3）写作注意事项

在写作电子商务文案的过程中，文案人员不仅要注重文字的表达，还要从创意、消费者感受、内容可读性、视觉感官等多个角度来提升文案的阅读价值，使文案能够一眼就征服消费者，在消费者心中留下深刻印象。

4）企业品牌文化

企业品牌文化包括企业的使命、愿景、价值观、行为准则、工作风格等方面，这些元素共同构成了企业的品牌形象和品牌价值。企业通过品牌文化的建设，可以塑造自己的品牌形象，提升品牌知名度和美誉度，进而吸引更多的消费者和客户。

企业品牌文化也是员工的共同信仰和行动指南，能够激发员工的工作热情和创造力，提高员工的工作效率和满意度，从而推动企业的发展。因此，企业需要重视品牌文化的建设，将其融入到企业的经营管理中，不断强化和完善品牌文化，以实现企业的可持续发展。

2. 视觉部课程

电商网店视觉设计部培训课程的意义在于，它可以帮助学员掌握电商网店视觉设计的基础知识和技能，提高他们的专业水平。通过学习这些课程，学员可以了解如何使用各种工具和技术来创建吸引人的网站和应用程序，以及如何设计出符合品牌形象和用户需求的视觉元素。此外，这些课程还可以帮助学员了解如何在电商平台上进行营销和推广，以及如何分析和评估用户行为和反馈。

（1）电商标题字设计

电商标题字设计是电商设计中的重要部分。一个好的标题可以吸引用户的注意力，让他们更愿意点击进入商品详情页。如图 2-56 所示。

图 2-56 标题设计

1）简洁明了：标题应该简洁明了，让用户一眼就能看出卖家在卖什么。

2）关键词：在标题中加入关键词可以让搜索引擎更容易找到卖家的商品。

3）有吸引力：一个有吸引力的标题可以让你的商品脱颖而出，吸引更多的用户。

4）避免夸张：不要使用夸张的语言或图片来吸引用户，这可能会让人反感。

（2）透视空间海报

透视空间海报是一种用于展示电商网店的产品和促销活动的海报。它通常采用透视效果，让用户可以更好地了解产品的特点和优势，并吸引他们进入网店购买。如图 2-57 所示。

1）确定主题和目标受众：在设计透视空间海报之前，需要明确主题和目标受众。这有助于确定海报的内容、风格和色彩等元素。

2）选择合适的透视效果：透视效果可以让海报看起来更加立体和有层次感。常用的透视效果包括斜视透视、正视透视和鸟瞰透视等。

3）突出产品特点：透视空间海报的主要目的是展示产品的特点和优势。因此，需要在海报中突出产品的特点，例如颜色、尺寸、材质等。

图 2-57　透视空间海报

4）加入促销信息：促销信息是吸引用户进入网店购买的重要因素之一。可以在海报中加入促销信息，例如打折、满减等。

5）注意排版和配色：透视空间海报的排版和配色也非常重要。需要确保文字清晰易读，颜色搭配协调美观。

（3）光影空间海报

光影空间海报是一种用于展示电商网店的产品和促销活动的海报。它通常采用光影效果，让用户可以更好地了解产品的特点和优势，并吸引他们进入网店购买。如图 2-58 所示。

图 2-58　光影空间海报

1）确定主题和目标受众：在设计光影空间海报之前，需要明确主题和目标受众。这有助于确定海报的内容、风格和色彩等元素。

2）选择合适的光影效果：光影效果可以让海报看起来更加立体和有层次感。常用的光影效果包括渐变光影、阴影光影等。

3）突出产品特点：光影空间海报的主要目的是展示产品的特点和优势。因此，需要在海报中突出产品的特点，例如颜色、材质、纹理等。

4）加入促销信息：促销信息是吸引用户进入网店购买的重要因素之一。可以在海报中加入促销信息，例如打折、满减等。

5）注意排版和配色：光影空间海报的排版和配色也非常重要。需要确保文字清晰易读，颜色搭配协调美观。

（4）电商主图设计

当用户进入电商平台时，第一张图片往往是他们看到的最重要的内容。这就是为什么电商主图设计如此重要的原因。一个好的主图可以吸引用户的注意力，让他们更愿意点击进入商品详情页。同时，它也可以提高转化率和销量，建立品牌形象。因此，要重视电商主图的设计，并不断优化和改进，以确保产品能够脱颖而出，赢得用户的信任和喜爱。如图 2-59 所示。

图 2-59 主图设计

（5）详情页设计

电商详情页设计对于电商平台的成功至关重要。一个好的详情页可以让用户更好地了解产品的特点和优势，从而提高购买意愿和转化率。同时，它也可以建立品牌形象，增强用户的信任感和忠诚度。因此，需要重视电商详情页的设计，并不断优化和改进，以确保产品能够吸引用户的注意力，赢得他们的信任和支持。只有这样，才能在激烈的市场竞争中脱颖而出，取得成功。如图 2-60 所示。

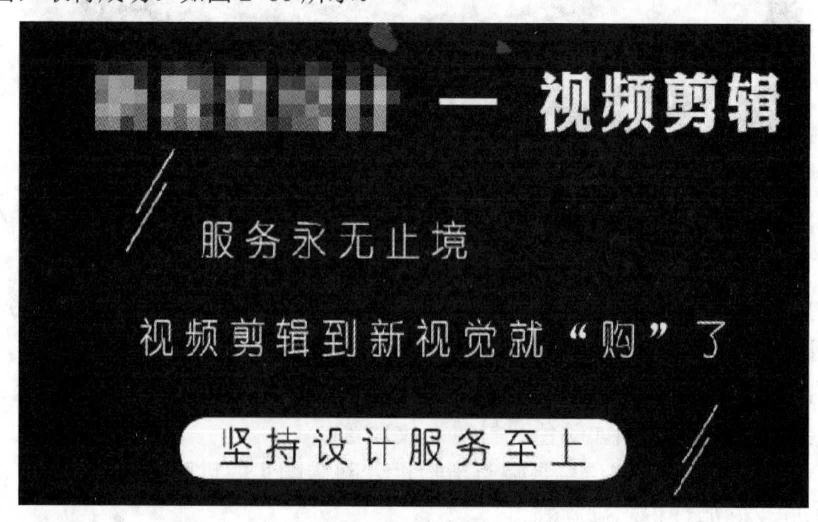

图 2-60 详情页设计

1）突出产品的特点和卖点，让用户更容易找到自己需要的信息。

2）采用清晰、简洁、易懂的文字和图片，避免过多的文字和复杂的排版。

3）保持页面整洁、美观，不要使用过于花哨的颜色和字体。

4）根据不同的平台和产品类型，选择合适的模板或自定义设计。

5）提供详细的产品描述和规格参数，让用户更好地了解产品。

（6）电商广告推广图

电商广告推广图能够直观地展示商品的特点和优势，使消费者在短时间内就能对商品有初步的了解。这对于提高消费者的购买意愿具有重要作用。例如，一张清晰的商品图片、生动的产品演示视频或者富有创意的设计元素，都可以让消费者更愿意点击进入查看商品详情。如图 2-61 所示。

图 2-61　电商广告推广图

1）清晰的商品展示

广告推广图应该能够清晰地展示商品的特点和优势，让消费者在短时间内对商品有一个初步的了解，形成第一印象。这可以通过高质量的产品图片、视频演示或者生动的设计元素来实现。

2）有吸引力的设计

广告推广图的设计应该具有吸引力，能够激发起消费者的兴趣和好奇心。这可以通过独特的创意、鲜明的色彩搭配或者有趣的元素来实现。

3）突出品牌特色

广告推广图应该能够突出企业的品牌特色和文化内涵，让消费者对企业有一定的认识和印象。这可以通过企业标志、标语口号或者特定的设计风格来实现。

4）简洁明了的信息传递

广告推广图应该能够简洁明了地传递商品信息，让消费者能够快速找到自己需要的商品并进入购买链接进行购买。这可以通过明确的文字说明、简单的按钮设计或者直接的购买链接来实现。

5）适应不同平台

广告推广图应该能够适应不同的电商平台和设备，包括 PC 端、移动端等。这可以通过自适应设计或者响应式布局来实现，确保广告在各种屏幕尺寸和设备上都能够正常显示和使用。

6）数据分析与优化

广告推广图应该能够通过数据分析工具对效果进行跟踪和评估，从而及时调整策略和优化广告投放。这可以通过设置转化目标、监测点击率、分析用户行为等方法来实现，以提高广告的ROI和效。

ROI，即投资回报率（Return on Investment），是一种绩效评估方式，用于衡量投资的效率或比较许多不同投资的效率。它是通过计算投资收益（或回报）与投资成本的比率来衡量特定投资的回报量。

（7）店铺首页设计

首页是店铺的重要入口，也是用户访问店铺的第一印象。因此，店铺首页设计的重要性不言而喻。一个好的首页设计可以吸引用户的注意力，提高用户的留存率和转化率，从而为店铺带来更多的流量和商业价值。如图2-62所示。

图2-62　首页设计

1）清晰的布局和结构

店铺首页应该具有清晰的布局和结构，让用户能够快速找到所需要的商品和服务。这可以通过使用简洁明了的设计元素、分层导航栏和标签等方式来实现。

2）吸引人的视觉效果

店铺首页应该具有吸引人的视觉效果，包括高质量的图片、视频和其他媒体元素。这些元素应该与店铺的主题和品牌形象相符，并且能够吸引用户的眼球，让他们停留在店铺上更长时间。

3）易于使用的购物车和结算功能

店铺首页应该具有易于使用的购物车和结算功能，让用户方便添加商品到购物车并进行结算。此外，这些功能应该易于理解和操作，避免用户因为操作烦琐而放弃购买。

4）个性化推荐和营销

店铺首页应该具有个性化推荐和营销功能，根据用户的历史购买记录、浏览行为和其他数据，向用户推荐相关商品和服务。这可以提高用户的购买率和忠诚度，增加店铺的收入。

5）及时的客户服务支持

店铺首页应该提供及时的客户服务支持，包括在线客服、电话咨询、邮件回复等方式。这可以帮助用户解决遇到的问题和疑虑，提高用户的满意度和忠诚度。

（8）移动端专题页

移动端专题页能够提供更好的用户体验。与传统的桌面网站相比，移动端专题页更加简洁、直观，并且具有更快的加载速度和更流畅的交互体验。这可以提高用户的满意度和忠诚度，增加网站的流量和转化率。如图 2-63 所示。

图 2-63　移动端设计

1）响应式设计

移动端专题页应该具有响应式设计，能够适应不同的屏幕尺寸和分辨率。这可以确保用户在任何设备上都能够获得一致的浏览体验。

2）简洁明了的布局

移动端专题页应该具有简洁明了的布局，使用户能够快速找到所需的信息。同时，页面应该尽可能的简单，避免过多的元素干扰用户的视线。

3）易于导航的菜单

移动端专题页应该具有易于导航的菜单，使用户能够轻松地查看店铺的不同产品。此外，菜单应该清晰明了，避免使用复杂的术语和缩写。

4）高质量的内容

移动端专题页应该提供高质量的内容，包括有用的信息、有趣的图片和视频等。这可以吸引用户的注意力，提高用户的满意度和忠诚度。

5）及时的更新和维护

移动端专题页应该及时更新和维护，以确保其内容和功能始终处于最佳状态。这可以帮助企业保持竞争力，并提高用户的信任度和忠诚度。

6）个性化推荐和服务

移动端专题页可以通过收集用户的浏览历史、地理位置和其他数据，向他们推荐相关的内容和服务。这可以提高用户的购买率和忠诚度，增加网站的收入。同时，个性化推荐还可以提高用户对品牌的认知度和好感度。

3. 客服部课程

通过电商客服部培训，可以使客服人员掌握更多的知识和技能，例如产品知识、销售技巧、沟通能力等，从而能够更好地为客户提供服务。同时，培训还可以提高客服人员的工作效率和质量，使其能够更快地解决问题，减少客户的等待时间，提高客户满意度。

（1）产品知识

提高客服人员对所售产品的理解和认识，从而更好地为客户提供专业的服务。在电商行业中，产品是企业的核心资产之一，客服人员作为企业的代表，需要了解产品的特性、优点、使用方法以及售后服务等方面的知识，才能够更好地向客户介绍产品并解答客户的疑问。如图 2-64 所示。

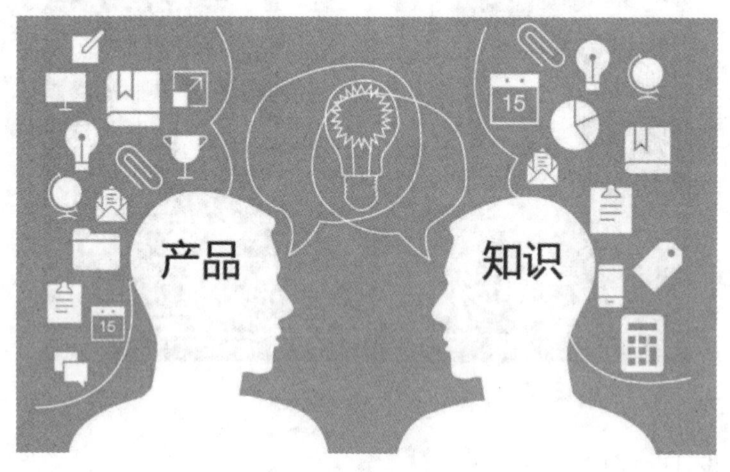

图 2-64 产品知识

1）产品特性和优势

培训应该涵盖所售产品的特性、功能、优点等方面的知识，以便客服人员能够更好地向客户介绍产品并解答客户的疑问。

2）使用方法和操作流程

培训应该详细介绍产品的使用方法和操作流程，包括产品的安装、配置、使用和维护等方面的内容，以便客服人员能够为客户提供专业的服务。

3）售后服务和保修政策

培训应该介绍产品的售后服务和保修政策，包括退换货流程、维修保养等方面的内容，以便客服人员能够及时解决客户的问题。

4）行业趋势和市场变化

培训应该关注行业的发展趋势和市场变化，介绍最新的产品和技术，帮助客服人员了解行业动态，调整服务策略和方案。

5）常见问题和解决方案

培训应该总结常见的客户问题和解决方案，帮助客服人员快速解决客户的问题，提高工作效率和质量。

6）实践演练和案例分析

培训应该结合实际案例进行演练和分析，让客服人员在实践中掌握产品知识和服务技巧，提高工作能力和水平。

（2）销售技巧

通过电商客服销售技巧培训，客服人员可以掌握更多的销售技巧和服务技能，例如如何引导客户、如何处理客户异议、如何进行售后服务等，从而能够更好地为客户提供专业的服务。同时，培训还可以提高客服人员的工作效率和质量，使其能够更快地完成销售任务和提高销售额。如图 2-65 所示。

图 2-65　销售技巧

1）引导客户

培训应该教授客服人员如何通过有效的沟通和交流来引导客户，了解客户需求和意愿，从而更好地为客户提供服务。

2）处理客户异议

培训应该介绍客服人员如何处理客户的异议和投诉，包括如何倾听客户的意见、如何解决问题和如何保持良好的沟通关系等方面的知识。

3）售后服务

培训应该详细介绍产品的售后服务和保修政策，包括退换货流程、维修保养等方面的内容，以便客服人员能够及时解决客户的问题。

4）产品知识

培训应该涵盖所售产品的特性、功能、优点等方面的知识，以便客服人员能够更好地向客户介绍产品并解答客户的疑问。

5）市场分析

培训应该关注市场的发展趋势和变化，介绍最新的产品和技术，帮助客服人员了解行业动态，调整服务策略和方案。

（3）沟通能力

电商客服沟通能力培训的重要性在于提高客服人员与客户之间的沟通能力和服务质量，从而更好地满足客户需求和提高企业销售额。在电商行业中，客服人员作为企业的代表，需要具备良好的沟通能力和服务意识，才能够更好地向客户推销产品并提供满意的服务。如图 2-66 所示。

1）倾听客户

培训应该教授客服人员如何通过有效的倾听和交流来了解客户的需求和意愿，从而更好地为客户提供服务。

2）表达自己的观点

培训应该教授客服人员如何清晰、准确地表达自己的观点和建议，以便与客户进行有效的沟通和交流。

3）处理客户异议

培训应该教授客服人员如何处理客户的异议和投诉，包括如何倾听客户的意见、如何解决问题和如何保持良好的沟通关系等知识。

图 2-66　沟通能力

4）语言表达能力

培训应该注重客服人员的口语表达能力和书面表达能力，提高其语言表达的准确性和流畅性，以便更好地与客户进行沟通和交流。

5）情感管理能力

培训应该教授客服人员如何有效地管理自己的情绪和情感，保持冷静、客观的态度，以便更好地应对各种情况和问题。

（4）平台规则

电商客服平台规则的重要性在于保障消费者的权益和维护企业的信誉度，从而促进电商行业的健康发展。在电商平台上，消费者与企业之间存在着复杂的交易关系，需要通过一系列规则来规范双方的行为，确保交易的安全和公正。如图 2-67 所示。

图 2-67　平台规则

1）规则内容介绍

培训应该详细介绍电商平台的规则内容，包括商品质量、售后服务、退换货等方面的标准和规定。

2）规则解读和分析

培训应该对电商平台的规则进行解读和分析，帮助客服人员了解规则的具体含义和适用范围。

3）案例分析和演示

培训应该结合实际案例进行分析和演示，让客服人员在实践中掌握规则的应用和操作技巧。

4）规则执行和监管

培训应该强调规则的执行和监管，包括如何处理违规行为、如何记录和报告问题等方面的知识。

5）沟通技巧和应对策略

培训应该注重客服人员的沟通技巧和应对策略，提高其解决问题的能力和服务水平。

6）实践演练和模拟场景

培训应该结合实际场景进行演练和模拟，让客服人员在实践中掌握规则的应用和操作技巧，提高其应对复杂情况的能力。同时，可以通过模拟场景等方式，让客服人员在不同的情境下进行练习和训练，提高其应对各种情况的能力。

4. 仓库部课程

电商仓库部课程培训对于提高电商企业的仓储管理水平和效率具有重要意义。在电商行业中，仓储管理是非常关键的一环，直接关系到企业的销售业绩、客户满意度以及品牌形象等方面。因此，通过电商仓库部课程培训，可以帮助员工掌握更加专业的仓储管理知识和技能，提高工作效率和质量。如图 2-68 所示。

图 2-68　仓库培训

（1）管理规范

电商仓库管理规范是指为了保证电商仓储管理的高效、安全和准确，制定的一系列标准和流程。如图 2-69 所示。

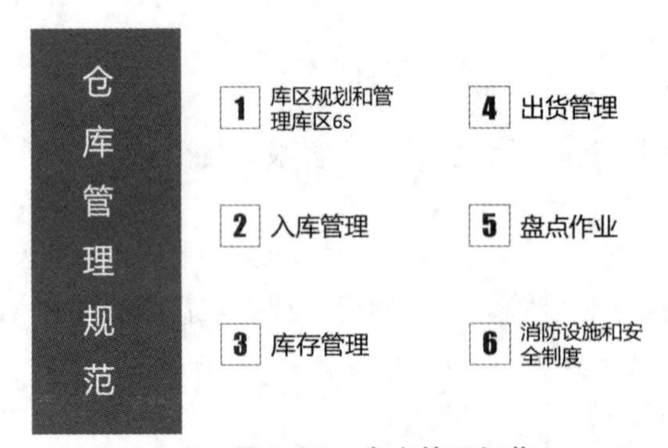

图 2-69 仓库管理规范

①入库管理规范：包括货物验收、分类、标识、存储等环节，确保货物质量和数量的准确性。

②出库管理规范：包括订单处理、拣货、打包、发货等环节，确保订单及时准确地处理和交付。

③库存管理规范：包括库存盘点、库存调拨、库存报废等环节，确保库存数量和质量的准确性。

④设备维护规范：包括设备定期保养、维修、清洁等环节，确保设备的正常运行和使用寿命。

⑤安全管理规范：包括防火、防盗、防潮、防静电等环节，确保仓库的安全性和稳定性。

⑥人员管理规范：包括员工培训、考核、奖惩等环节，确保员工的专业素质和服务态度。

（2）仓库 ERP 管理系统

仓库 ERP 管理系统是一种集成化的企业管理软件，用于管理电商企业的仓储、采购、销售、财务等方面的业务。它可以帮助企业实现库存管理、订单处理、采购管理、物流配送等功能，提高企业的运营效率和管理水平。如图 2-70 所示。

图 2-70 ERP 系统

①库存管理模块：用于管理企业的库存情况，包括库存数量、库存成本、库存位置等信息。通过实时监控库存情况，可以及时调整采购计划和销售策略，避免库存过多或过少的情况发生。

②订单管理模块：用于管理企业的订单情况，包括订单生成、订单处理、订单发货等环节。通过实时跟踪订单状态，可以及时处理客户的问题和投诉，提高客户满意度。

③采购管理模块：用于管理企业的采购情况，包括采购计划、供应商管理、采购订单等环节。通过优化采购流程和控制采购成本，可以降低企业的采购成本，提高企业的盈利能力。

④物流配送模块：用于管理企业的物流配送情况，包括物流计划、运输安排、配送跟踪等环节。通过优化物流配送流程和提高物流效率，可以降低企业的物流成本，提高客户的满意度。

⑤财务管理模块：用于管理企业的财务情况，包括财务报表、成本核算、税务管理等环节。通过实时监控财务状况，可以及时发现问题并采取措施解决。

（3）仓库安全

仓库安全是非常重要的，因为它关系到企业的生产和经营。如图 2-71 所示。

图 2-71　仓库安全

①仓库安全管理必须贯彻“预防为主”，实行“谁主管谁负责”的原则。

②仓库保管员应当熟悉储存物品的分类、性质、保管业务知识和防火安全制度，掌握消防器材的操作使用和维修保养方法，做好本职工作。

③仓库物品应当按照规定的储存方式进行存放，不得随意堆放或混放。

④仓库内应设置必要的消防设施和器材，如灭火器、消火栓等，并定期检查和维护。

⑤仓库内应设置必要的安全警示标志，如“禁止吸烟”“禁止明火”等。

技能点五 培训的流程

电商平台随着社会环境的不断变化而快速发展，这也意味着某些电商公司将面临被淘汰。与此同时，电商公司中的每位员工对公司的影响也越来越大。应对大环境变化的重要方式就是不断学习和进步，提升员工的能力素质。因此，电商公司需要更加重视员工的培训，将其视为应对企业内外部环境变化的主要手段之一。

为了确保员工能够获得优质的培训，电商公司需要优化培训流程。具体来说，可以从就职前培训流程、部门岗位培训流程、公司整体培训流程三个方面入手。

公司整体培训流程应该定期进行，以确保员工的知识水平得到不断提升。这种培训可以涵盖多个方面，如市场趋势、行业动态、新技术等，帮助员工保持对市场的敏锐度和竞争力。

1. 职前培训流程

电商公司职前培训是指为新员工提供的培训方式，旨在帮助他们更好地适应公司的文化、业务和工作流程，提高他们的工作能力和职业素养。如图 2-72 所示。

图 2-72 职前培训

（1）确定培训目标和内容

根据公司的业务需求和员工的岗位要求，制定相应的培训目标和内容。例如，新员工需要了解公司的业务模式、产品和服务，以及相关的销售、市场营销、客户服务等知识和技能；而管理层则需要了解如何领导团队、制定战略计划等高级管理能力。

（2）设计培训课程和教材

根据培训目标和内容，设计相应的培训课程和教材。课程可以采用线上或线下的方式进行，包括讲座、案例分析、实操演练等多种形式。教材可以是电子版或纸质版，也可以是视频教程等多媒体形式。

（3）安排培训时间和地点

根据员工的工作安排和培训需求，安排合适的培训时间和地点。通常情况下，培训可以在工作日或周末进行，以避免影响员工的工作。

（4）招募培训师和讲师

为了保证培训的质量和效果，需要招募专业的培训师和讲师。他们应该具备丰富的行业经验和教学经验，能够有效地传授知识和技能。

（5）实施培训活动

在确定好培训时间、地点、内容和讲师后，开始实施培训活动。在培训过程中，要注意与员工的互动和反馈，及时解决学员的问题和疑问。

（6）评估培训效果

在培训结束后，对培训效果进行评估。可以通过问卷调查、考试等方式来评估学员的学习成果和掌握程度。同时，也可以收集员工的反馈意见，不断改进和完善培训方案。

2. 部门岗位培训流程

电商公司部门岗位培训流程是指为员工提供针对性的职业能力提升和知识技能更新的一系列培训活动。如图 2-73 所示。

图 2-73　部门岗位培训

（1）确定培训目标和内容

根据不同部门的业务需求和岗位要求，制定相应的培训目标和内容。例如，销售部门需要了解如何提高销售技巧和客户服务水平，运营部门需要了解如何提高网站流量和转化率等。

（2）公司文化和产品知识培训

新员工首先需要了解公司的文化，包括公司的愿景、使命、价值观等，这有助于新员工更好地融入公司，理解公司的发展方向和目标。同时，新员工也需要对公司的产品有深入的了解，包括产品的特点、功能、优势等，以便更好地服务客户。

（3）电商平台操作培训

这部分培训内容包括电商平台的注册、商品上架、订单处理等基本操作流程，确保员工能够熟练使用电商平台进行日常工作。

（4）电商营销策略培训

培训内容涵盖电商促销、营销活动策划、社交媒体营销等，使员工掌握如何通过各种渠道和手段提升产品销量和品牌知名度。

（5）电商数据分析培训

这部分培训旨在教会员工如何进行数据采集、数据分析以及数据报表的制作，以便对产品的运营情况进行评估和优化。

（6）销售技巧和团队合作培训

新员工需要了解销售技巧，包括客户沟通、需求分析、产品推荐、谈判技巧等，同时也需要培养团队合作能力，以便更好地与同事协作，共同推动业务发展。

（7）客服培训

对于电商客服人员，还需要进行专门的培训，包括售前和售后的不同培训技巧，以确保客服团队能够提供专业的客户支持服务。

（8）持续学习和更新

电商行业变化迅速，因此培训不应该是一次性的，而应该是一个持续的过程。员工需要不断学习最新的市场趋势、技术和工具，以保持竞争力。

（9）实操练习和反馈

理论培训之后，应该给予员工实际操作的机会，并通过实际工作中的表现来提供反馈和进一步的指导。

3. 公司整体培训流程

公司整体培训流程是指为公司员工提供一系列职业能力提升和知识技能更新的培训活动。如图 2-74 所示。

图 2-74　公司整体培训

（1）确定培训目标和内容

根据公司的业务需求和战略规划，制定相应的培训目标和内容。例如，提高员工的销售技巧、管理能力和创新能力等。

（2）公司文化和价值观培训

新员工首先需要了解公司的使命、愿景和核心价值观，这有助于他们更好地融入公司，理解公司的发展方向和目标。

（3）团队合作和个人成长培训

培养员工的团队合作能力，同时也关注个人的成长和发展，帮助员工设定职业目标并提供实现这些目标的工具和资源。

（4）信息系统规划与管理培训

随着电商对信息技术的依赖日益增加，员工需要掌握如何使用和管理信息系统来支持电商运营。

（5）创新思维和转型策略培训

鼓励员工思考电商模式的创新，以及传统企业在数字化转型中的策略和挑战。

（6）持续学习和自我提升

培训不应该是一次性的，而是一个持续的过程。员工需要不断更新自己的知识和技能，以适应不断变化的市场和技术环境。

（7）职业发展规划

为员工提供职业发展的指导和规划，帮助他们在电商领域内成长和晋升。

任务介绍

本次任务主要通过技能点的学习，完成天猫女装店开店前的客服培训工作。

随着电子商务行业的快速发展，越来越多的企业开始将业务转移到线上，而客户服务也成为电商企业不可或缺的一部分。然而，客户服务的质量直接影响着企业形象和用户体验，因此，开展一系列的电商客服培训计划是非常必要的。

第一步：培训目标

1. 提高客服团队的专业水平，提高服务质量。
2. 帮助客服团队更好地掌握产品知识，提高解决问题的能力。
3. 提高客服团队的沟通能力，增强团队协作意识。
4. 帮助客服团队更好地理解客户需求，提高服务满意度。

第二步：培训内容

1. 天猫规则的重要性。如图 2-75 所示。

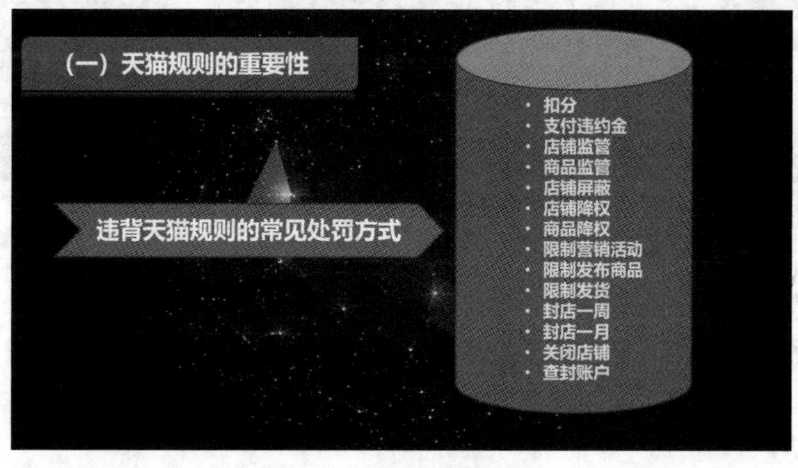

图 2-75　天猫规则的重要性

（1）扣 1 分对店铺的影响

一般违规扣分不足 12 分的没有什么影响，这个说法是错的。扣分的话一般都是要降权的，降权就是降低你宝贝或者店铺搜索权重的意思，所以店铺越大扣分影响越大。

例如，某大药房平时每天日销售额都在 150 万元左右，只要扣分就会有相应的降权，不论宝贝降权还是降低店铺搜索权重，对我们店铺的损失就非常大。如果扣 1 分，哪怕降权仅影响了 1%的流量，那么每天就会损失上万元。如果店铺被降权严重每天损失就会达到几十万元。如图 2-76 所示。

图 2-76　药房

2. 违规分类

天猫规则违规违规分类大体分为 A 类（一般违规）和 B 类（严重违规）。如图 2-77 所示。

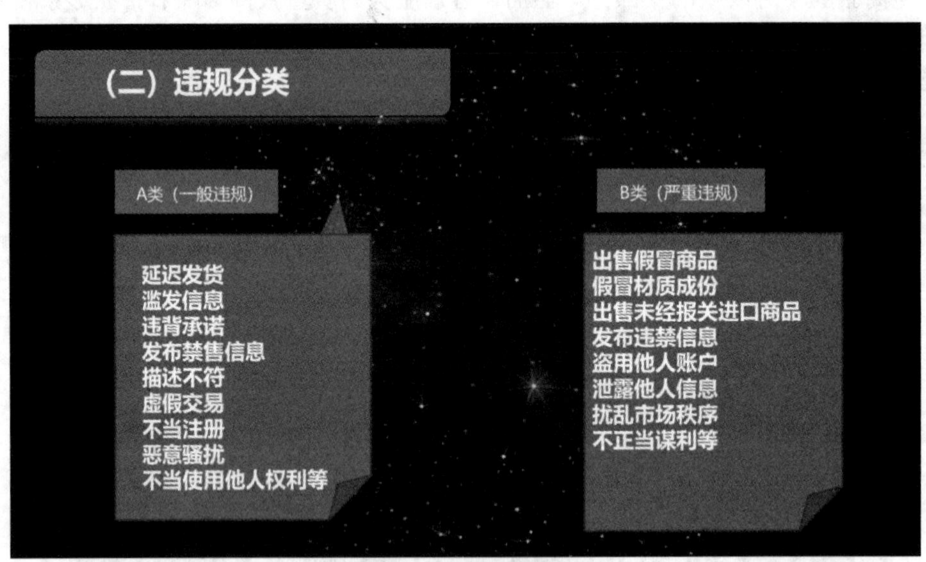

图 2-77　违规类型

3. 违规处罚

（1）一年内店铺基础分 48 分；

（2）一般违规，每扣 12 分，支付违约金 1 万元，限制店铺营销活动 7 天；因违反违背承诺和/或滥发信息的规定，除按照前款规定处理外，还给予店铺监管；

（3）一般违规行为扣分无上限，只处罚（扣分，支付违约金）不关店；

（4）严重违规达到 48 分会关店清退；

（5）扣分都会在每年年底最后一天清零。

4. 天猫高压线

（1）出售假冒商品

1）出售假冒商品包括出售假冒注册商标商品和出售盗版商品；

2）卖家出售假冒盗版商品且情节特别严重的，每次扣 48 分；

3）卖家出售假冒、盗版商品且情节严重的，每次扣 24 分；

4）卖家出售假冒、盗版商品，通过信息层面判断的；每件扣 2 分（3 天内不超过 12 分）；

5）实际出售的，每次扣 12 分，具备特殊情形的，只删除不扣分；

6）为出售假冒、盗版商品提供便利条件的，2 分/次；情节严重的，12 分/次。

（2）发票问题

1）只要买家支付过货款，天猫商家就需要无偿向索要发票的买家提供发票，不能拒绝。

2）开发票不能要额外的费用，不能要买家承担税点金额，不能要买家承担邮费。

3）不能说是特价商品，无法提供发票。

4）不能说满多少钱开发票。

5）顾客要开发票抬头可以是个人也可以是公司。

6）发票开具人需要与店铺所属公司名称一致。

7）开具的发票类目需要与商品一致。

8）客户要发票，不能说只能给收据。

9）发票金额是顾客实际支付的金额，若是顾客付款用了天猫积分、集分宝，开票金额需要扣除相应的金额。如图 2-78 所示。

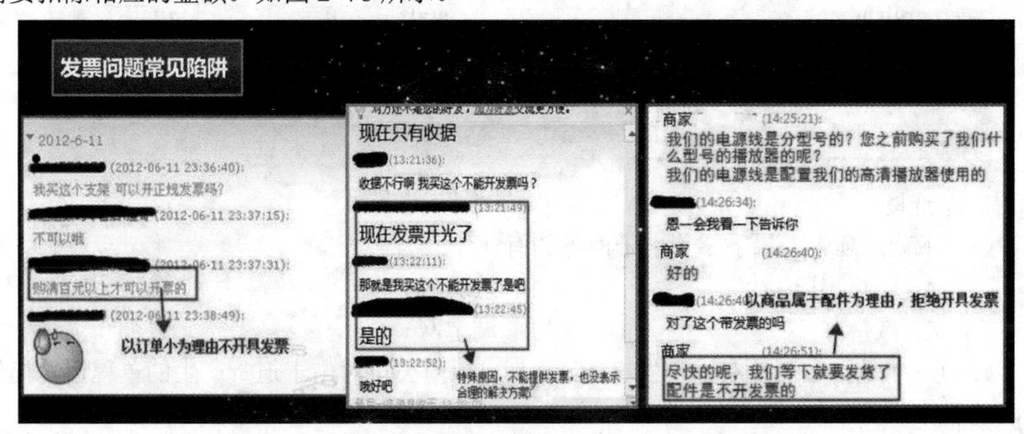

图 2-78　发票问题

第三步：培训方式

1. 线下培训：通过集中培训、研讨会、案例分享等形式，为客服人员提供更加深入的培训，帮助他们更好地掌握相关知识和技能。

2. 在岗培训：通过一对一辅导、实践操作、督导评估等形式，帮助客服人员在实际工作中应用所学知识和技能，提高服务质量。

第四步：培训效果评估

1. 考试评估：通过考试的方式，对客服人员掌握的知识和技能进行评估，并对不合格人员进行补考。

2. 绩效评估：通过考核客服人员的服务质量、客户满意度、团队协作等方面的表现，对培训效果进行评估。

3. 用户反馈：通过用户反馈和投诉处理情况，对客服人员的服务质量进行评估，及时发现和解决问题。

本项目课程介绍了培训的目的与意义、培训的要素、培训的方法、培训课程、培训的流程等，学习之后能够对开设电商公司的员工培训有基本的认识与帮助。

train	培训	discuss	讨论
Value Culture	文化	self-study	自学
value	价值	customer service	客服
efficiency	效率	operate	运营
quality	质量	technology	技术
accomplishment	素养	staff	员工

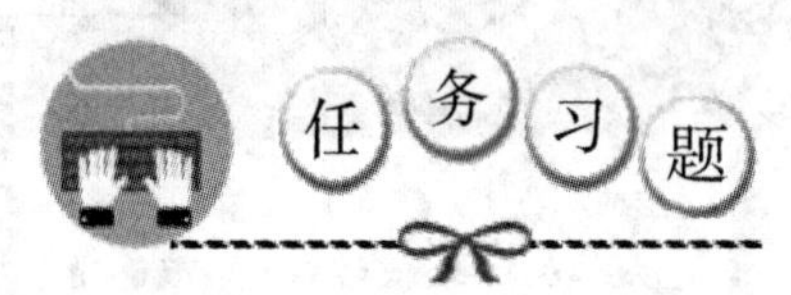

1. 单选题

（1）下列选项中，属于零售电子商务的有（　）。

A. 阿里巴巴　　B. 慧聪网
C. 咸鱼　　D. 淘宝网

（2）（　）是指在买卖双方产生退货请求时，保险公司对由于退货产生的单程运费提供保险的服务。

A. 买价补差　　B. 保险
C. 退款　　D. 运费险

（3）（　）是指通过客户服务成交的客户，平均每次购买商品的金额。

A. 客单价　　B. 客服销售额
C. 客件数　　D. 客服询单成功率

（4）（　）是指产生实际消费的客户和来到店铺的总客户数量的比值，是将流量转化为实际销售额的衡量方式。

A. 访客数　　B. 转化率　　C. 平均客单价　　D. 回购率

（5）针对不同的违规行为，淘宝有不同的扣分标准。其中（　）扣3～6分。

A. 假冒商品行为　　B. 盗用他人账户行为

C. 竞拍不买行为　　D. 违背承诺行为

2. 填空题

（1）店销一般根据客服岗位的岗位职责，将其划分为售前客服、__________、__________和打包客服4种，各司其职，有条不紊地工作。

（2）淘宝客服基本工作流程包括__________、__________、__________、解决异议、订单成交、打单发货、__________等。

（3）挖掘客户购物需求的方法有很多种，常见方法有询问、聆听、__________和__________4种。

（4）当客服在联系买家进行催付时，必须先选择好催付的工具，客服人员一般可通过__________、__________、电话等方式进行。

（5）最常用的客户互动平台有__________、__________、__________等，以此来增加客户对网店的关注度。

3. 简答题

（1）商品定价有哪些策略？

（2）商品定价需要掌握哪些技巧？

项目三　营销方法

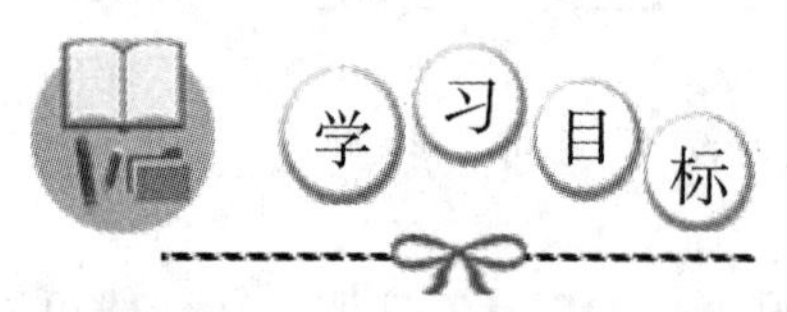

通过对营销方法的学习，了解店铺日常营销、私域营销、官方活动营销、站内视频营销、店铺推广营销、客户二次营销、新媒体平台营销的基本方法，具备店铺营销的能力，在任务实施过程中：

- 了解店铺日常营销；
- 熟悉私域营销；
- 掌握官方活动营销；
- 掌握站内视频营销；
- 掌握店铺推广营销；
- 熟悉客户二次营销；
- 了解新媒体平台营销。

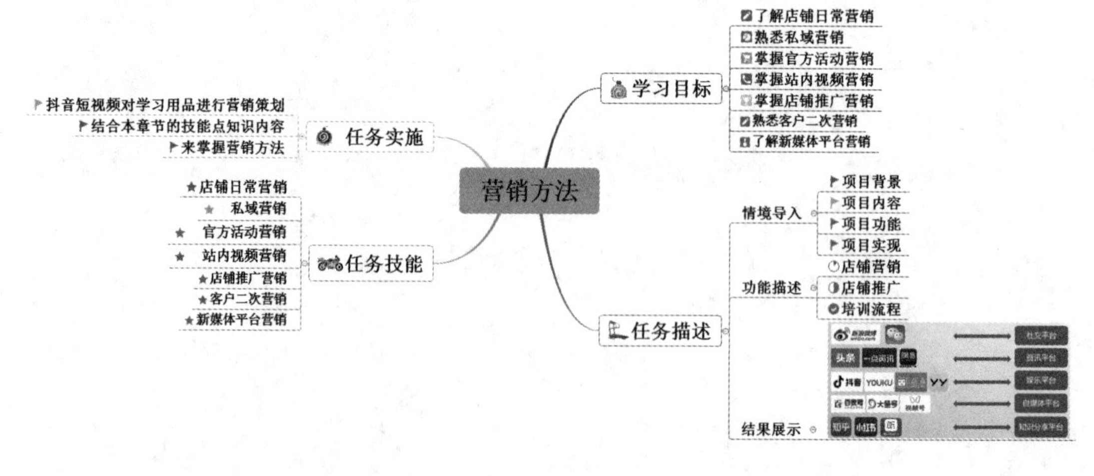

通过本门课程的学习，加深对营销方法的理解和认知，通过学习营销方法，激发学生的学习兴趣，鼓励学生运用专业技能服务社会、回报祖国。贯彻二十大精神，统筹推动文明培育、文明实践、文明创建，推进城乡精神文明建设融合发展，在全社会弘扬劳动精神、奋斗精神、奉献精神、创造精神、勤俭节约精神，培育时代新风新貌。

【情境导入】

某品牌是知名的女装类目淘品牌，品牌于2008年在山东省济南市创建，公司使命是成就有梦想的团队，公司愿景是成为全球具有影响力市场品牌孵化平台，公司人员1600余人，服装风格韩风、东方复古风/欧美风等，运营类目包括女装、男装、童装、箱包、内衣、家居、家纺、配饰、户外服饰等，企业核心价值观“阳光快乐、积极成长”。品牌在线上推出不久，就占据了大部分市场份额，在2012年双十一女装排行第三，天猫女装销量第一，2014年“双十一”获得首个全年度、“双十一”、“双十二”的“三冠王”。作为网店女装类目专营的老板，想要提升店铺的销售额，需要通过网店营销的方式进行活动策划，来实现提升销售额。

本项目主要通过店铺日常营销、私域营销、官方活动营销、站内视频营销、店铺推广营销、客户二次营销、新媒体平台营销的介绍，学习营销方法。

【任务描述】

- 店铺日常营销
- 私域营销
- 官方活动营销
- 站内视频营销
- 店铺推广营销
- 客户二次营销
- 新媒体平台营销

技能点一　店铺日常营销

在天猫店铺的日常运营中，通过多种策略和活动进行营销推广。首先，注重商品质量和品牌形象的建设，以确保消费者能够获得满意的购物体验。其次，利用平台提供的丰富工具，如优惠券、满减活动、秒杀等，吸引消费者关注和购买。借助这些方法，天猫店铺可以在竞争激烈的市场中取得良好的业绩和口碑。

目前，常见的店铺日常营销活动有优惠券、顺手买一件、单品宝、赠品、店铺宝、搭配宝、N 元任选等方法。

1. 优惠券

优惠券是天猫平台为用户提供的一种购物优惠方式。用户可以在购买商品时使用优惠券，享受相应的折扣或满减优惠。天猫优惠券有多种类型，包括店铺优惠券、品牌优惠券、通用优惠券等。用户可以通过天猫首页、搜索结果页、店铺页面等途径获取优惠券，并在结算时选择使用。

目前，优惠券有店铺券、商品券、裂变优惠券。如图 3-1 所示。

工具列表

店铺引流

图 3-1　优惠券

（1）店铺券

天猫网店店铺券是天猫平台为商家提供的一种营销工具，用于吸引顾客到店消费。商家可以在天猫后台创建店铺券并设置使用条件、面额和有效期等信息，然后将店铺券分享给顾客，顾客在购物时可以使用店铺券享受相应的折扣或满减优惠。如图 3-2 所示。

新建店铺券　提升GMV　新建

全店商品通用，公私域全链路透出，促成交！

券模板数量　已选0/上限100

图 3-2　店铺券

1）吸引顾客到店消费，提高销售额。

2）帮助商家节省营销成本，提高利润。

3）增强品牌知名度和美誉度，提高客户忠诚度。

4）增加店铺曝光率和流量，提高搜索引擎排名。

（2）商品券

天猫网店商品券是一种可以在指定店铺中购买商品时使用的优惠券。商品券和店铺券不同，商品券是针对特定宝贝的优惠券，而店铺券则是针对店铺的一种优惠券，店铺里的所有宝贝都可以使用。如图 3-3 所示。

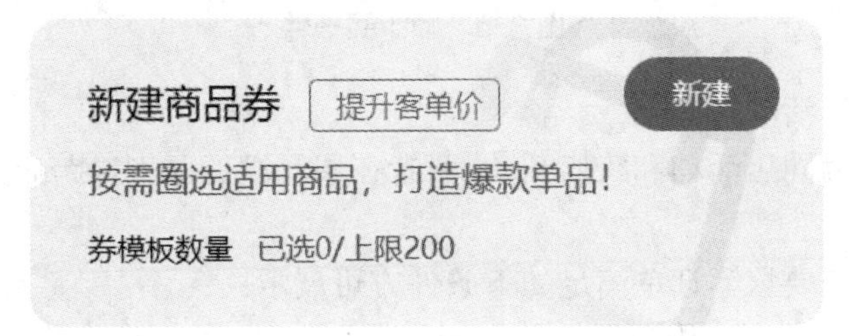

图 3-3　商品券

1）降低购买成本

使用优惠券可以享受折扣或满减等优惠，从而降低用户的购买成本。

2）促进消费

优惠券可以吸引消费者，促进消费。

3）增加复购率

商家可以通过赠送优惠券来激励消费者再次购买，从而增加复购率。

4）提高店铺曝光率

商家可以通过发放优惠券来提高店铺曝光率，吸引更多的潜在客户。

（3）裂变优惠券

裂变优惠券是优惠券中的一种，分为父券和子券。消费者领取父券后可以通过完成对应的分享任务来领取对应的优惠券，这是一种适合社群和分享推广店铺和商品的利器。如图 3-4 所示。

图 3-4　裂变优惠券

裂变优惠券的应用场景：

1）新开小店，公域流量少，可以使用裂变券引流，提升店铺流量；

2）增加粉丝量，裂变券引导关注店铺，再领红包；

3）直播间引流，直播间裂变分享拉回流量到直播间；

4）清仓甩卖，针对部分清仓商品使用刺进成交转化；

5）店铺上新，引导新品成交。

2. 顺手买一件

顺手买一件是指在消费者在达到商家或者平台设置的消费门槛后，在消费者下单页的平台公域区域可以用优惠的价格购买到包邮商品的营销活动。如图 3-5 所示。

图 3-5　顺手买一件

（1）同店和跨店活动

顺手买一件分为同店活动和跨店活动，两者在展示端的区别以跨店活动标识商品出“来自某某店铺”为准。

展示同店活动需要该笔订单满足如下条件方可展示：

1）该笔订单仅有一家店铺；

2）该笔订单对应店铺有对应该笔订单门槛的生效状态下的同店顺手买一件活动；

3）该笔订单指定或算法推送的同店顺手买一件活动商品消费者可购买（未被限售、未被限购、有库存等）；

4）同店顺手买一件的经营指标达标（具体指标另行公布）。

当该笔订单未能满足上述条件时将由系统展示顺手买一件跨店活动。

（2）违规行为及清退

顺手买一件为平台公域活动，为了确保消费者体验和平台声誉，对于以下行为将进行永久清退：

1）通过顺手买一件出售仿冒、劣质商品；

2）将商品错放类目，规避顺手买一件系统管控的；

3）标题、商品图、SKU 说明与实物差距较大，造成消费者重大误解的；

4）虚构大牌、名牌、营销活动相关名称的商品；

5）大陆地区拒绝包邮的；

6）滥用顺手买一件相关功能且对消费者或平台造成不良影响的。

3. 单品宝

淘宝单品宝是淘宝官方推出的限时打折促销工具，可以对单个或者多个商品进行促销。它可以支持 SKU 级打折、减现、促销价，可以设置定向人群，设置单品限购（限购件数内以优惠价拍下，限购件数外以原价拍下）。如图 3-6 所示。

提升转化率

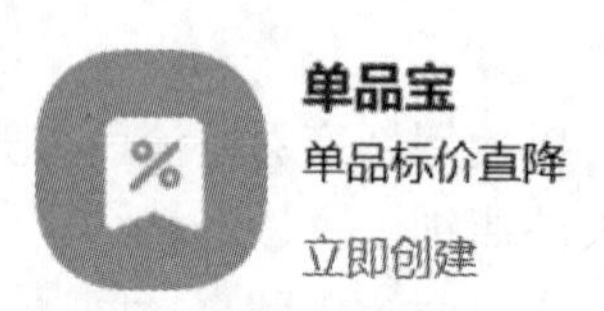

图 3-6　单品宝

单品宝属于单品级营销工具，单品级优惠是针对单品的粉丝专享价、会员专享价、新客专享价、老客专享价、限时特惠、专属小样派送、已购会员专享价等打折方式的优惠。单品宝设置活动如图 3-7 所示。

图 3-7　单品宝设置活动

4. 赠品

是一款满足商家赠品营销诉求的官方营销工具，买赠和满赠可以叠加生效。可支持不同 SKU 不同赠品（多买多赠）、订单满额加赠、人群专享加赠等多营销场景诉求。

（1）买赠

下单立享赠品，消费者多买多赠，支持不同规格配置不同赠品。如图 3-8 所示。

图 3-8　买赠

（2）满赠

多商品凑单，满 M 件/满 N 元加送赠品，可分人群运营。如图 3-9 所示。

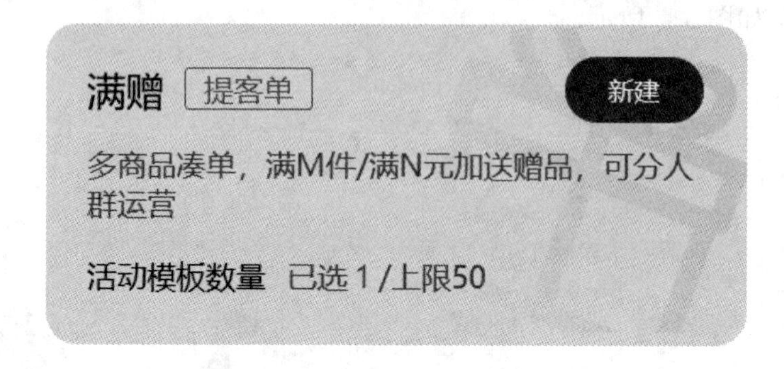

图 3-9 满赠

5. 店铺宝

店铺宝是可对全店商品及自选商品进行满件打折、满元减钱、送权益、送优惠券等促销活动的工具。如图 3-10 所示。

图 3-10 店铺宝

（1）满减满折

1）基本信息

支持自选商品活动和全店商品活动，全店商品活动的范围是，本活动时段内全店商品中未参加其它活动的所有商品；且活动生效时段内新发布的商品，也会参加到本活动中。

2）优惠设置

支持满元减钱和满件打折，支持设置多级优惠。

其中，满元减钱支持“上不封顶”，当优惠条件为“满元”且只有 1 个优惠层级时，会有显示“上不封顶”的勾选项（满件没有此功能），支持上不封顶勾选后，系统以满 10 减 5，满 20 减 10，满 30 减 20，以此类推，以 10 的倍数类推减价。如果没有勾选“上不封顶”：满 10 减 5，满 20 减 5，满 30 减 5，满多少额都是减 5 元。如图 3-11 所示。

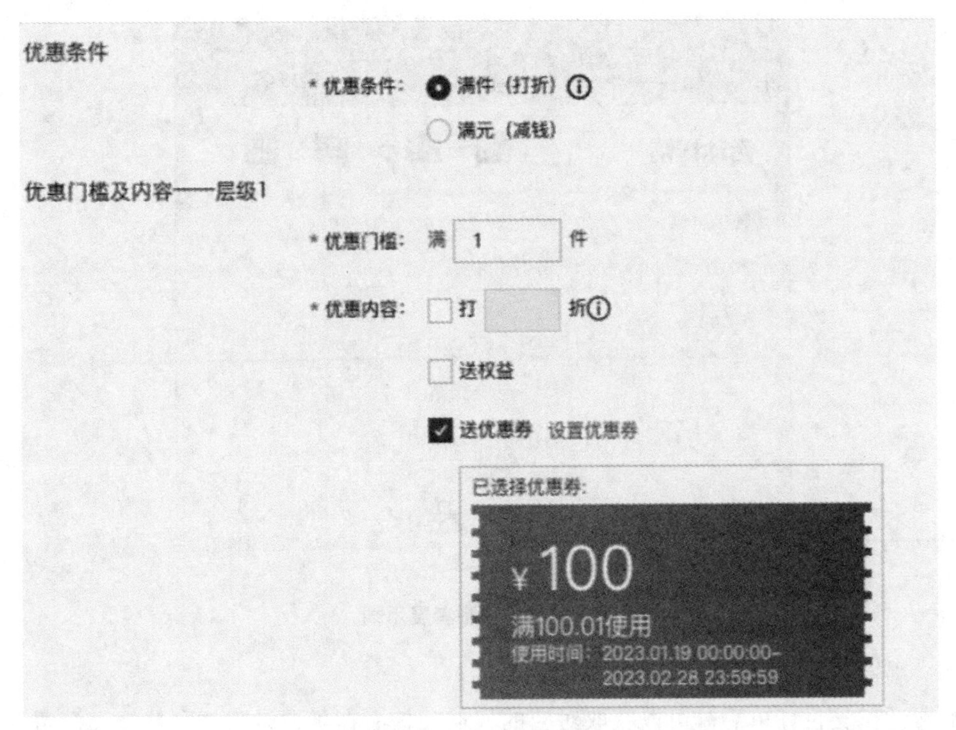

图 3-11　优惠条件

3）圈选商品

支持手动一个一个加入和批量导入，批量方式下载模板，进行商品批量上传即可。如图 3-12 所示。

图 3-12　圈选商品

4）消费者端展示

店铺宝活动设置后，会在商品详情页透出权益及具体赠品信息，点击浮层后，透出完整优惠内容（含减钱、打折、包邮、送权益）。消费者展示端如图 3-13 所示。

图 3-13 消费者展示端

（2）满送权益/优惠券

消费者在支付订单后，可以获取对应的权益，核心在于通过附加利益提高消费者对当前商品或者组合购买的下单转化率。

核心是希望针对当前购买的消费者发放二次下单的优惠券，从而提高消费者二次购买的转化和复购。

1）满送权益

商家通过主图对产品美化及文案排版来展示给顾客吸引其购买，从而促进消费，提高转化率。

①正常创建完店铺宝活动后，在优惠内容选项里面选择【送权益】，支持满多少件送和满多少元送。如图 3-14 所示。

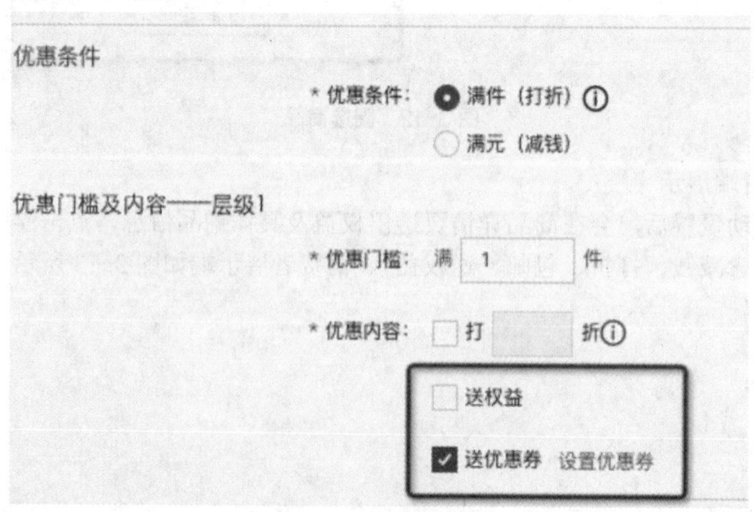

图 3-14 送权益

2）满送优惠券

正常创建完店铺宝活动后，在优惠内容选项里面选择【送优惠券】，支持满多少件送和满多少元送。如图 3-15 所示。

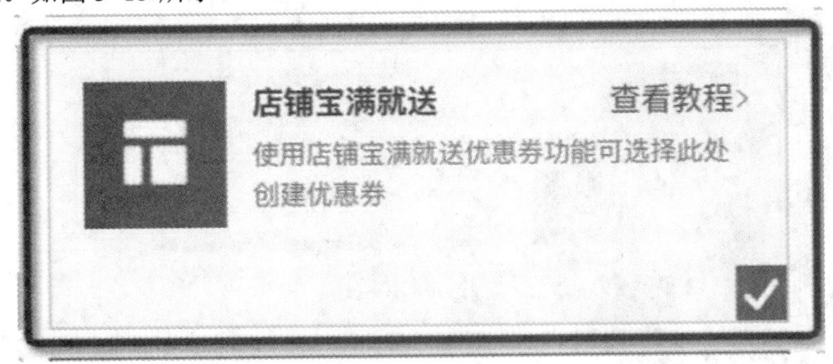

图 3-15　满送

6. **搭配宝**

搭配宝是为卖家研发的专属商品搭配工具，是将几种商品组合在一起设置成套餐来销售，通过促销套餐可以让买家一次性购买更多的商品，有利于提升客单及平均购买件数。如图 3-16 所示。

图 3-16　搭配宝

（1）设置套餐

支持自选商品和固定套餐，自选商品套餐是指套餐中的附属商品，消费者可以自由选择购买。固定组合套餐是指商品打包成套餐销售，消费者无法自行选择。

套餐名称限 10 个字内，套餐介绍限 50 个字内，活动时间最长可设置 180 天，图片尺寸要求 1125×1125px。

（2）确保为白底图，并重点突出主商品，勿在图片上添加价格及促销文案；并下载行业模板作为参考（童装、童鞋行业，参考服饰行业模板），可根据实际情况微调（若不符合图片规范，套餐将不会在主搜上透出）。部分行业提供模板参考，其他行业可根据实际情况微调。如图 3-17 所示。

图 3-17 设置套餐

（3）套餐商品管理

支持以商品维度的套餐活动查询，进行编辑、撤出套餐等操作，支持根据套餐类型、状态名称、id 进行活动筛选。

（4）一个商品可以参加多个套餐，最多展示 3 个套餐，当前商品参与的套餐活动可以在详情上左右滑动展示，商家可选择最想透出的套餐，置顶，详情会优先第一个透出。如图 3-18 所示。

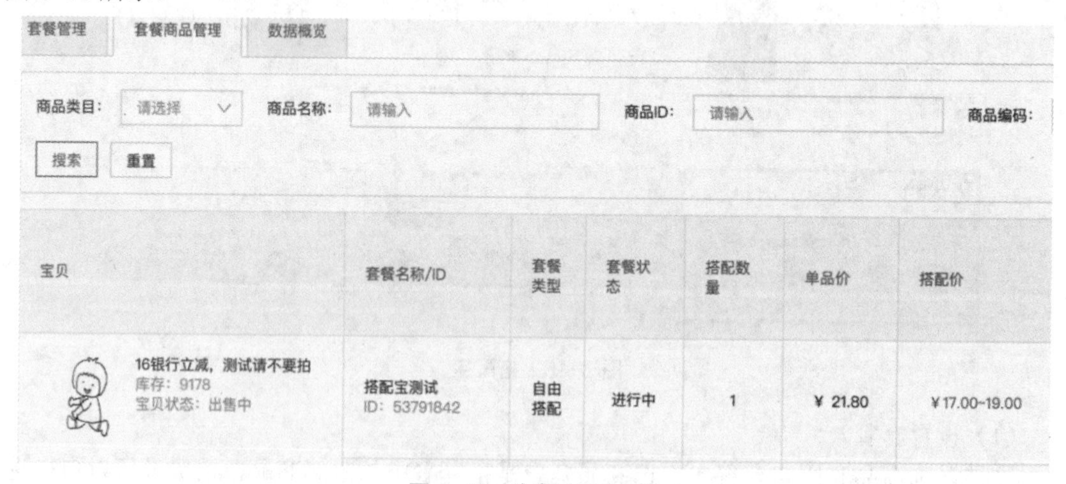

图 3-18 套餐商品管理

1）工具使用规则

可以和店铺级优惠（如店铺宝、优惠券）、跨店级（如跨店满减）叠加使用。

2）优惠计算及分摊规则

双十一活动商品订单价格均不计入最低价（包括天猫、聚划算、淘抢购等营销平台）；

非双十一活动商品订单价计入天猫，计入聚划算、淘抢购等营销平台的最低价。

3）支持商家范围

天猫国际商家无法使用搭配宝，使用后可能导致订单搭配异常，税率异常，影响订单无法清关，从而影响消费者的购物体验，天猫国际商家无法使用“新搭配宝”工具，若无法创建“新搭配宝”活动则为正常现象，具体原因如下：

①“搭配宝”跨店搭配功能无法使用，税率是固定的，如果价格变动导致税费申报与日常相差太大，申报环节可能会有异常，导致无法清关。

②如果商家使用“搭配宝”设置“跨境发货+邮关发货”组合，后续拆包发货，无法保障包裹到货时间，会严重影响消费者的物流体验，引发客户体验投诉。

③商家使用“搭配宝”做低价组合，根据海关相关商品价格申报规定，可能导致无法清关。

④店铺优惠和大促优惠叠加，容易出现小金额订单，申报环节可能导致异常无法清关。

（5）支持商品范围

下架或删除状态商品、虚拟类目、拍卖商品、秒杀商品、跨店商品、美妆小样（不能作为主宝贝）、家装带服务标商品、禁止购买商品、部分汽车类目、车品级联 SKU 类目、预售商品无法参加搭配宝。

7. N 元任选

N 元任选是一种凑单型的新营销玩法，将单价相近的商品加入活动商品池，组成固定优惠价，如 99 元任选 3 件，提升人均购买件数及金额。对消费者以固定价格购买一组商品，灵活性强，更好凑单，对商家可提升人均购买件数及客单价。如图 3-19 所示。

图 3-19　N 元任选

（1）选择活动商品

1）参与商品数

单个活动的活动商品数需大于等于 5 个，小于等于 100 个。

2）可设置活动数

同一店铺同一时间最多可以生效 10 个 N 元任选活动，1 个商品最多可以参与 1 档活动。新增或更改商品池后，需要点击完成才可以生效。

3）参与商品范围

部分类目商品不支持参与，包括卖全球商品、预售商品、分阶段付款商品、秒杀商品、虚拟发货商品、O2O 商品、车秒贷商品、阿里健康 OTC 商品、免税店商品、处方药商品。

4）商品价格要求

优惠价>N 元任选平均价格（例如 100 元选 5 件，平均价格为 20 元）。

5）资损防控建议

注意要设置单品优惠价，不要让参与的商品价差过大，容易导致价格较低使商品破价资损。

6）选择活动商品

选择活动商品环节时，点击右侧“参加活动”按钮，选择商品数大于等于 5 时，无需强制点击“完成”按钮，活动优惠也能生效；若商品数小于 5 时，活动优惠不生效，前台不展示。如图 3-20 所示。

一口价	优惠价	类目	操作
38.00	38.00	赠品	无法参加活动
1.00	1.00	芒果	无法参加活动
1.00	1.00	芒果	无法参加活动
100.00	40.00	孔明灯	参加活动

图 3-20　选择活动商品

（2）活动创建校验提示

因 N 元任选是根据单品优惠后价格进行优惠分摊且可叠加其他优惠，可能产生两类资损：高低价差风险和叠加优惠风险，故在整体 N 元任选活动创建前进行活动商品：

提示一为高低价差：当商家设置的商品的“优惠价”超过 N 元任选均价（例如 100 元选 5 件，均价 20）的 1.5 倍，就会提示商家检查活动设置，避免风险。

提示二为叠加：提示商家可叠加的优惠，避免叠加风险。如图 3-21 所示。

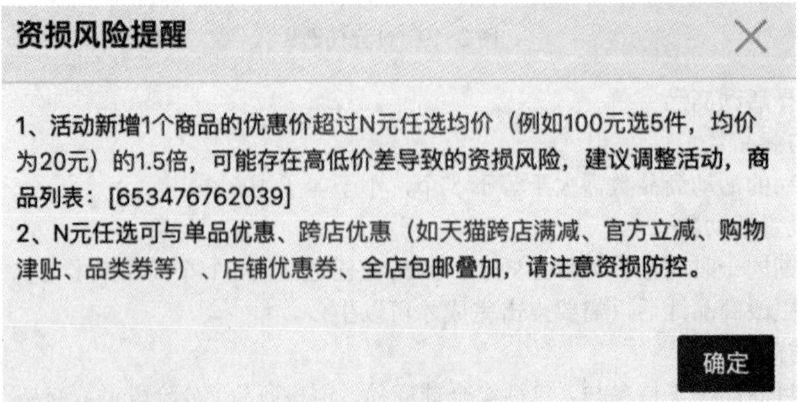

资损风险提醒 

1、活动新增1个商品的优惠价超过N元任选均价（例如100元选5件，均价为20元）的1.5倍，可能存在高低价差导致的资损风险，建议调整活动，商品列表：[653476762039]

2、N元任选可与单品优惠、跨店优惠（如天猫跨店满减、官方立减、购物津贴、品类券等）、店铺优惠券、全店包邮叠加，请注意资损防控。

确定

图 3-21　避免叠加风险

1）优惠生效规则

活动：设置 N 元任选 Y 件活动时

同店一次下单需活动商品大于等于 Y 件，例如 ABC 均为某店活动商品，D 为该店非活动商品，商家设置了 99 元 3 件，A 买 3 件相同 SKU 或不同 SKU、 A 买 1 件 B 买 2 件、A 买 1 件 B 买 1 件 C 买 1 件均属于满足 Y 件，而 A 买 1 件 B 买 1 件 D 买 1 件则不满足条件，不可享受优惠。

若消费者购买 Y+1 件商品，则取较高价格的 Y 件商品享受 N 元组合优惠，超过购买范围的这 1 件商品，则按照该商品的单品优惠价购买。

若消费者购买商品达到 Y*N 件，也只取价格最高的 Y 件商品享受 N 元组合优惠，优惠不循环生效，例如 99 元 3 件，如果消费者买了 6 件，则超出的三件按商品正常价格计算，如果消费者想享受 2 次 N 元任选优惠，分开 2 次下单即可。

2）优惠分摊规则

活动：设置 N 元任选 Y 件活动时

买 Y 件活动商品，则优惠金额将按照比例分摊到每个商品上。

购买 Y+1 件活动商品，则取价格较高的 Y 件商品享受 N 元组合优惠，但优惠金额会按照比例分摊到 Y+1 件商品上（影响商品历史成交价计算和实际退款金额）。

分摊顺序先分摊 N 元任选优惠，以分摊后的各个子订单金额再去计算购物券的分摊金额。

需要注意，部分退不影响未退款的商品的 N 元任选优惠生效。

3）最低价计入规则

N 元任选活动商品计入历史最低成交价。

技能点二　私域营销

淘宝私域营销是指通过建立自己的私域流量池，实现对用户的精细化运营和营销的方式。淘宝群是一个强大的私域流量池，可以直接发送优惠券、产品链接等。品牌主开展私域运营时，应从会员招募、激活、复购、裂变四个方面入手。

目前，常见的私域运营有订阅、淘宝群和淘宝直播以及买家秀，对淘宝私域流量转化有重要作用。

1. 订阅

订阅是店铺私域运营一个非常重要的版块，是让粉丝了解店内更多信息的渠道。通过分析粉丝的兴趣点、喜好去创建一些和产品关联的内容，获得更多的浏览互动，提高内容的质量，从而展示在官方公域渠道上，为店铺吸引更多粉丝关注。如图 3-22 所示。

（1）图片规范

1）图宽像素建议大于 700px。

2）图片整体要求清晰、整洁，勿出现马赛克、二维码、模糊、黑屏、白底、封面图拉伸变形、色情等以上任一情况。

图 3-22 订阅

3）图片主体呈现清晰、直接，请勿将图片主体倒置、翻转拍摄，影响用户信息获取或观感。

4）图片建议为清晰实拍图。

5）图片上勿出现第三方平台水印，手机自带水印、时间水印、不带第三方平台元素的个人水印除外。

（2）图片勿展现过于血腥、恐怖、密集、暴力等内容，引起用户广泛生理或心理不适。如图 3-23 所示。

倒图：图片角度不合理，包括但不限于视频封面、视频播放画面、图文类内容的首图非正常角度。

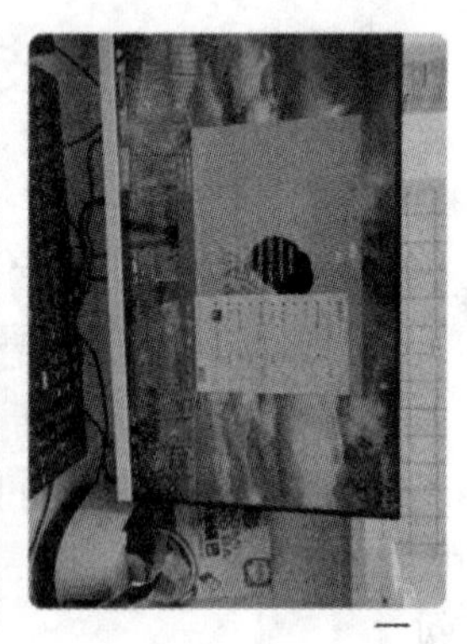

图 3-23 图片规范

（3）视频基础质量规范

1）视频时长规范：不少于 5 秒。

2）视频分辨率规范：上传视频分辨率需要在 720p 及以上。

3）视频画面规范：视频要求画面清晰，请避免出现模糊、连续黑屏、画面倒置、画面剧烈抖动影响观看等情况。

4）视频声音规范：视频声音要求清晰、连贯，请勿出现背景音过于嘈杂影响观感、完全无声等情况。

（4）视频水印规范：视频上勿出现第三方平台水印，手机自带水印、时间水印、不带第三方平台元素的个人账号水印除外。如图 3-24 所示。

视频中出现嘈杂背景音或视频完全无声、很小声，影响用户听觉体验。

案例：

完全无声

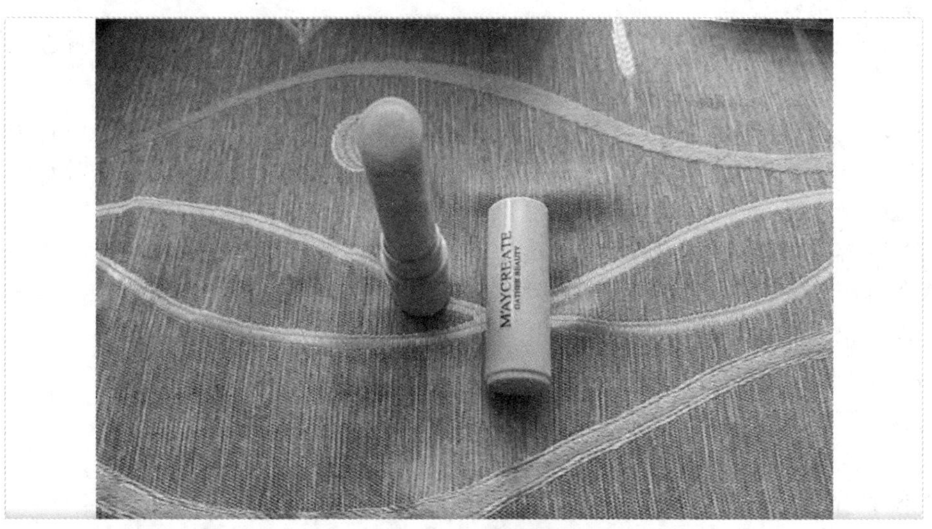

图 3-24　视频规范

（5）内容原创性规范

鼓励通过真实内容分享与种草，传递真实使用感受；勿出现封面为非真实场景下的商品电脑渲染图、文案仅出现商品名/商品描述标题/等信息价值过低、单纯堆砌关键词的低信息营销话术、直接露出淘外联系方式、违反广告法文案（最低价，最底价……）等低质广告营销内容。图 3-25 所示为明显的渲染广告拍摄。

明显的渲染广告拍摄

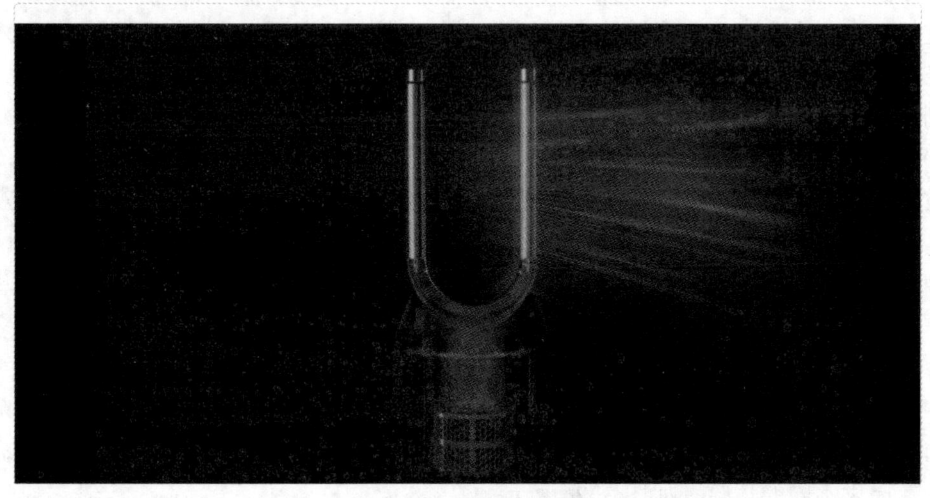

图 3-25　渲染广告拍摄

（6）内容营销性规范

1）图片或视频和文案应有表达一致性和合理相关性。

2）内容表达应具有合理性，勿出现文案文字乱码、文案不通顺、文案中出现明显错别字、视频或图片与文案不相关等任一情况。

3）内容需保证是客观真实的描述，不可对商品、产品或服务等进行功能或效果的夸张夸大、虚假营销。

4）内容时效应具有合理性，勿出现内容与当下时令产生明显违和感、严重过期等任一情况。

5）内容下所挂商品链接，应确保商品链接和内容一致，避免商品链接与内容实际推荐不一致情况（包括但不限于出镜/文案等提及商品），单一商品（包括不同规格）挂品建议不要超过 3 个。

（7）内容价值观规范

鼓励健康、积极、向上的价值观内容，勿违背国家法律法规、社会公序良俗、宣扬极端价值观，包含但不限于以下几种：

1）不利于未成年人健康成长导向

内容中宣扬早恋、早孕、辍学、炫富等不健康价值观；

内容中未成年人进行喊麦、乞讨、暴力等不良、违法行为；

内容中出现未成年人不正常或不必要的裸露，尤其是未成年人隐私部位；

内容中出现未成年人或引导未成年人进行危险动作；

内容中出现以未成年人身份进行带货。

2）低俗

内容中人物着装低俗色情或出现性暗示行为；

推荐低俗色情小说、段子、歌曲、音频，或谈论两性话题引导低俗联想；

内容中出现隐私部位、性器官，模仿或恶搞性行为、展现乱伦、低俗婚闹、性骚扰、猥琐行为。

3）封建迷信

宣扬算命、占卜、看风水、跳大神、养小鬼、养蛊、巫医、法术、冥婚、诅咒术；

在丧葬场景中出现丧葬用品和丧葬影视；

利用封建迷信手段诅咒他人，骗取钱财。

4）伪科学

披着“民间科学”外衣，传播危害社会或他人生命财产的谣言、伪科学信息及观念。

2. 淘宝群

淘宝群是一个私域平台，商家和店铺会员、粉丝可以直接互动交流。卖家可以与客户建立信息交流，同时店铺上新产品、买家秀和微淘内容也可以关联到群聊中，让更多的粉丝了解淘宝群。

淘宝群门槛有三种类型，关注入群、满足一定消费金额入群和密码入群。卖家可以针对店铺的粉丝体系进行分群管理，按照转化的贡献值分类，更好地进行精细化运营，为不同消费者提供不同的体验。如图 3-26 所示。

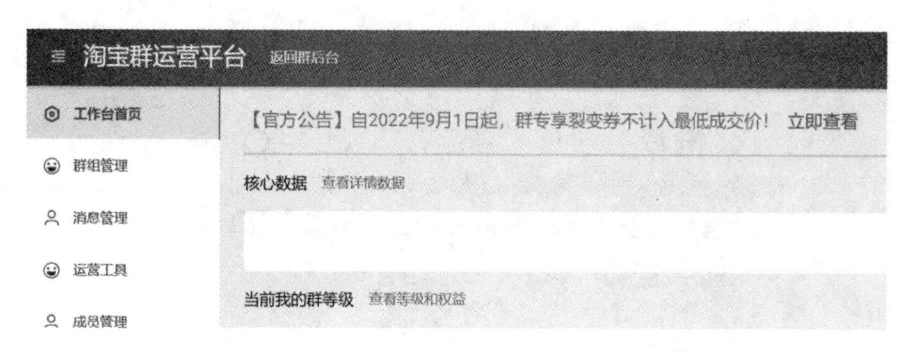

图 3-26　淘宝群

（1）淘宝群业务介绍

1）基础数据情况

2016 年底上线，已覆盖商家量超过 35 万户，已建立消费者关系数超过 3.5 亿人，消费者日活数超过 1000 万人，群 7 天二次回访率超过 45%。

2）商家端价值

①价值用户沉淀：基于 CEM（Customer Experience Management，客户体验管理）人群标签圈定，购后页面精准入群；

②高效触达召回：群内多样化营销工具，手机桌面 PUSH（召回是指通过推送消息的方式，将用户重新吸引到应用程序或网站中）召回效果好；

③用户互动转化：价值用户连接，提升购买转化与黏性。

3）系统自动展现

分别在支付成功页、订单详情页、物流详情页、直播主播页展示。图 3-27 所示为淘宝群展示。

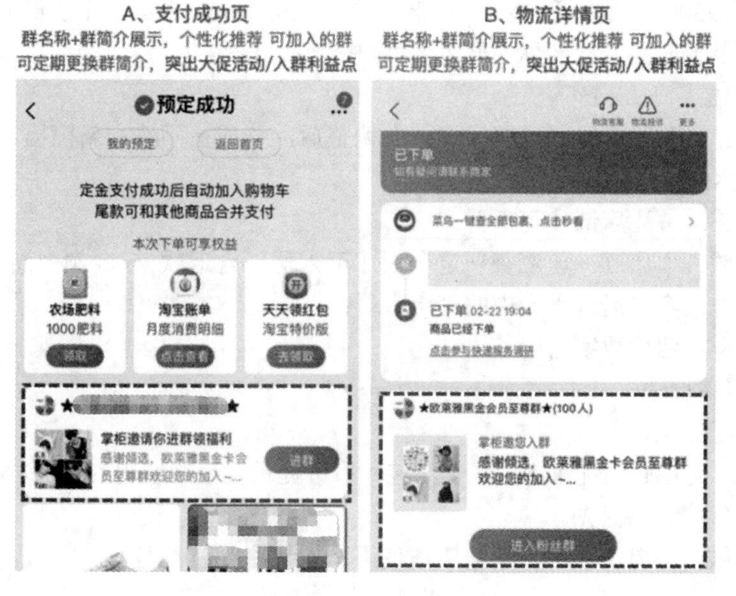

图 3-27　淘宝群展示

4）商家主动装修

可以把淘宝群在店铺装修的时候放在首页上，让更多的客户进群。如图 3-28 所示。

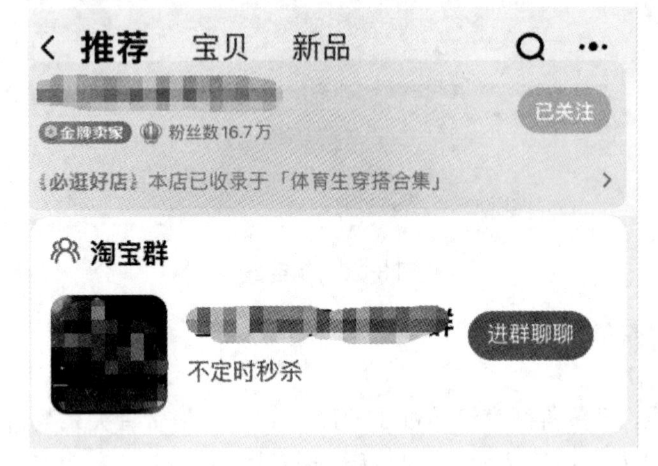

图 3-28 淘宝群

5）建群要求

商家满足以下任一条件，即可创建淘宝群：

①店铺状态正常、近 30 天支付宝成交笔数大于等于 90 笔。

②店铺状态正常、店铺近 180 天成交金额在 100 万元及以上。

6）群组与子群

商家创建的为群组，群组下有单个子群，群组设置将复制到该群组下的所有子群上，如入群门槛/自动回复/群公告等；

群组：上限 5000 人（可调整，最少为 500 人），群组下为子群。

子群：上限 500 人（不可调整），子群为系统自动生成，当第 1 个子群满员后，系统会自动生成第 2 个子群；子群名称为群组名称+序号。

7）入群门槛

入群门槛在建群时设置，可随时调整；调整后，群成员不符合新门槛也将继续留在群内，仅对新加入群成员生效。

①关注店铺：关注店铺才可入群；

②消费金额：本店近一年消费一定金额才可入群（含退款），金额由商家自定义；

③指定人群：客户运营平台中的指定人群；

④密码入群：四位数字密码。

8）群内专属玩法

①卡券类

红包喷泉：支持店铺优惠券、现金红包（不可提现，全网通用）；最多 6 种面额，中奖率按照种类均分，红包优先。

支付宝红包：可提现，可在其他店铺使用；支持拼手气红包。

②互动类

淘金币打卡：官方默认支出 10 个淘金币，商家可设置连续 3/7 天奖励；支持店铺优惠券、现金红包。

③商品类

限时抢购：群内专享折扣，店内不可见；计入近30天最低价。

提前购：未上架商品可提前购买；可快速积累新品销量。

自动化榜单：自动发送预上新、上新、热卖、售罄与补货的卡片，商家可自行开启与关闭。

3. 淘宝直播

淘宝直播对消费群体很重要，通过观看直播产生购买欲望，到最后下单的过程，简单便捷，改变了以往消费体验，更加符合现代的潮流。

卖家要注重直播质量，做出有吸引力的封面引导点击观看直播，通过互动和沟通技巧留住访客，让观看直播的粉丝认可，同时也要把控好产品的质量，给消费者更好的购物体验。如图3-29所示。

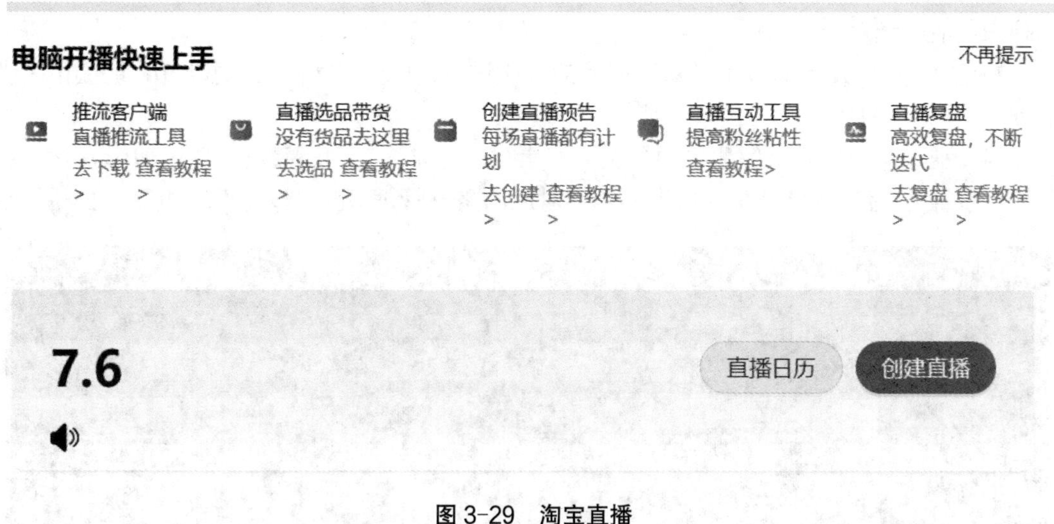

图3-29　淘宝直播

（1）个性化推荐逻辑

不同粉丝将推荐不同的群，仅透出直播铁粉群、已购会员群、消费金额群、指定人群门槛群，暂不透出快闪群、订阅店铺群；仅对符合群门槛且从未加入该主播任何群的消费者透出；已加群的不再透出。

（2）首页模块

模块1：讲解收益模块，通过该模块可以快速浏览近期录制的讲解带来的相关收益。

模块2：讲解管理模块，通过该模块可以根据直播场次，快速定位到近期某一场直播的某一个商品的讲解情况，如果需要对讲解进行更进一步管理，可点击右上角【查看全部】。

模块3：官方公告模块，通过该模块可以快速了解到关于直播讲解近期的重要信息，第一时间了解平台动态和活动信息。如图3-30所示。

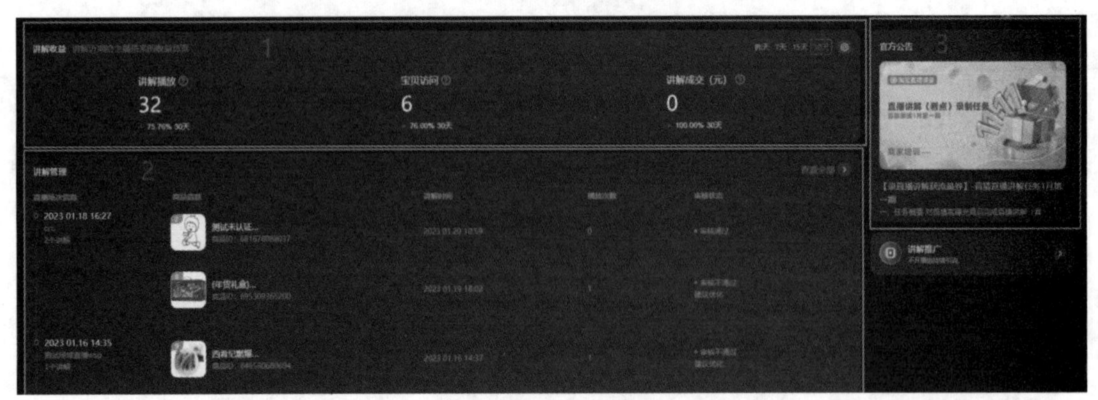

图 3-30　首页模块

（3）讲解管理模块

1）可以通过筛选模块，通过直播场次 ID，讲解审核状态，讲解时间范围和商品 ID、标题来灵活筛选对应的讲解内容。

2）新增讲解 ID，该 ID 是对应商品的某次讲解的唯一 ID，可通过该 ID 定位相关讲解。

（4）基于对应原始讲解生成的各类分发素材（包括人工剪辑素材，智能剪辑素材，无贴片素材等），通过编辑讲解入口进入进行对应的素材管理。讲解管理模块如图 3-31 所示。

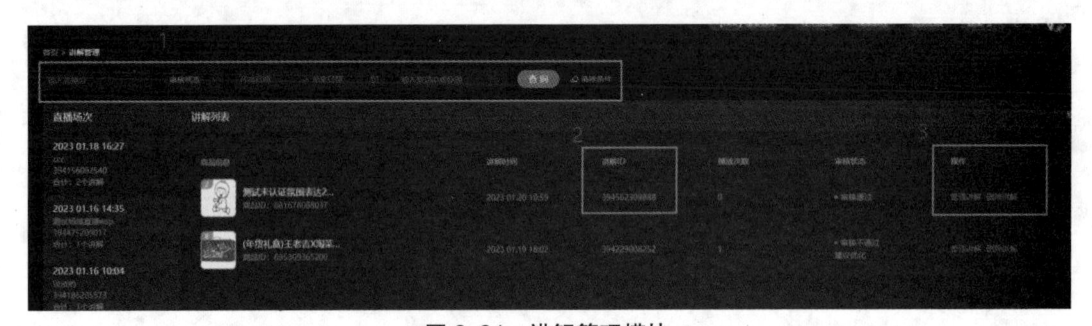

图 3-31　讲解管理模块

（5）评论智能回复

基于直播间消费者评论的关键词做提炼，并进行语义识别后在评论区展示，能够快速聚合直播间消费者的问题并以“大家问”的形式在直播评论区展示。

可以提前预设关键词和基于关键词的回复，当消费者评论的内容或语义与关键词匹配时，自动触发回复内容并以“智能小助手”的身份发送给消费者。

1）大家问

快速提炼直播间消费者的相似问题并做聚合，聚合后展示在直播间评论区。主播或场控者可口播回复此类问题。如图 3-32 所示。

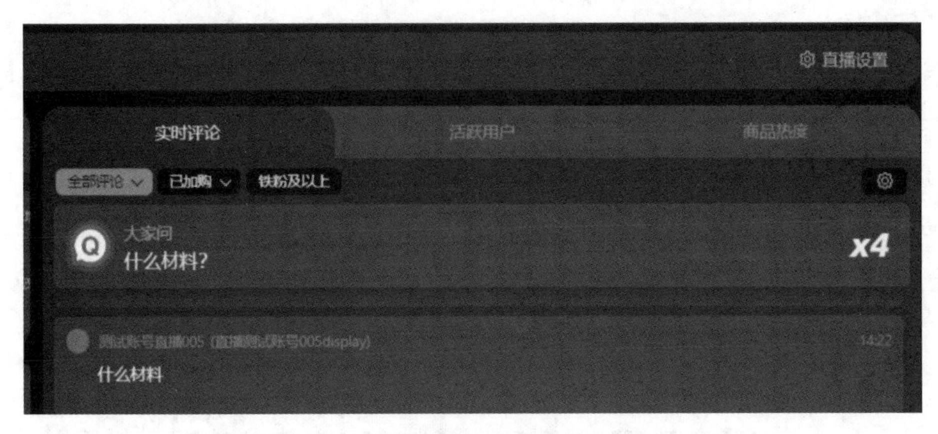

图 3-32　大家问

2）智能回复

开播后，进入直播详情，点击“直播设置”-“评论设置”。如图 3-33 所示。

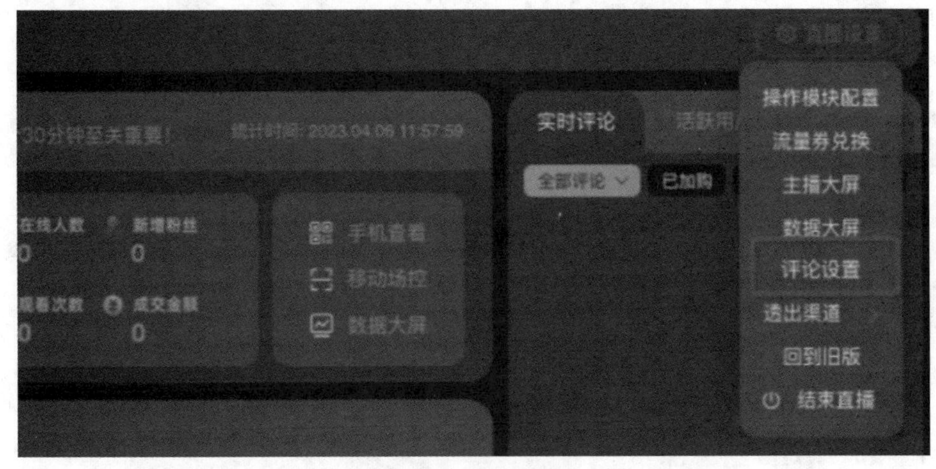

图 3-33　评论设置

进行评论关键词与关键词回复的预设，设置完成后，打开智能回复开关。

当消费者评论语义命中关键词后，将自动触发回复。且回复内容仅被@的消费者可见，不用担心会对其他用户造成打扰。如图 3-34 所示。

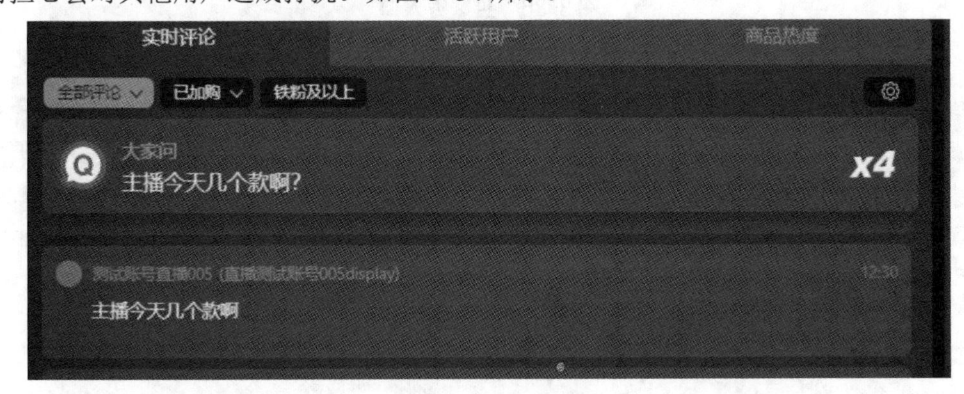

图 3-34　自动触发

4. 买家秀

买家秀内容后台自动汇聚来自评价、逛逛等渠道的亿万真实买家内容，同时也提供商家征集工具支持面向买家自主招募内容。如图 3-35 所示。

图 3-35 买家秀

（1）买家秀后台

直接搜索“买家秀”或点击“交易”-“评价管理”-“买家秀”，进入买家秀后台。图 3-36 所示为买家秀入口。

图 3-36 买家秀入口

（2）商家话题

商家话题是买家秀征集管理工具。通过自主创建，连接店铺自有用户，沉淀品牌买家真实购物分享。鼓励买家发布商品使用评价、知识/经验分享、使用过程/效果展示、生活体验分享等对店铺有价值的内容。

买家秀可进入逛逛频道，在逛逛覆盖大量买家秀，快速打造商家在逛逛的内容矩阵，提升引导进店的流量，也是品牌低成本投入且有效的内容生产链路。如图 3-37 所示。

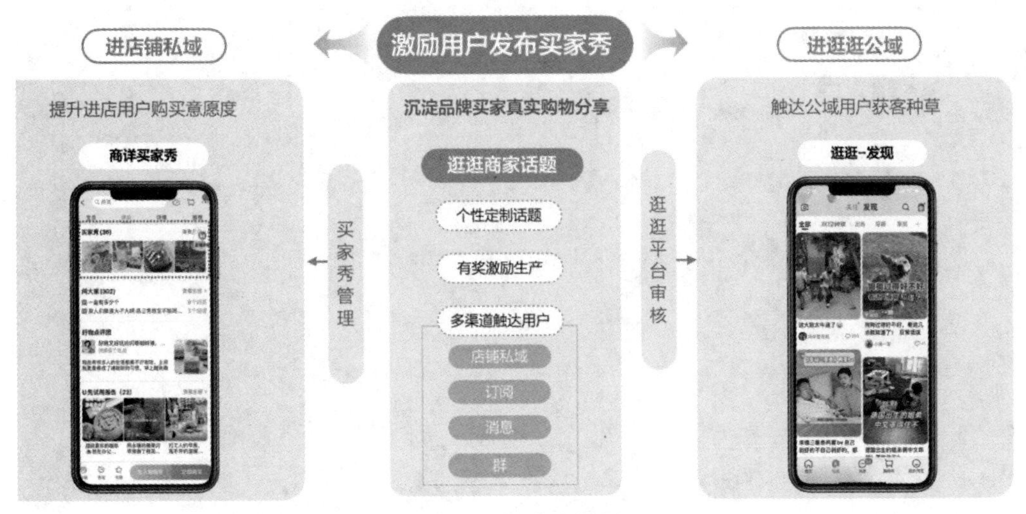

图 3-37　商家话题

（3）编辑活动信息

为了保障买家及粉丝用户的体验，话题发布后不支持重新编辑操作“参与规则、奖项信息”，如果活动未正式对外推广或无人参与的情况下，可操作“下线”。话题下线后，用户无法参与话题。

活动信息包含三个部分：

活动标题：标题文案要具有一定话题性，能调动用户参与的积极性。

活动头图：作为招稿活动背景图展示，建议尽量简洁。

参与规则：描述内容生产要求及发奖规则。

举例：

活动时间：×月×日-×月×日

参与方式：发布符合××××××要求的内容，点赞量 TOP×，将会获得×××的实物奖品；

中奖方式：活动结束后 7 天内将获奖名单公布在店铺首页（或在中奖内容下，以评论的方式留言）等方式；

奖品发放：获奖用户可主动联系客服领奖，并安排奖品发出。图 3-38 所示为编辑活动的界面。

话题列表 / **创建话题**

基本信息

* 活动标题 字数要求12字内

* 活动头图 请上传1125*510p的图片

图片分辨率不低于1125*510p

* 参与规则 可简单描述活动玩法、说明内容要求及发奖依据，如：内容需包含X张以上精美图片，依据点赞数/评论数为符合要求

* 内容类型 图片 视频

* 商品池 不限商品 全店商品 指定商品 用户只能关联商品池中的商品

奖项信息

* 抽奖方式 不使用抽奖功能 手动派奖 有奖截止后商家自行选择中奖名单 新版派奖能力使用说明

* 有奖截止时间 请选择日期和时间 提交 返回

图 3-38 编辑活动

（4）内容类型

需要用户生产的内容类型：“图片 or 视频”，系多选项。

（5）商品池

不限制商品：指用户发布内容可选择所有购买过的商品。

全店商品：指用户发布内容可选择在本店购买过的商品。

指定商品：指用户发布内容只能选择在本店购买过的指定商品。指定商品限量 20 款。奖品池设置如图 3-39 所示。

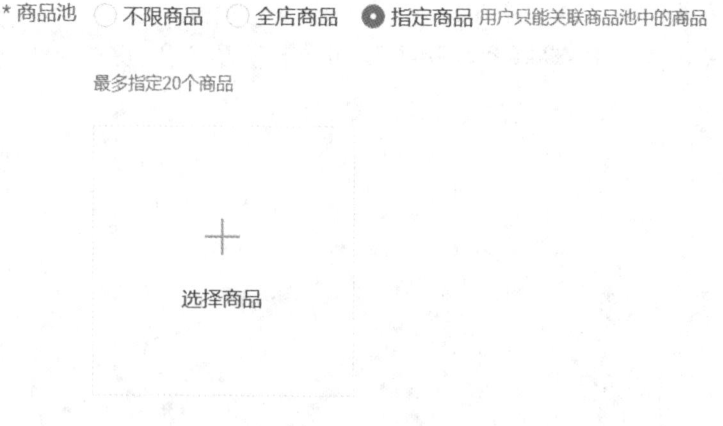

图 3-39 奖品池

（6）有奖活动

创建话题时，奖项信息选择“手动派奖”，然后按照提示填写如下信息：

1）有奖截止时间：即用户参与话题竞争奖品的截止时间，时间会以倒计时的方式在话题页展示，所有进话题页的用户均可见。

2）奖品等级、奖品名称、获奖头图（即奖品图片）、获奖名额：即描述奖品的基础信息，此处填写的信息会展示在话题页的奖品栏和话题参与规则里，所有进话题页的用户均可见。如图3-40所示。

图3-40　有奖活动

（7）用户发奖

如话题选择了“手动派奖”，则需要在话题有奖截止时间后，对话题下的内容进行筛选，并对符合有奖规则的用户进行发奖。

到了有奖截止时间的话题，在话题列表的操作栏目，会出现“查看获奖名单”按钮，点击会展示获奖名单窗口。点击下方“添加获奖名单”按钮，会进入到话题内容管理页。图3-41所示为查看获奖名单的入口。

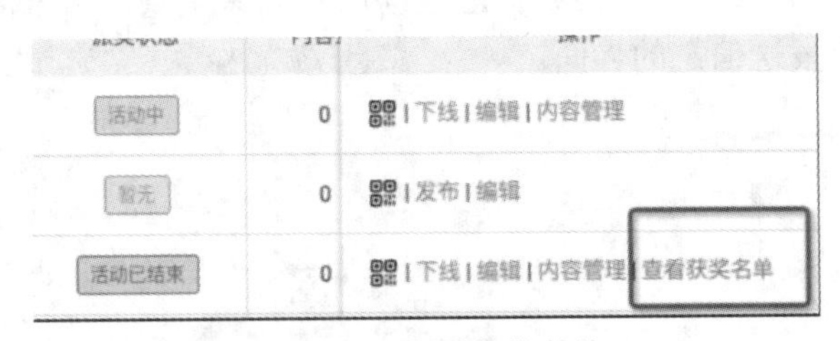

图3-41　查看获奖名单

内容管理页中，每一条内容旁边都有“加入获奖名单”按钮，同时右上角有“批量添加获奖名单”按钮，支持对同一奖品等级的用户批量添加名单。

选中内容添加获奖名单后，会弹出奖项信息弹窗，系统会自动统计内容对应的作者数，商家需要在窗口内确认被选中的用户可获得的奖品等级。注意，选中的获奖者不得超过最初设置的奖品数量，否则系统会提醒报错。图3-42所示为批量添加名单。

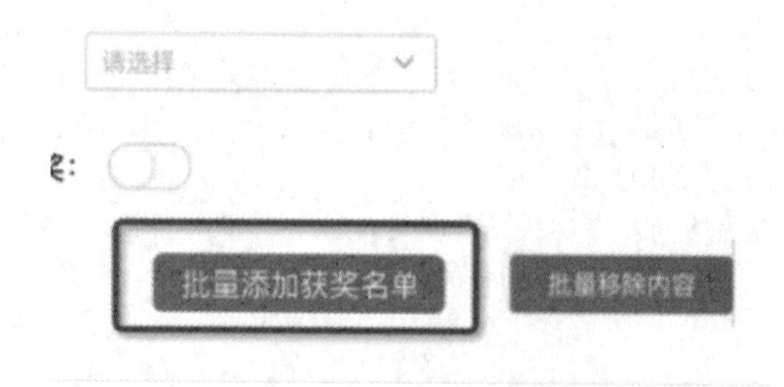

图 3-42　批量添加名单

匹配好奖品信息的获奖者，将展示在获奖名单内。点击话题列表操作栏目的“查看获奖名单”可查看已选中的所有获奖用户以及对应的奖品。这里可以检查用户在话题下发布的内容，也可以取消获奖资格。获奖名单全部确认完毕后，可点击名单下方“提交名单并发奖”，执行发奖操作。注意，一旦提交名单，后续不可再追加/修改/撤回获奖信息，系统会自动通知用户，务必在点击之前确认奖品名单无误。如图 3-43 所示。

获奖信息	操作
一等奖	查看内容　取消资格
二等奖	查看内容　取消资格

图 3-43　获奖信息

点击“发奖”后，系统会自动发送消息给获奖用户，用户可以在手机淘宝-我的淘宝-头像-互动消息-通知中查看。用户会凭消息主动联系商家索取，商家需要自行完成奖品的授予。图 3-44 所示为发送信息的界面。

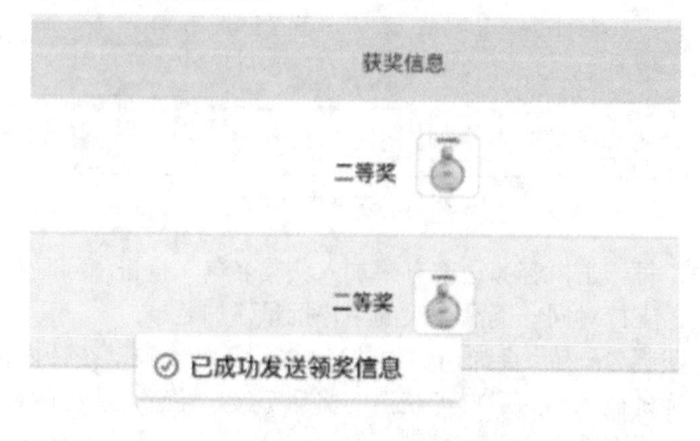

图 3-44　发送信息

技能点三　官方活动营销

官方活动营销是阿里巴巴旗下的淘宝网推出的一种营销方式，旨在为商家提供更多的销售机会和曝光率。对商家来说，淘宝官方活动营销是商家不可或缺的一种营销方式，它能够帮助商家提高销售额、增加曝光率、建立品牌形象和增加客户粘性。对消费者来说，淘宝官方活动营销也是享受优惠购物的机会，能以更低的价格购买到自己心仪的商品。

下面通过两种官方活动营销方式和两种营销手段来进行深入学习。

1. 营销方式

（1）官方活动报名

1）大型营销活动

天猫 618、双十一、双十二、年货节、女王节等，具体以实时招商规则为准。如图 3-45 所示。

图 3-45　大促

2）普通营销活动

天猫普通活动有家装新年惠、年货不打烊、聚划算、天猫母亲节、天猫 99 大促、七夕情人节、金秋出游季、淘宝中秋节等。图 3-46 为普通活动示例。

图 3-46　普通活动

3）报名流程

第一步：选择活动

①登录“商家中心”，点击“官方活动报名”或者“营销活动中心”，在弹出的新网页中，找到适合店铺的活动。图 3-47 所示为选择活动界面。

图 3-47 选择活动

点击“活动报名”页面中活动对应的“去报名”按钮，进行活动报名。如图 3-48 所示。

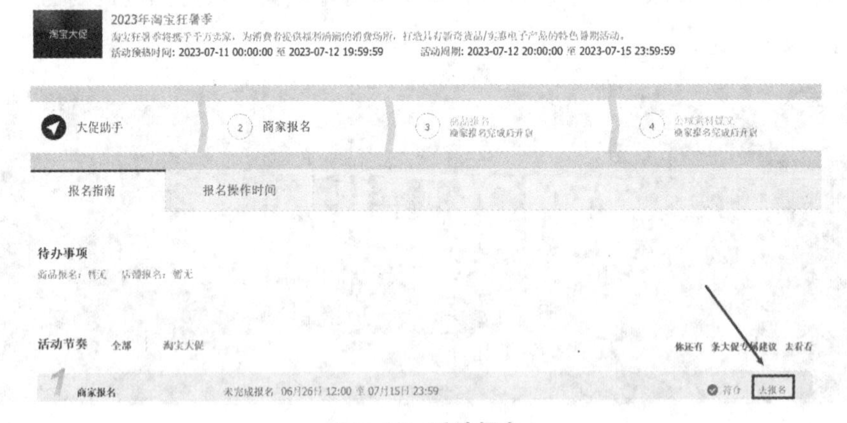

图 3-48 活动报名

②仔细阅读活动介绍和资质要求。图 3-49 所示为活动介绍。

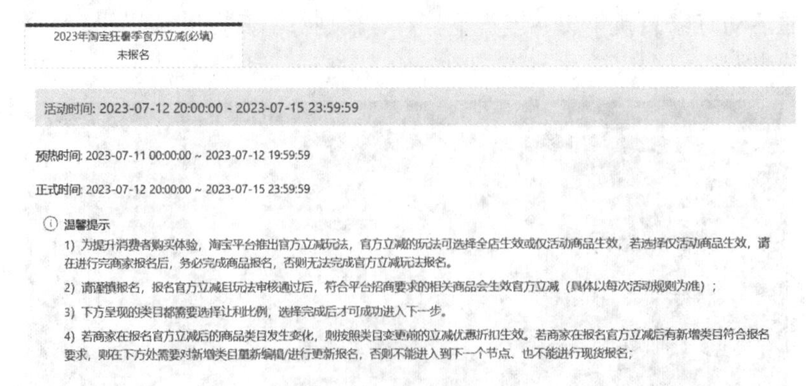

图 3-49 活动介绍

第二步：报名申请

② 填写店铺内如下类目商品须报名参与官方立减的让利活动。

②选择活动范围“全店生效”或“仅活动商品生效”，确定报名。图 3-50 为确定报名界面。

* 生效 全店生效 仅活动商品生效
范围 全店生效：店铺中对应上述类目的全部商品均生效官方立减玩法；仅活动商品生效：店铺中对应类目
在2023-07-10 00:00:00 前调整官方立减玩法的生效范围）
我已认真阅读以上内容并同意该商品参加此次官方立减活动
确定报名
撤销报名

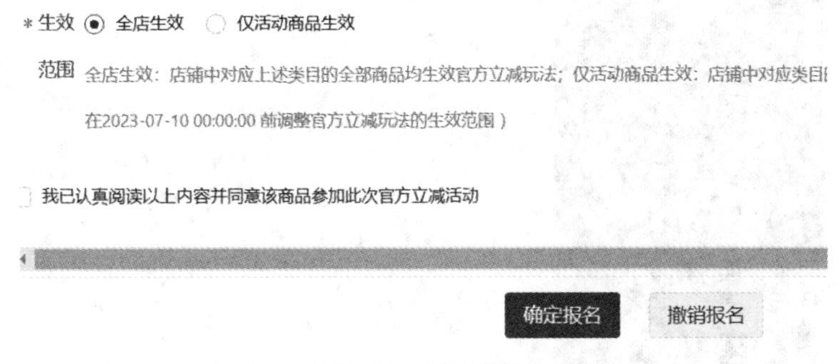

图 3-50　确定报名

③填写活动信息，如图 3-51 所示，并提交报名。

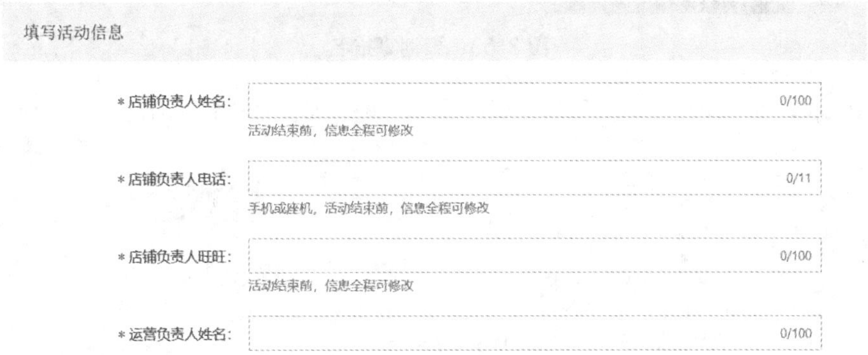

填写活动信息
* 店铺负责人姓名：
0/100
活动结束前，信息全程可修改
* 店铺负责人电话：
0/11
手机或座机，活动结束前，信息全程可修改
* 店铺负责人旺旺：
0/100
活动结束前，信息全程可修改
* 运营负责人姓名：
0/100

图 3-51　填写活动信息

2. **营销平台活动报名**

营销平台包括聚划算（如图 3-52 所示）、聚名品、非常大牌、全球精选、量贩优选、淘抢购、难得好货、天猫超级品牌日、天猫小黑盒、天猫超级品类日、大牌甄选、新粉购、天天特卖、每日返现等。报名商家必须同时符合或高于营销平台基础招商标准，才有机会参加和通过营销平台活动。

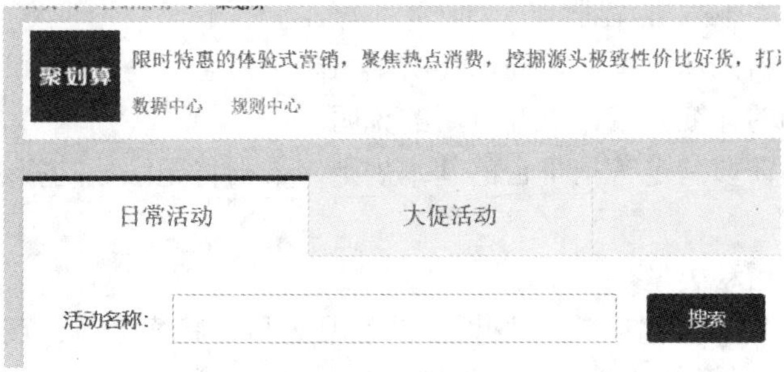

聚划算
限时特惠的体验式营销，聚焦热点消费，挖掘源头极致性价比好货，打
数据中心
规则中心
日常活动
大促活动
活动名称：
搜索

图 3-52　聚划算

（1）聚划算报名流程

1）点开“营销活动中心”以后，在“数据中心”中可以看到聚划算、天天特卖等活动

报名入口，选择“聚划算”。如图 3-53 所示。

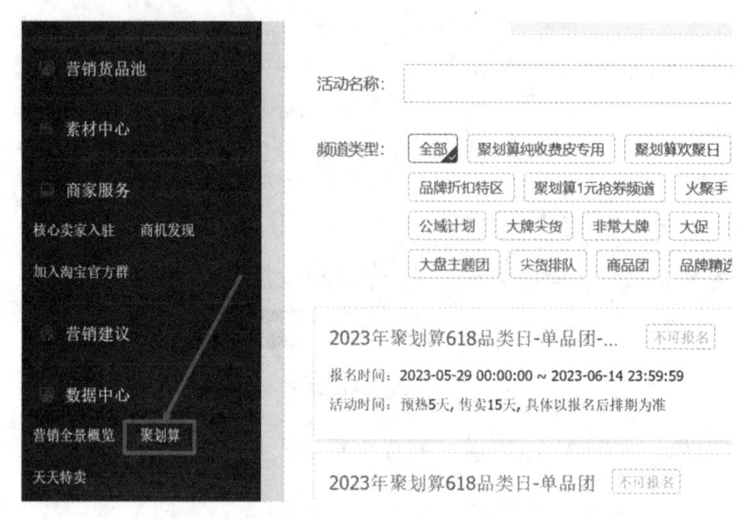

图 3-53　聚划算报名

2）进入报名页面后，选择活动坑位的活动时间。如图 3-54 所示。

图 3-54　选择活动坑位

3）填写店铺品牌类型等资料，如果店铺从来没有参加过营销平台活动，则点击“现在入驻”，并根据提示完成入驻流程。

4）进入商家资料的填写页面，商家如实填写相关信息。

5）会看到活动的详细介绍，以及费用的说明。

6）报名的商品需要满足营销平台的基本规则，否则将无法成功报名。

（2）报名技巧

1）选择合适的活动类型

聚划算有不同的活动类型，如品牌团、超级品牌日、特卖会等。商家应根据自己的商品特点和目标客群，选择最适合的活动类型。

2）准备优质的商品和图片

聚划算要求商品的质量、价格、评价等都要达到一定的标准，否则会被拒绝或降权。商家应该提供优质的商品和图片，突出商品的卖点和优势，吸引消费者的注意力。

3）设计合理的促销方案

聚划算要求商家提供一定的折扣或优惠券，以增加商品的竞争力和吸引力。商家应该设计合理的促销方案，既要保证自己的利润空间，又要满足消费者的需求和预期。

4）关注活动规则和数据

聚划算有一套完善的活动规则和数据分析系统，帮助商家了解活动的要求、流程、效果等。商家应该关注活动规则和数据，及时调整自己的策略和方案，提高活动的成功率。

（3）基础收费模式

这种模式包括基础技术服务费、实时划扣技术服务费和封顶技术服务费三部分。基础技术服务费是审核通过后提前付的一笔固定数额的费用，开团时由聚划算账户划扣，不予退回。

实时划扣技术服务费是按照确认收货的成交额及对应类目费率实时划扣的费用。封顶技术服务费是当实时划扣技术服务费超过一定金额时，系统停止扣费的上限。具体的收费标准可以在活动报名页面查看。

（4）特殊收费模式

这种模式是免除基础技术服务费的缴纳要求，也不设置封顶技术服务费，仅按照确认收货的成交额及对应类目佣金费率扣取佣金，且部分业务或品牌按照对应类目佣金费率的6折扣费。

参加聚划算活动是一种有效的提升销量和曝光度的方式，但是卖家也需要支付一定的费用，并且做好相关的准备和规划。

3. 营销平台基础规则

（1）商家条件

1）商家营销准入状态

店铺DSR评分三项均≥4.6，近30天内纠纷退款率或纠纷退款笔数，近730天内出售假冒商品分值未达24分，近90天内无虚假交易扣分，未在搜索屏蔽店铺期，近90天内无一般违规行为节点，近365天内无严重违规行为节点。如图3-55所示。

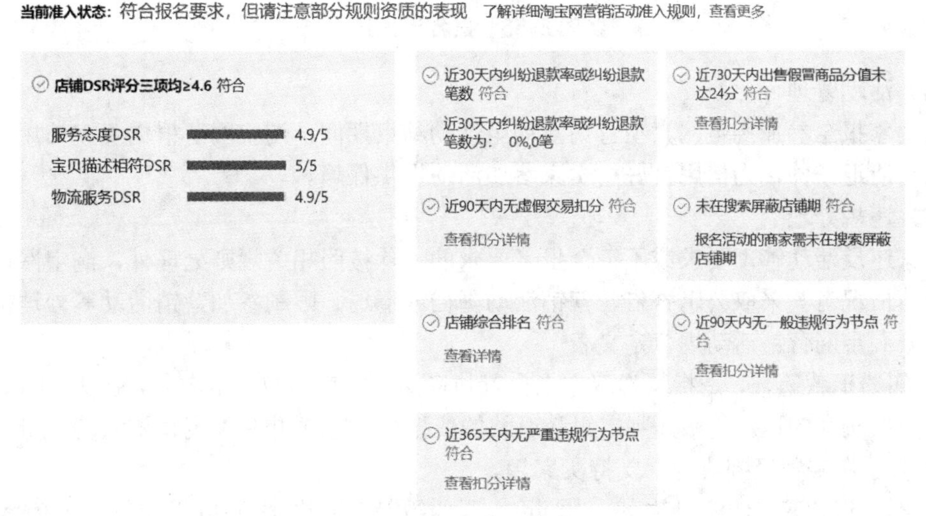

图3-55　准入状态

（2）适用范围及定位

适用于参加淘宝网营销活动的淘宝网卖家。淘宝网卖家自活动报名之时起至活动结束，须符合以下要求，方有机会参加淘宝网营销活动，特殊营销活动另有规定的从其规定。

（3）报名要求及退出，如图 3-56 所示。

报名要求	退出	
	主动退出	被清退
【违规限制】 1.近90天内无一般违规行为节点处理记录； 2.近90天内无虚假交易扣分； 3.近365天内无严重违规行为节点处理记录； 4.近730天内出售假冒商品分值未达24分，本自然年内出售假冒商品累计未达二振； 5.近60天内无异常店铺管控处罚记录； 6.未在搜索屏蔽店铺期； 7.无其他被限制参加营销活动的情形。 **【服务能力】** 1.店铺DSR评分三项均≥4.6； 2.近30天内纠纷退款率不超过店铺所在主营类目纠纷退款率均值的5倍或纠纷退款笔数＜3笔。 **【品质分】** 商品品质分≥50分。 **【经营能力】** 淘宝网还将结合卖家多维度经营情况（如诚信经营情况、店铺品质、商品竞争力等）及各营销活动侧重等进行综合评估。	无合理理由不得主动退出	不满足报名要求立即清退

图 3-56　报名及退出

（4）活动管理

在卖家报名参加淘宝网大型营销活动至活动结束期间，淘宝网可根据卖家信用水平设置准入、清退条件，为信用良好的卖家参加活动提供保障。

（5）违规处理

卖家违反活动管理要求或不符合报名要求的，除按照相关规则处理外，淘宝网还将视卖家具体情况对其采取公示警告、营销活动降档或清退、限制参加营销活动等处理措施。

（6）淘宝网营销活动规范定义表

1）纠纷退款笔数，是指买卖双方未自行协商达成退款协议，由淘宝客服人工介入，且判定为支持买家的退款笔数（判定纠纷退款的依据为，退款/售后交易由淘宝介入处理，且该退款/售后淘宝曾经判决为“支持买家”）。

2）纠纷退款率，纠纷退款率=（最近 30 天纠纷退款笔数/最近 30 天支付宝成交笔数）×

100%（公式分母中的支付宝成交笔数=淘宝交易子订单数）。

主营类目纠纷退款率均值，以卖家中心页面显示为准。

3）不正当方式，指如虚构交易、虚构购物车数量、虚构收藏数量等违规获取或使用官方资源，扰乱市场秩序的行为。

4. 营销手段

（1）首因效应

首因效应，又称“第一印象”效应。心理学研究表明，与一个人初次会面时，45 秒内产生的第一印象至关重要。因为第一印象一旦形成，它就能在对方的头脑中占据主导地位，并持续较长时间。

制作视频的时候经常讨论到，要在前 3 秒抓住人心，其实画面展示只是视频组成的一部分，另外一部分就是音频文案。这一开头一般也奠定了整个视频的基调。

例如，“网红面膜终于降价了”，其实表现的就是价格低的优势。“孩子教育路上必读的五本书推荐”，如果在面膜的开头衔接上面膜的使用效果、面膜的品材等，将不会有很大的效果，同样在书的推广素材，主推的是 5 本书籍只卖 50 元，将不会有很强的效果。

（2）南风效应

法国作家拉·封丹曾写过一则寓言，讲的是北风和南风比威力的故事。当北风用力吹动行人的衣服想吹掉行人的衣服时，他们却把衣服裹得更紧了；而南风缓缓吹动让人们产生了暖意，自然而然让人们解开了衣服的纽扣。

南风效应应用于文案的方向，如果直接就想让用户买单，用户反而会把钱包裹得更紧。构建用户需求的场景，反而更容易让用户买单。

例如，“断货王 69 元 20 双精品男士吸汗透气运动袜”。直接打动人心，让人联想到自己运动后袜子汗湿，回到家里脚臭的场景，就会觉得真的需要买一双这样的袜子。

（3）超限效应

刺激过多、过强和作用时间过久而引起心理极不耐烦或反抗的心理现象，称之为“超限效应”。

这个效应的利用多用于视频创作的脚本文案和台词本文案，配合输出的素材，不能让用户感受到每分每秒都在被刺激，需要张弛有度。文似看山不喜平，但不是让每个地方都是高耸入云的高山，而需要有的地方是很平缓的过渡，只有关键的地方击中用户即可。

例如，手表 800 米防水，不仅表面做工精细，选用蓝宝石玻璃镜片，表带更是仿用意大利鳄鱼皮设计，戴出去十分有面子，无论跟商务衬衣穿搭，还是平日的休闲嘻哈风都能凸显格调跟面子。

实际每一个点都是可以作为一个核心的卖点来做成一个视频了，而把它们融合在一个视频里，就很容易让用户“超限”了，原本可以买单 200 客单价的产品，在说出两个突出点刺激以后，可能就只会愿意出 100 了，甚至在比较后可能不会购买你的产品，并且不再推荐同类视频。

（4）木桶效应

“木桶效应”，是指用一个木桶来装水，如果组成木桶的木板参差不齐，那么它能盛下的水的容量不是由这个木桶中比较长的木板来决定的，而是由这个木桶中比较短的木板决定的。

这一理论其实很多人都了解，但是能够执行和做到的人不多。套用到实际操作中，需要了解自己的文案中的短板，而不是只盯着闪光点。文案中的闪光点固然能让人眼前一亮，吸引到用户，但实际能引导用户并购买转化的文案，必然不是只有吸引眼球一个点打动人心。

例如，“70 岁老人依然年轻活力，只因常年吃了它”。这种抛出问题的形式和吸引人的点，确实令人有打开和了解的欲望。但是它的短板在于前半句，有点像夸大其词，夸夸其谈。如果把它补齐，效果将会倍增：“隔壁老张 70 岁依旧一头黑发，竟然是因为常年吃了它”。这就是一篇比较合格的茶叶推广标题文案。

技能点四　站内视频营销

淘宝站内视频营销是一种在淘宝网站内部进行的视频推广方式。通过短视频的方式，用户可以更好地了解产品和服务，有助于店铺提高品牌知名度和用户黏性。

淘宝站内视频营销的重要性在于，相较于图文，短视频更具形象性和可读性，也更容易激起消费者的购买欲望。这种天然的强娱乐性和话题性，能够快速吸引流量。相比单纯的图文，淘宝短视频能帮助商品提高转化率。

站内短视频常用功能有视频上传、商品视频、店铺视频、短视频制作工具。

1. 视频上传

（1）填写视频信息。如图 3-57 所示。

上传或直接将视频文件拖入到上传区域，推荐使用 mp4、mkv、mov 格式上传，分辨率 720p 以上，支持 9:16、16:9、1:1、3:4 比例视频，文件最大 1.5G，时长 15 分钟以下。

（2）文本输入。如图 3-57 所示。

1）关键词，如一双可以抵御零下 20 摄氏度的棉鞋。

在标题中加入与商品相关的关键词，可以让消费者更容易找到你的商品。

标题要简洁明了，但也要有吸引力，让消费者想要点击进去观看。

2）描述商品特点

在标题中简要描述商品的特点，让消费者了解商品的主要卖点。

3）突出优惠信息

如果有优惠活动或者价格优势，可以在标题中突出显示。

（3）封面图。如图 3-57 所示。

淘宝视频封面图是视频播放前展示的图片，也是吸引消费者点击进入观看的重要因素之一。

1）突出商品特点

在封面图中突出展示商品的特点，让消费者一眼就能看出这个视频是关于什么商品的。

2）简洁明了

封面图要简洁明了，不要过于复杂，否则会让消费者感到困惑。

3）有吸引力

封面图要有吸引力，可以加入一些有趣的元素或者特效，让消费者想要点击进去观看。

4）与视频内容相关

封面图和视频内容要相关联，这样才能让消费者更好地理解视频的主题和内容。

图 3-57　上传视频

2. 商品视频

淘宝商品视频是卖家在淘宝平台上发布的一段展示商品的视频，可以让消费者更好地了解商品的特点和使用方法。

在视频中应突出展示商品的特点，让消费者一眼就能看出这个视频是关于什么商品的，视频要简洁明了，不要过于复杂，否则会让消费者感到困惑。视频要有吸引力，可以加入一些有趣的元素或者特效，让消费者想要点击进去观看。视频内容要与商品相关联，这样才能让消费者更好地理解商品的特点和使用方法。

1）一次性可投放多个类型的多个模块。如图 3-58 所示。

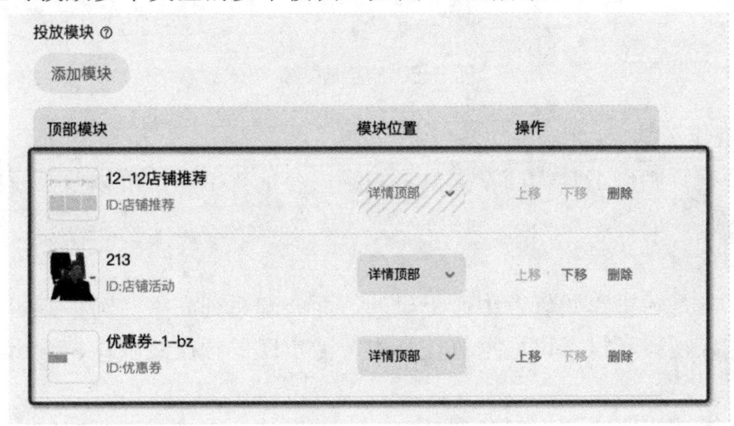

图 3-58　多个模块

2）可进行全店商品投放

当全店商品小于等于 1000 个时，全店商品投放入口展示；超过 1000 个商品时，入口不展示，无法进行全店商品一次性投放。如图 3-59 所示。

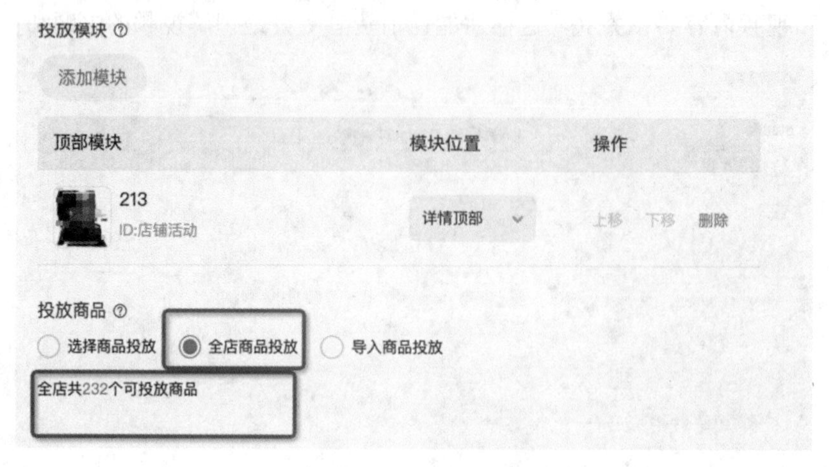

图 3-59 投放模块

3. 店铺视频

淘宝店铺视频是卖家在淘宝平台上发布的一段展示店铺的视频，可以让消费者更好地了解店铺的特点和氛围。如图 3-60 所示。

图 3-60 店铺视频

4. 短视频制作工具

商家私域短视频制作工具为商家提供短视频内容优化工具，可以基于短视频素材进行短视频制作。

（1）智能混剪

智能混剪工具是阿里妈妈创意中心提供的，面向淘系列商家、阿里妈妈客户的在线视频混剪工具，输入视频素材，可根据算法脚本智能实现视频在线制作、编辑、保存。

1）混剪项目设置

根据需求场景选择对应的视频类型（可以点击播放按钮观看视频案例），如图 3-61 所示，可以选择需要的视频尺寸和设置视频时长。

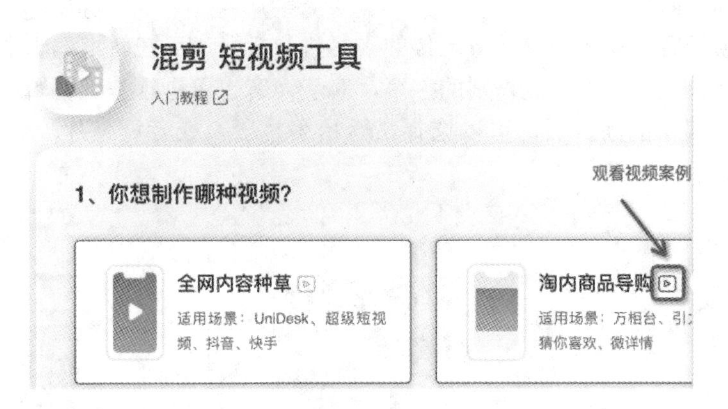

图 3-61　视频案例

在下方输入需要推官的商品链接后并点击添加，添加相关商品后会弹出相关的素材推荐。图 3-62 为添加链接的步骤。

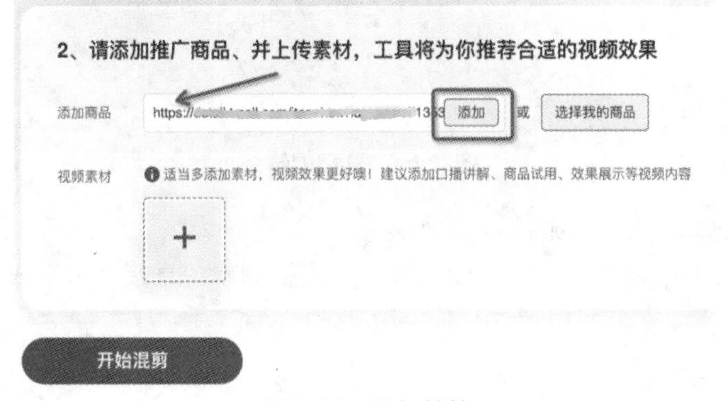

图 3-62　添加链接

可以点击下方加号，使用素材库中的素材，也可以上传本地素材进行混剪，项目设置完成后点击“开始混剪”，即可进行智能混剪。如图 3-63 所示。

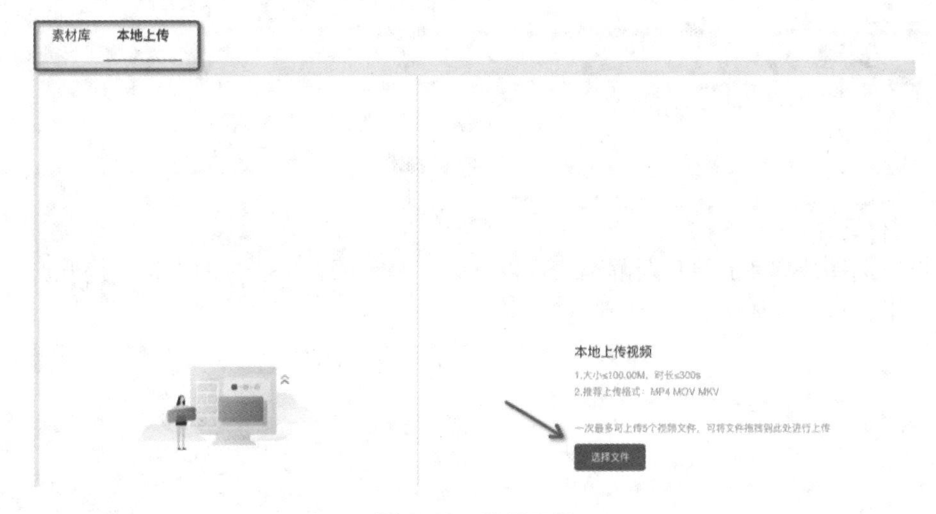

图 3-63　选择素材

2）素材智能拆分

创建混剪项目后，算法会自动将上传的素材进行拆分，可在轨道编辑器中调整镜头的内容时长、尺寸、是否启用智能识别的字幕，对于声音也可进行基础编辑。

选择了需要编辑的项目后，可以选择是否启用片段，或者调整片段标签。如图 3-64 所示。

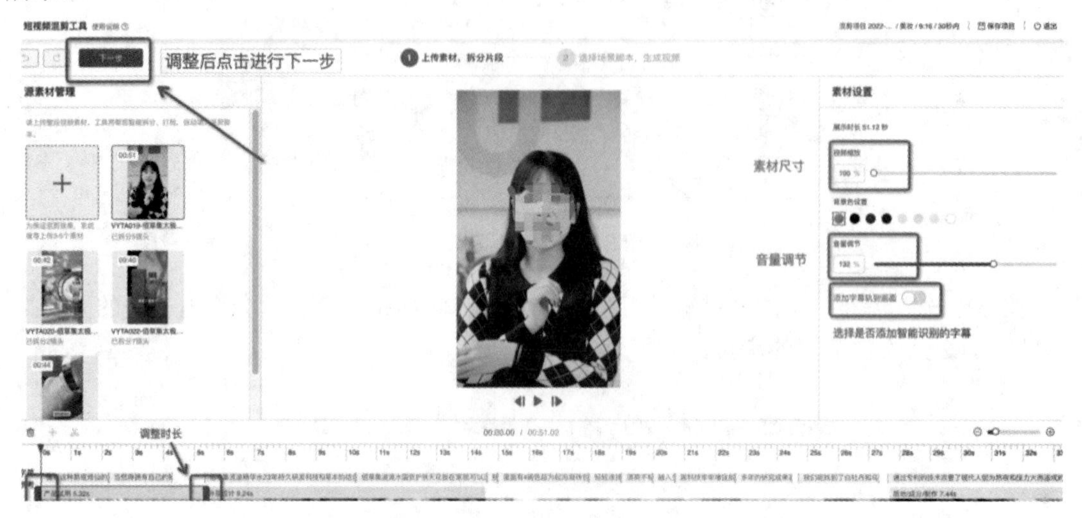

图 3-64 基础编辑

3）选择创意脚本制作视频

调整好模板片段后点击下一步，便可以选择模板脚本，直接点击生成视频创意。如图 3-65 所示。

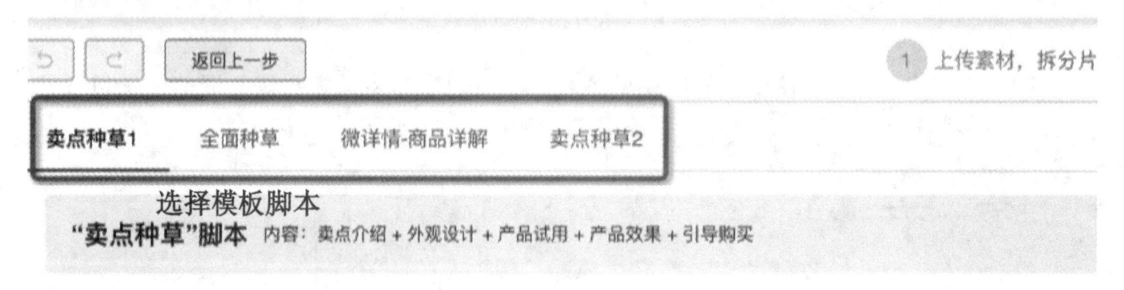

图 3-65 模板脚本

4）素材选择

拍摄、选择带有商品展示及解说（可以加入字幕、语音功能）的素材，提升产出内容的表达效果、转化。如图 3-66 所示。

图 3-66　素材

5）视频包装

视频背景色（用于横竖版视频的转换），选择视频包装-选择匹配的底色即可。如图 3-67 所示。

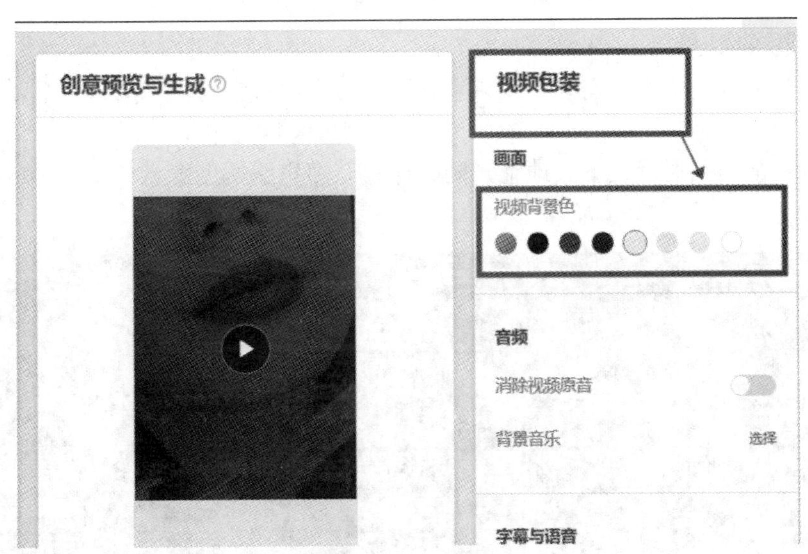

图 3-67　视频包装

添加字幕与语音，同样在包装的编辑界面，可对于需要输入的语音内容、音色进行编辑。图 3-68 所示为添加字幕与语音。

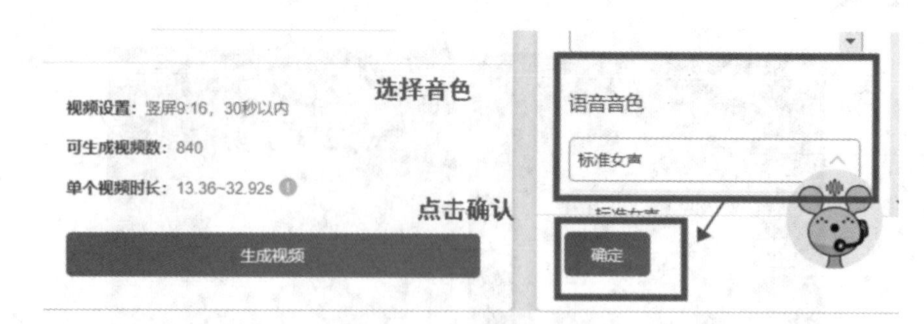

图 3-68 添加字幕与语音

6）音乐处理

善用消除原音的功能，可用于去除多段视频片段产生的违和感，前提是没有关键语音解说。

搭配合适的背景音乐，让视频的表达更具张力，音乐版权可用于淘内、阿里妈妈广告场景。如图 3-69 所示。

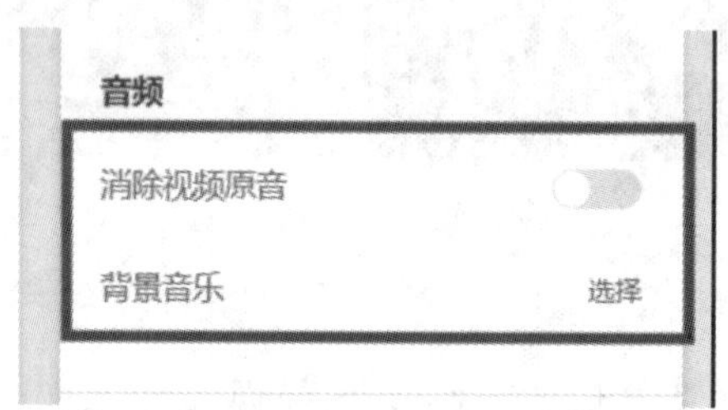

图 3-69 音乐处理

7）视频保存和投放

挑选符合对应投放场景需要的视频素材，混剪产出视频均为 720p+，满足大部分场景投放需求。

视频下载至浏览器默认下载地址，同时保存至阿里妈妈创意素材库，投放的时候找到文件上传即可。如图 3-70 所示。

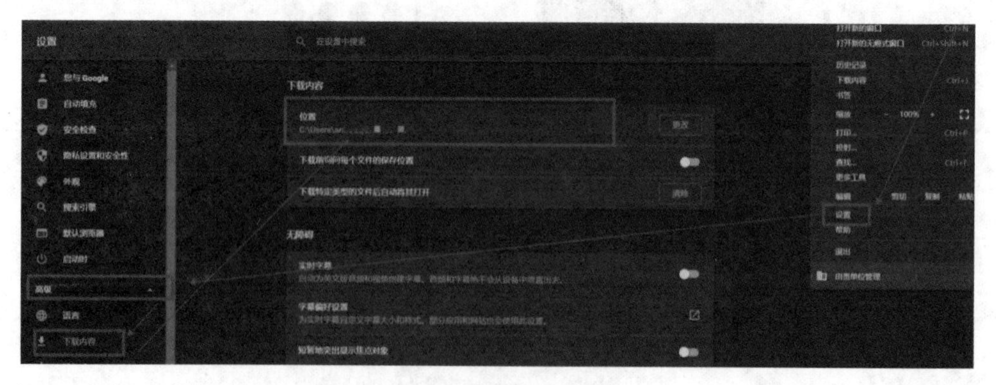

图 3-70 视频保存和投放

（2）绘剪

绘剪是阿里妈妈创意平台官方推出的线上一站式视频创意工具，选择淘内单品之后即可通过算法在线生成视频创意，更支持在线的素材补充、替换以及视频的整体编辑能力，视频创意可下载至本地并同步至素材库用于各广告展位投放，极大降低了视频创意的制作门槛，提升创意的投放效率。

1）工具登录

进入阿里妈妈创意中心首页点击“绘剪智能视频”，或者直接打开，登录日常使用的店铺账号。如图 3-71 所示。

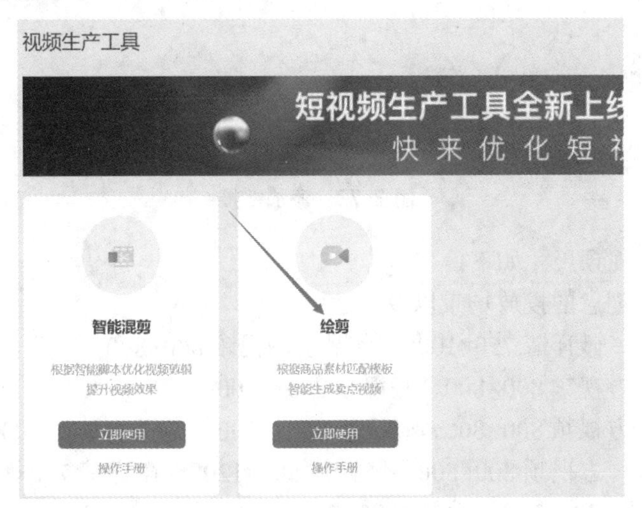

图 3-71　工具登录

2）基础信息勾选

第一步：添加商品。基础信息勾选如图 3-72 所示。

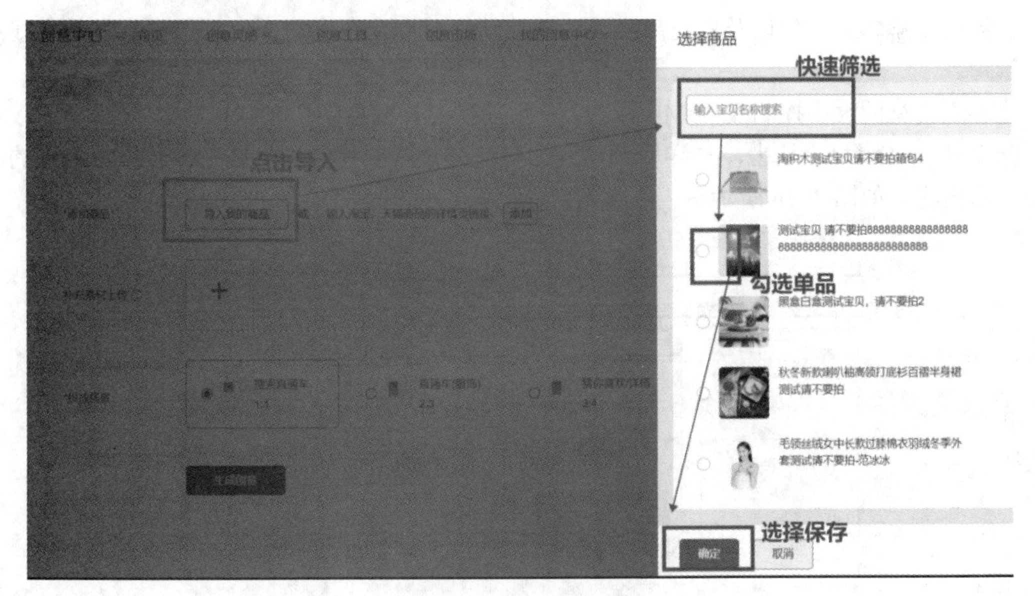

图 3-72　基础信息勾选

第二步：支持通过输入淘宝、天猫内单品详情页链接的形式同步单品信息。如图 3-73 所示。

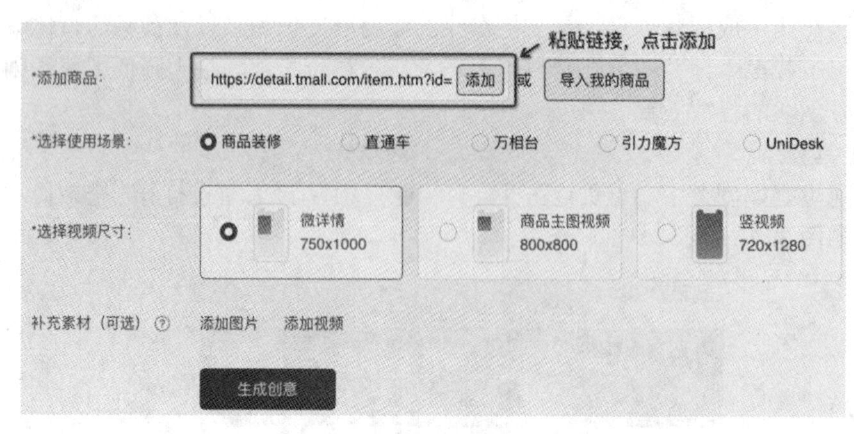

图 3-73　添加链接

选择使用场景视频尺寸如下：

- 选取视频创意的投放场景以及尺寸；
- 商品装修：微详情 750×1000、商品主图视频 800×800、竖视频 720×1280；
- 直通车：方视频 800×800、竖视频 800×1200；
- 万相台：方视频 800×800、竖视频 800×1200、微详情 750×1000、首焦 513×750；
- 引力魔方：方视频 800×800、竖视频 800×1200、微详情 750×1000；
- UD：竖屏 720×1280、横屏 1280×720。

第三步：在完成必选项的筛选后，可根据当前的素材准备度、生产创意视频的多样化要求，添加 3 个以内的图片、创意素材加入算法的在线生成，算法将结合图像识别、创意效率产出对应的视频创意。

素材支持本地上传以及素材库上传，建议将素材同步至素材库，以进行有效的在线统一管理。

补充素材的大小控制在 10MB 以内，视频素材的长度控制在 15 秒以内、分辨率建议在 720p 以上；在素材表达上，与详情页内容加以区分，添加具备场景表达性、模特关联的商品展示内容。如图 3-74 所示。

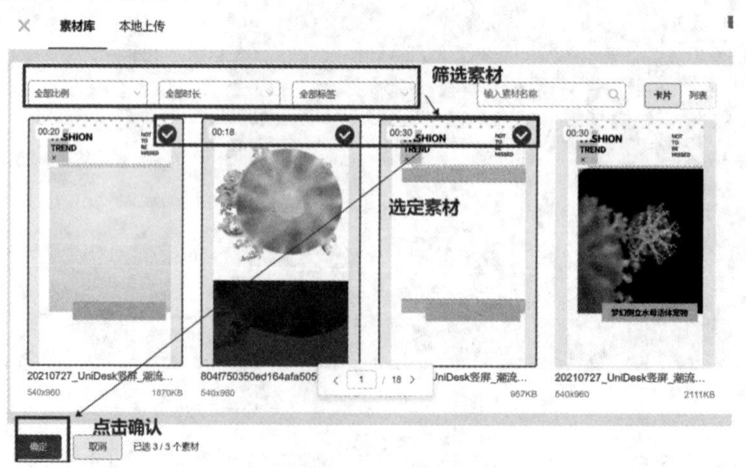

图 3-74　补充素材

3）视频预览及编辑

第一步：点击“生成创意”后，在算法处理之后即可在线生成预览视频，点击“播放”按钮可预览视频创意效果，对于需要进行片段调整的视频点击“视频编辑”即可进行在线编辑，对于满意的视频创意点击“保存视频”，下载至本地并同步至素材库。图 3-75 为视频预览及编辑页面。

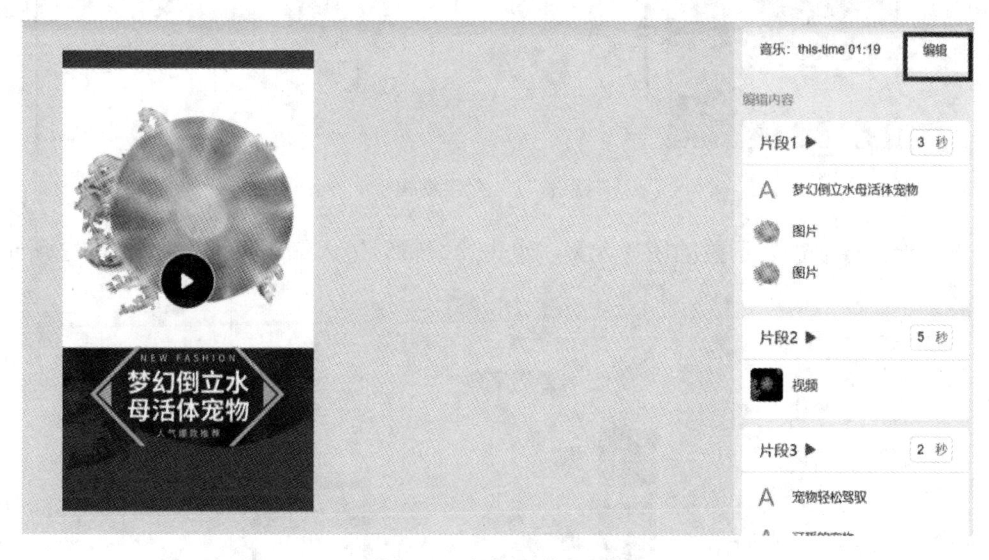

图 3-75　视频预览及编辑

第二步：对于片段时长有要求的，可对片段时长进行调整，出于创意美观度考虑，建议片段时长的调整结合素材、片段文案的展现效果综合把控。如图 3-76 所示。

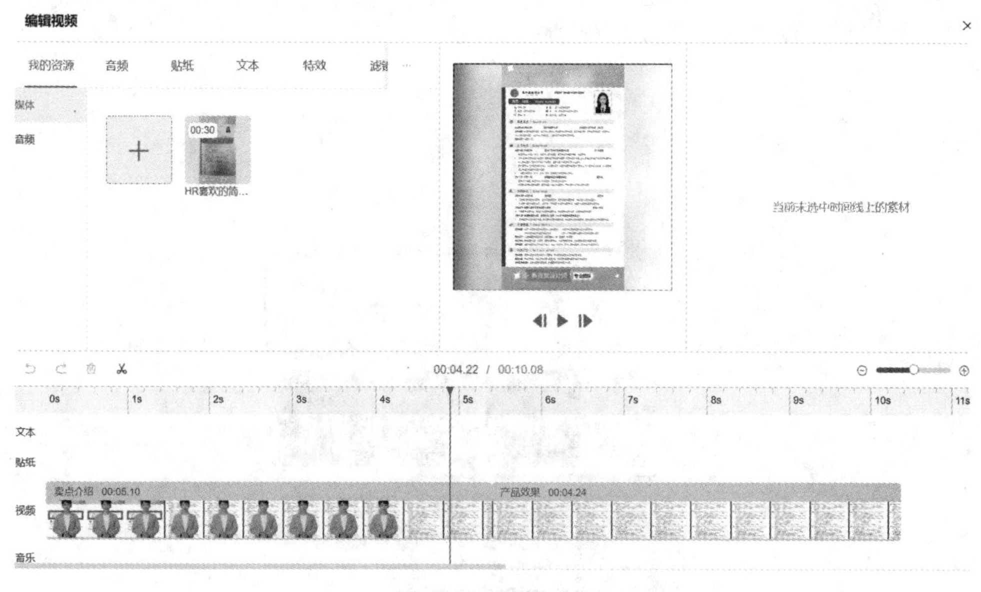

图 3-76　编辑时长

第三步：选取对应的文字元素，按照字数限制调整文案内容，点击“确定”后可预览效果，观察视频创意内的文案呈现。如图 3-77 所示。

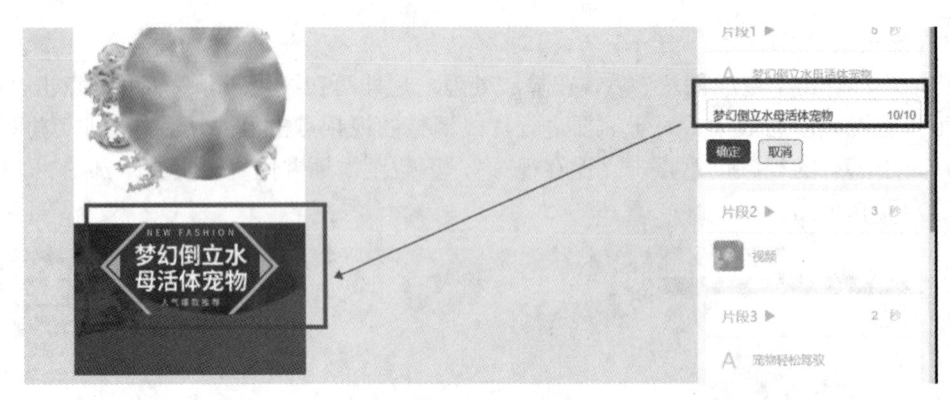

图 3-77 文字编辑

第四步：选取需要调整的图片元素，点击“编辑”进入编辑界面。如图 3-78 所示。

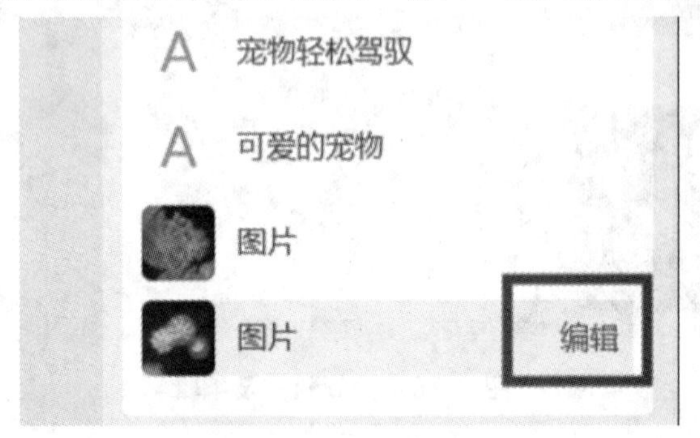

图 3-78 图片编辑

第五步：图片替换，右方编辑栏选取“我的素材”，点击下方图片或者打开素材库，可进行目标图片素材的替换。如图 3-79 所示。

图 3-79 图片替换

第六步：图片编辑，点击进入“初始素材”选框，可进行当前素材的缩放比例调整，比例确认后可以在左边拖拽图片调整素材在画面中的位置，选择背景色用于底部的底色填充。如图 3-80 所示。

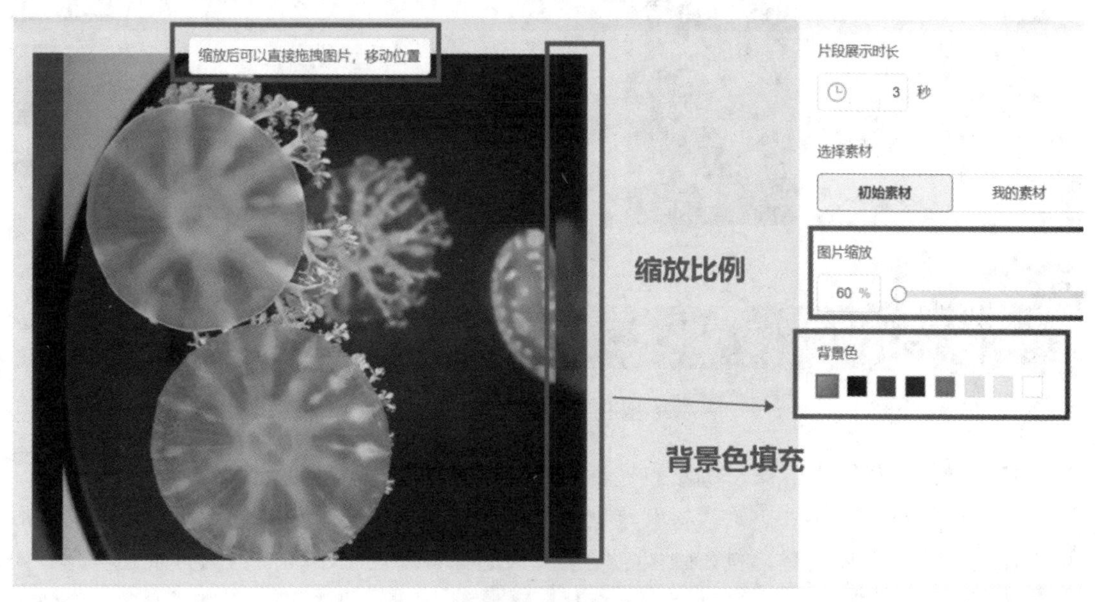

图 3-80　图片编辑

第七步：选取需要调整的视频元素，点击“编辑”进入编辑界面。如图 3-81 所示。

图 3-81　视频编辑

第八步：视频替换，右方编辑栏选取“我的素材”，点击下方视频或者打开素材库，可进行目标视频素材的替换。图 3-82 所示为视频替换的页面。

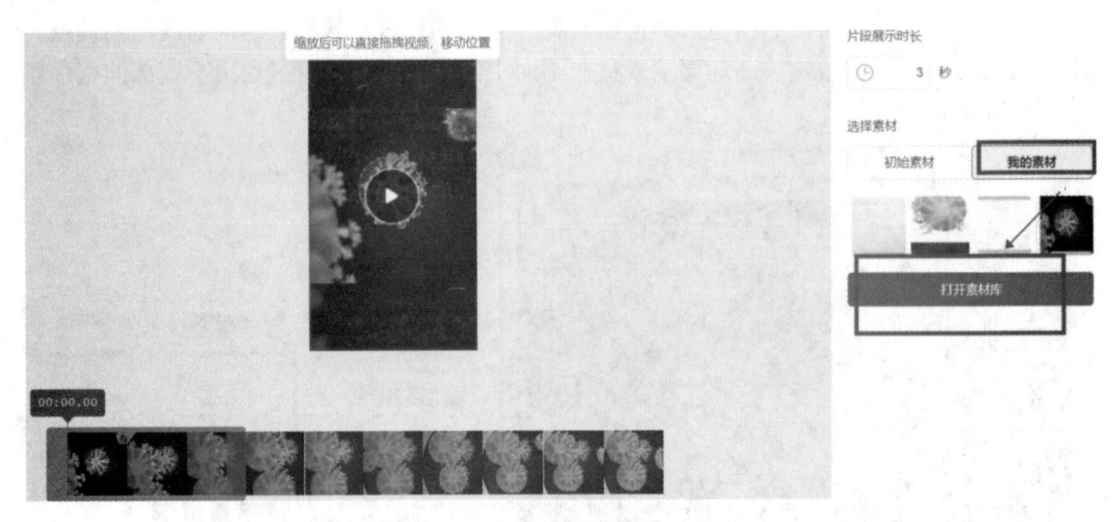

图 3-82 视频替换

第九步：视频编辑，在左侧左右拖动视频选取框调整选取的视频片段。

在右边，点击进入“初始素材”选框，可进行当前素材的缩放比例调整，比例确认后可以在左边拖拽视频调整素材在画面中的位置，选择背景色用于画面内的背景色填充。如图 3-83 所示。

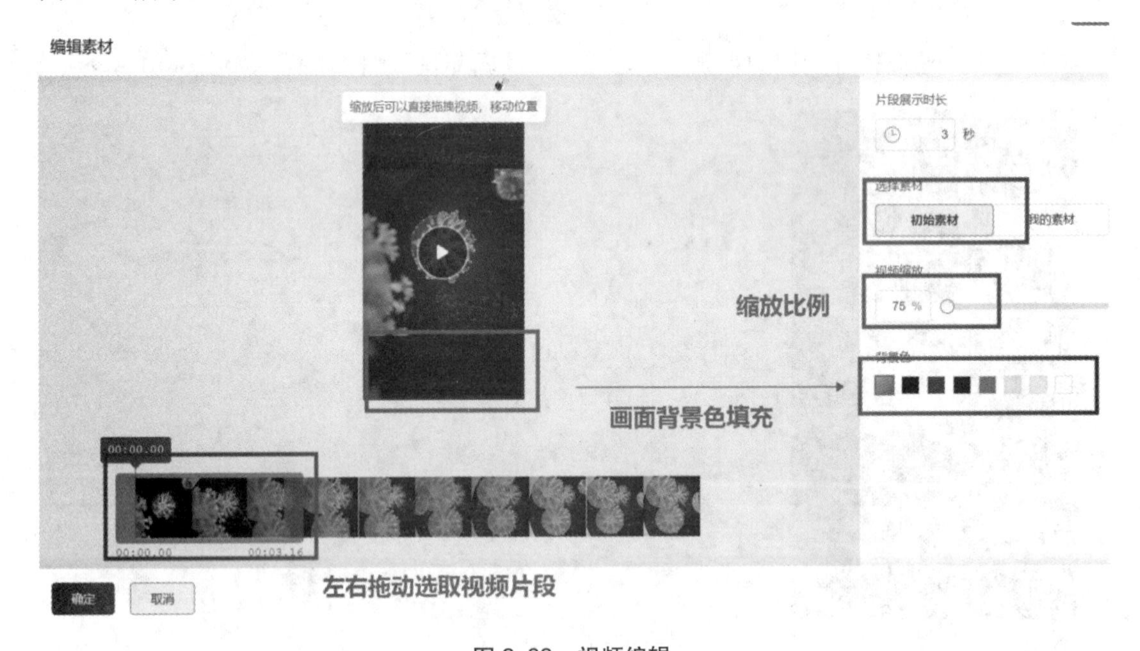

图 3-83 视频编辑

（4）视频保存及投放

在编辑完成或者是在视频创意的预览界面，选取对应创意视频点击“保存”，即可将对应视频创意下载至本地并同步至素材库。如图 3-84 所示。

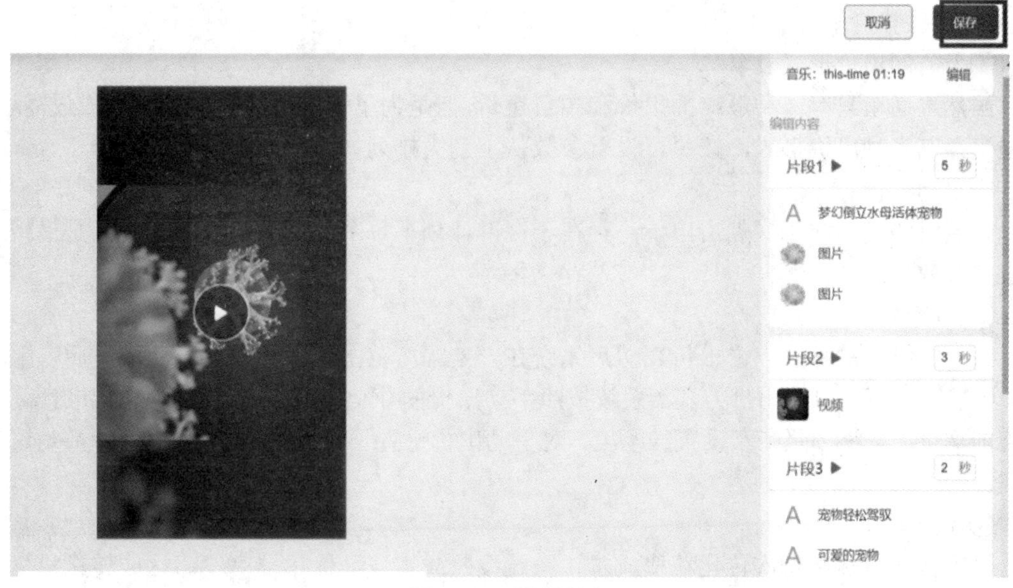

图 3-84　视频保存

技能点五　店铺推广营销

淘宝推广中心是淘宝网为卖家提供的一种营销工具，可以帮助卖家提高店铺的曝光率和流量，从而增加销量。通过淘宝推广中心，卖家可以选择不同的推广方式，如直通车、引力魔方、极速推、万相台等，来吸引更多的潜在顾客关注自己的产品和店铺。

除了直接带来销量外，淘宝推广中心更重要的意义在于吸引更多人关注店铺。

1. 营销方式

（1）直通车推广

直通车是按点击付费的营销推广工具，能够将宝贝精准地展现给有需求的消费者，从而为商家带来精准流量。投放直通车能为商家带来两种收益，一种是直接转化助力宝贝成交，一种是长期种草价值。如图 3-85 所示。

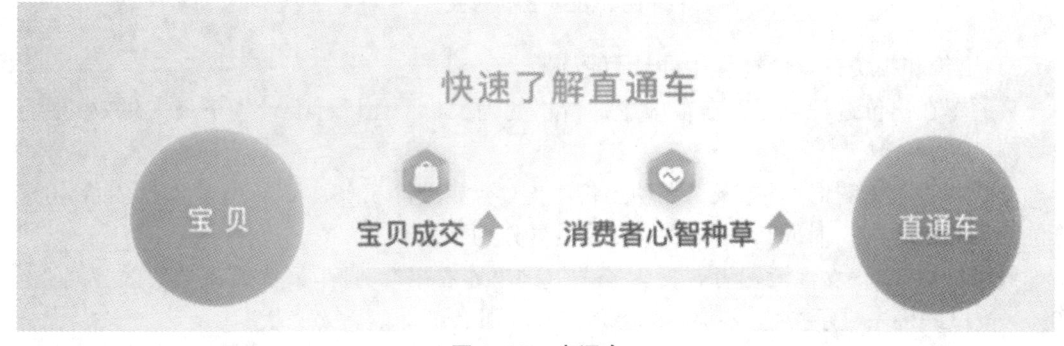

图 3-85　直通车

1）相关概念解释

①当前的出价形式及名称

虽然直通车只有一种最终的出价和扣费逻辑，但是为了满足不同商家的不同投放需求，直通车存在多种出价形式，按照可设置参数从小到大排列如下（如图 3-86 所示）。

②手动出价

直接对关键词的每次点击出价；存在于标准计划下每个关键词的手动出价，是最精细的设置参数方式。

③智能调价

设置关键词的每次点击出价，然后系统在一定幅度范围内调整出价，获取优质匹配流量；标准计划下词包的出价方式（系统按照手动出价的 0%～100%进行调价），标准计划下的智能调价（系统按照商家设置的幅度，对手动出价进行正负幅度的调价），两者都是这种模式。

④控成本

设置转化目标和每次转化花费成本，系统按照成本自动优化推广策略达成转化目标，扣费还是每次点击扣费。

⑤最大化拿量

设置花费预算上限，系统自动推广优先获取更多优质流量，每次点击扣费。

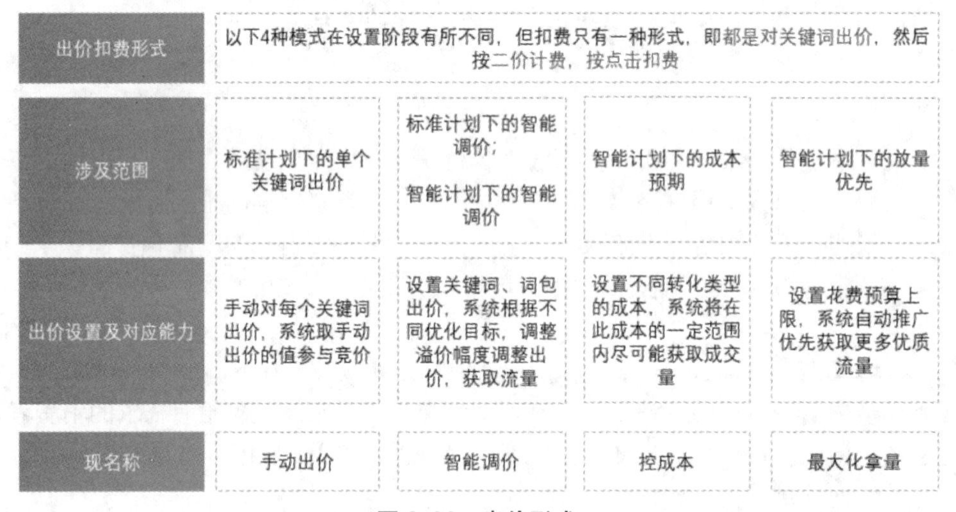

出价扣费形式	以下4种模式在设置阶段有所不同，但扣费只有一种形式，即都是对关键词出价，然后按二价计费，按点击扣费			
涉及范围	标准计划下的单个关键词出价	标准计划下的智能调价； 智能计划下的智能调价	智能计划下的成本预期	智能计划下的放量优先
出价设置及对应能力	手动对每个关键词出价，系统取手动出价的值参与竞价	设置关键词、词包出价，系统根据不同优化目标，调整溢价幅度调整出价，获取流量	设置不同转化类型的成本，系统将在此成本的一定范围内尽可能获取成交量	设置花费预算上限，系统自动推广优先获取更多优质流量
现名称	手动出价	智能调价	控成本	最大化拿量

图 3-86　出价形式

2）出价和扣费在竞价过程中的计算逻辑

直通车在出价过程中还存在很多影响价格的因子，下面以标准计划下最大生效的因子来举例说明。

A 商家对某关键词“连衣裙”手动出价 1 元，智能溢价 30%，人群 30 岁女性溢价 40%，抢位助手溢价 50%，时间折扣 80%；该词质量分为 9 分。

假设一名 30 岁女性消费者 S 搜索了关键词“连衣裙”，且是最优质流量生效智能溢价 30%，抢位助手先显示抢位成功生效溢价 50%，那么：

A 商家本次面向消费者 S 搜索“连衣裙”的最终出价为 1×（1+30%）×（1+40%）×

（1+50%）×80%=2.184 元。

此时 B 商家也对关键词“连衣裙”出价了，计算溢价因子后最终出价为 1.9 元，质量分为 10 分。A 商家出价 2.184 元，质量分为 9 分，那么 A 商家获得了 S 这次的展现位置（因为 2.184×9=19.656 大于 1.9×10=19），如果 S 点击一次，那么 A 需要花费的金额为 1.9×10/9+0.01=2.12 元。

另外，溢价的计算环节是同步生效的，不存在先计算某个溢价再去判断是否满足另外一个溢价因子。在上述例子中，是以最终的出价 2.184 元来判断是否抢位成功，而不是先计算人群、智能溢价、分时折扣后得到出价 1.456 元来判断是否抢位成功。

3）直通车出价逻辑

直通车参与竞价的价格是最终价格，最终价格需要考虑几个因素：基础出价、时间折扣和溢价。其中，溢价包含 3 个模块，即人群溢价、抢位溢价、智能调价溢价。

最终出价=基础出价×（1+人群溢价）×（1+抢位溢价）×（1+智能调价溢价）×时间折扣。

举例如下：

如图 3-87 所示，关键词“手机”出价为 0.72 元，此时设置的分时折扣为 90%，智能调价溢价为 30%，智能拉新人群溢价为 40%，抢位目标是抢前 2 位溢价为 100%。

如果此时有人搜索手机，他符合智能拉新人群范围，且能抢到前 2 位，且该流量是优质流量智能调价溢价 30%，那么最终出价=0.72×90%×（1+30%）×（1+40%）×（1+100%）=2.35872 元。

如果此时有人搜索“手机”，且符合智能拉新人群范围，虽然抢不到前 2 位，但是该流量还是优质流量智能调价溢价 30%，那么最终出价=0.72×90%×（1+30%）×（1+40%）=1.17936元。

如果此时有人搜索“手机”，但不符合智能拉新人群范围，且抢不到前 2 位，且该流量非优质流量智能调价溢价 10%，那么最终出价=0.72×90%×（1+10%）=0.7128 元。

实际情况下，智能调价由于流量的质量差异，溢价可能并不是 30%，以上案例仅供参考。

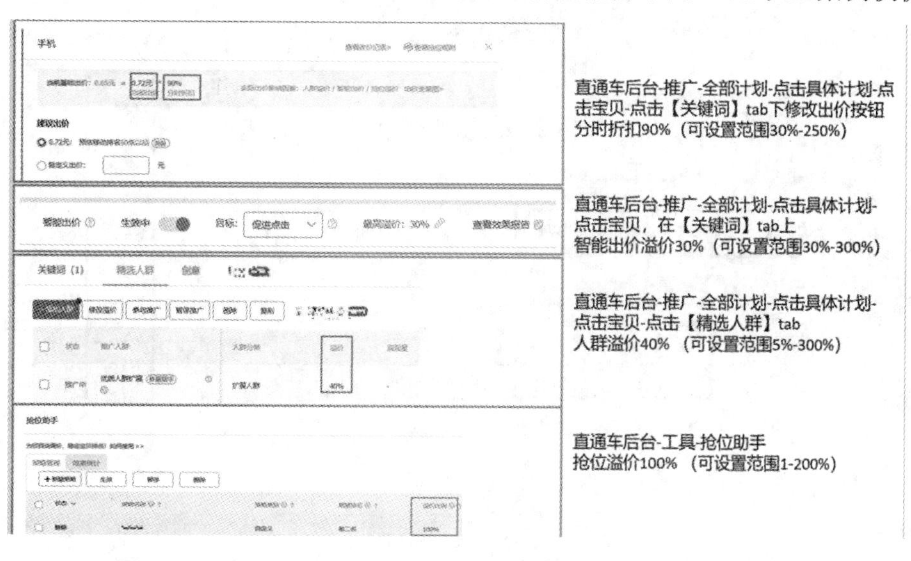

图 3-87　出价逻辑

4）直通车扣费逻辑

直通车采用点击扣费模式，二价逻辑进行扣费，即相同关键词，你的扣费就是下一位的出价乘以下一位的质量分，除以你的质量分，再加上 0.01 元，也就是说质量分越高，相对扣费越低。

例如，关键词“手机”只有 AB 两个商家出价，A 最终出价 2.5 元、质量分 10 分，B 最终出价 3 元、质量分 8 分，A 综合得分 25=2.5×10，B 综合得分 24=8×3，所以 A 获得了第 1 坑的位置，A 的实际扣费是 3×8/10+0.01=2.41 元。

注意，这里的质量分 8 分和 10 分只是前台显示的参考分值，不是实际参与计算的分值。如图 3-88 所示，通常质量分显示 7～10 分已经有首屏展现机会，故不需要担心没机会展现的问题，另外需要关心相关性是否是满格 5 格。当然，你也可以持续优化创意质量、相关性、买家体验等，继续提升质量分，提升计划权重降低 PPC（Pay Per Click，按点击付费）出价。

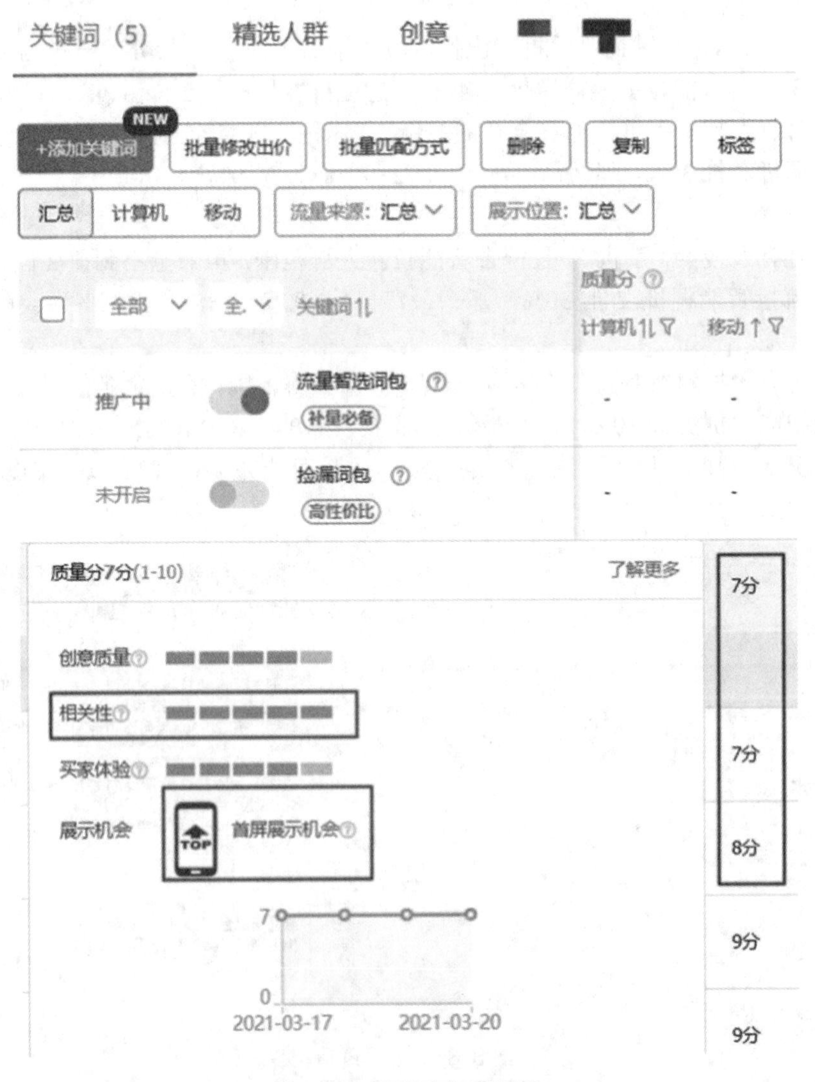

图 3-88 直通车扣费逻辑

5）看报表数据

直通车的历史数据在报表中都已记录，最久可查看近半年的数据。

操作路径如下：进入直通车后台→点击顶部导航“报表”→左侧有各种类型报表，可根据实际需求查看。如图 3-89 所示。

图 3-89　查看报表

6）报表下载

先进入直通车后台，顶部“报表”→左侧“直通车报表”→页面底部右侧点击下载按钮（下载报表时可根据自己的需要选择宝贝或者是关键词或者地域）点击确认下载后在“管理导出报表”中点击下载到本地即可。如图 3-90 所示。

图 3-90　报表下载

报表下载下来的数据默认是 15 天转化数据，报表查询时间最长保留 6 个月，报表支持下载近 90 天内的数据。

7）人群溢价

人群的溢价是指对某类特别想投放的人群增加出价，以提升目标人群搜索时看到广告的几率，但不是说只投放这类特定人群。

举例来说，关键词“连衣裙”基础出价 1 元，人群 25～30 岁女性溢价 50%，除此之外没有设置其他溢价条件。

如果搜索的人是 28 岁女性，那么出价为 1.5 元。

如果搜索的人是 20 岁女性，那么出价为 1 元，而不是不出价。

①点击添加人群

操作路径为点击标准计划→推广单元→宝贝→精选人群→添加人群。如图 3-91 所示。

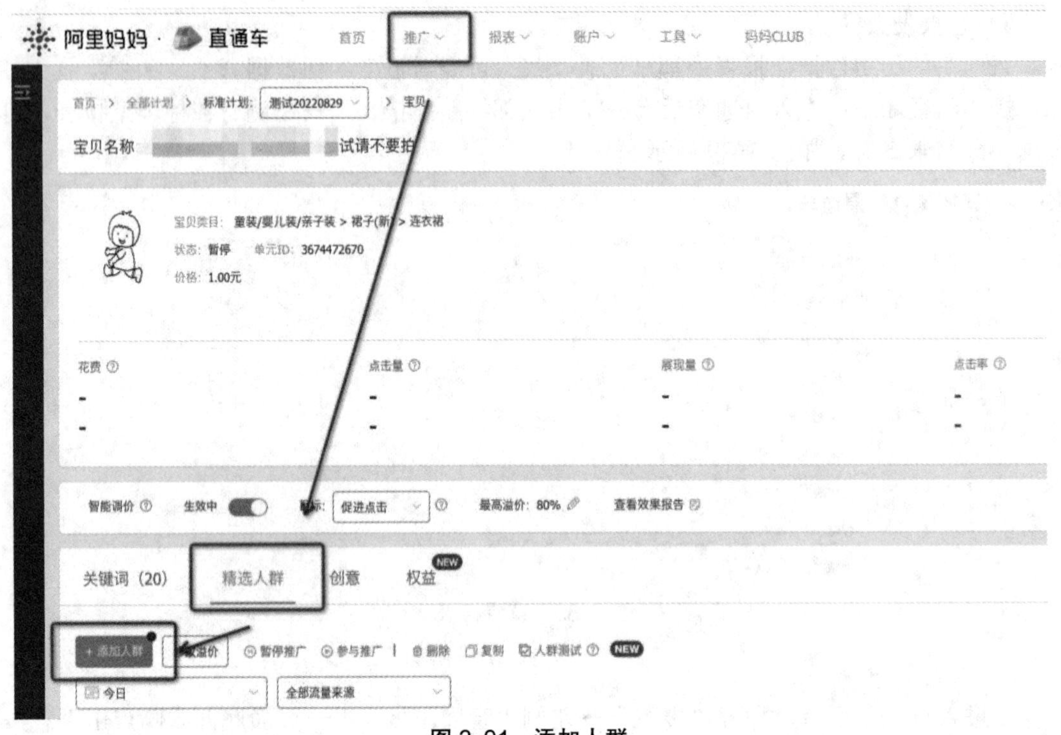

图 3-91 添加人群

②选择想要投放的人群。如图 3-92 所示。

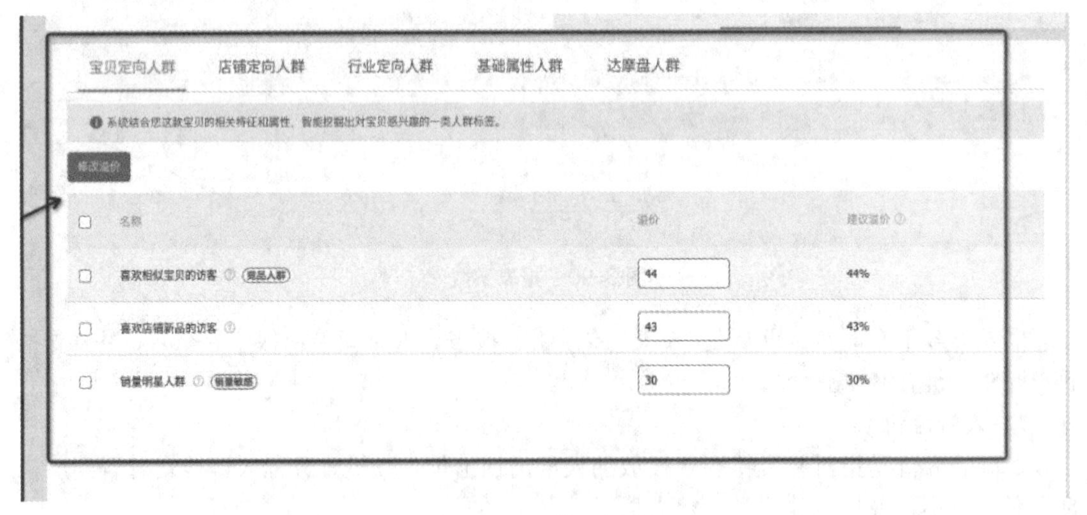

图 3-92 选择人群

③设置人群溢价

新品或新商家刚开始投放时，不知道人群溢价设置多少，可参考系统建议溢价，即系统根据近期宝贝及人群的竞价情况所计算出来的建议溢价。如图 3-93 所示。

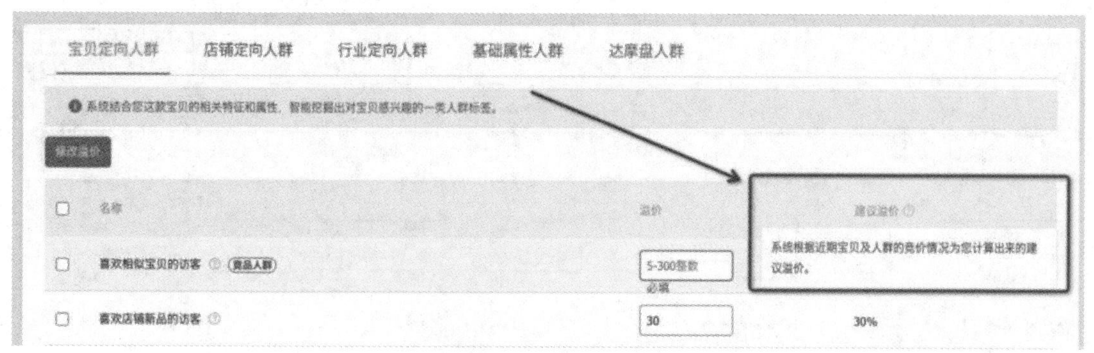

图 3-93 设置人群溢价

8）流量解析

查询关键词的行业数据（展现、点击、市场均价等），判断当前趋势（流量是否提升、点击单价是否增加、了解竞争水位等），了解行业关键词下哪些人群是搜索主力，不同人群具体转化效果如何，帮助商家更好地选择人群溢价投放；提供关键词购买人群的在其他品类购买的偏好情况，帮助理解人群需求，快速知晓关键词在各个省份的数据表现（展现指数、点击指数等），帮助设置投放地域；查看关键词不同时间段下的搜索热度，帮助设置分时折扣；了解整个行业该词的搜索量大小以及竞争水位、平均出价，用来判断自己出价是否合适；提供不同出价下该关键词的流量分布情况，更好地调整出价。

图 3-94 所示为某关键词的整体趋势分析。

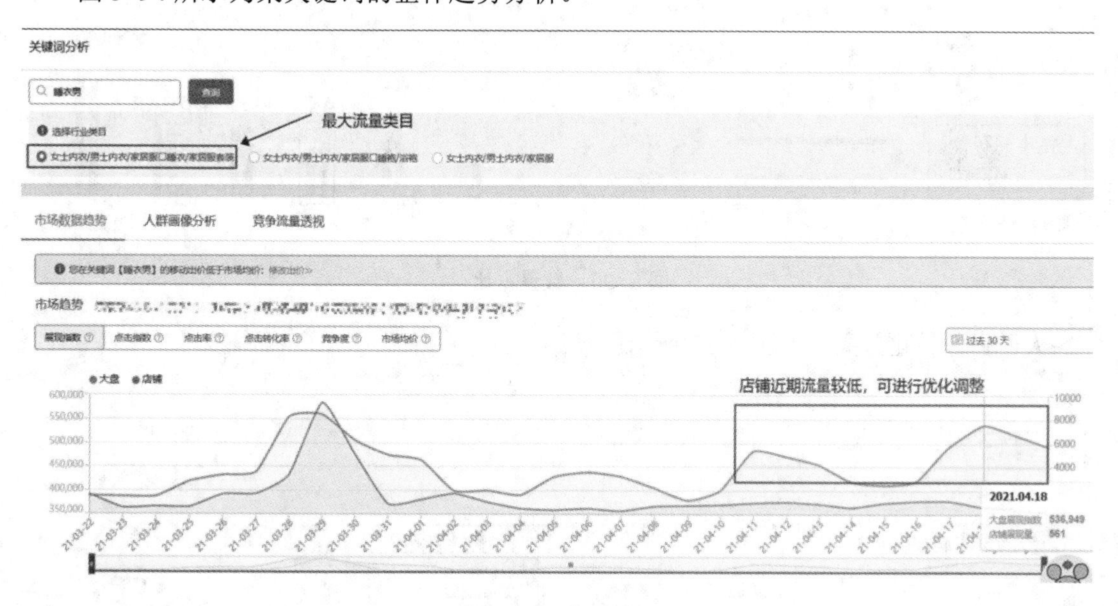

图 3-94 整体趋势

图 3-95 所示为根据市场数据筛选得到的推荐词。

相关词推荐　　统计周期：前天　　下载

	关键词	推荐理由	相关性	展现指数	点击指数	点击率	点击转化率	竞争度	市场均价	操作
☐	睡衣 男 冰丝 长袖	[illegible]		24,960	940	3.77%	5.95%	207	3.24元	查询
☐	大码睡衣加肥加大男	[illegible]		3,061	116	3.79%	5.17%	252	3.29元	查询
☐	[illegible]	[illegible]		2,447	117	4.78%	6.84%	105	2.33元	查询
☐	睡衣全棉男 夏	[illegible]		63	2	3.26%	0%	18	2.72元	查询
☐	莫代尔睡衣男夏	[illegible]		3,438	104	3.01%	5.79%	118	4.19元	查询
☐	[illegible]睡衣	[illegible]		2,114	95	4.48%	3.17%	66	1.15元	查询
☐	夏季睡衣男学生	[illegible]		96	2	2.16%	0%	3	4.85元	[illegible]

图 3-95　推荐词

人群画像数量占比，如图 3-96 所示。

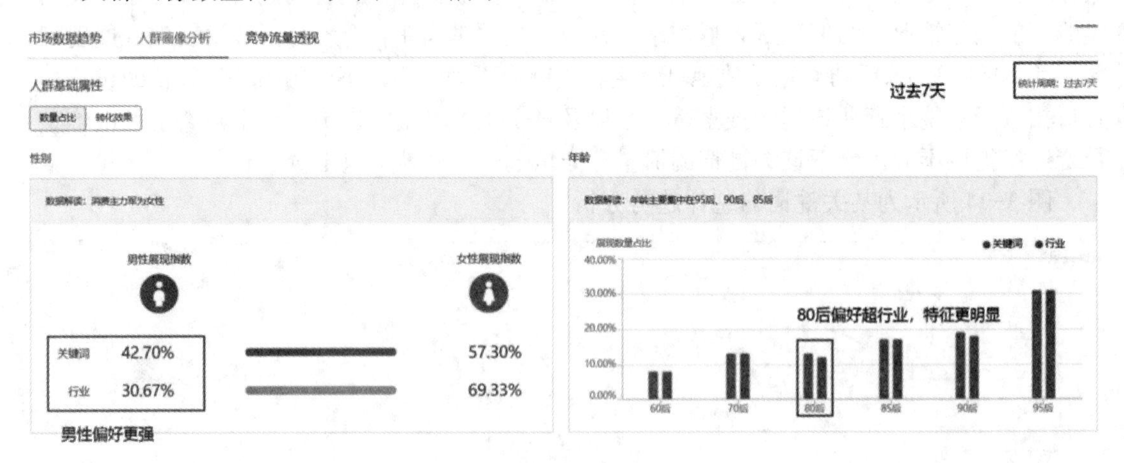

图 3-96　数量占比

人群画像转化效果，如图 3-97 所示。

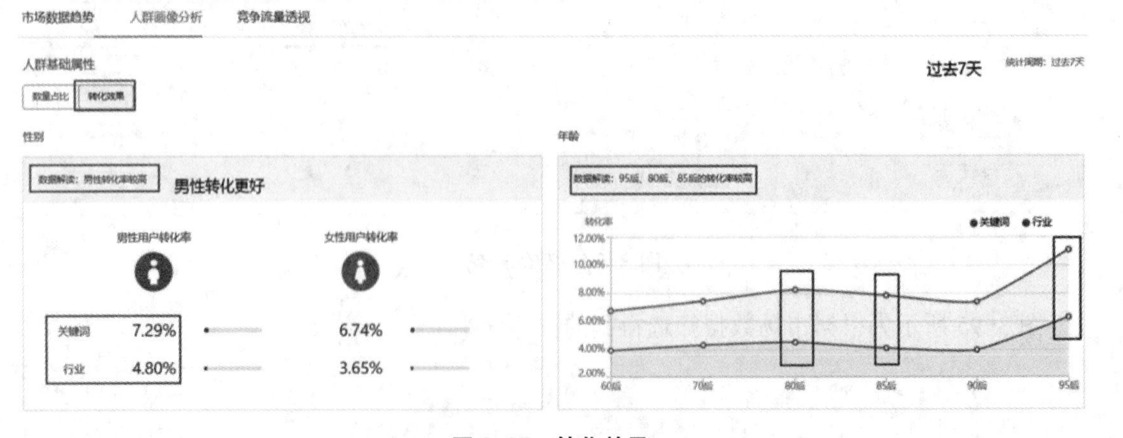

图 3-97　转化效果

竞争分析地域及行业均值，如图 3-98 所示。

过去7天（日均）

切换查看指标

选择日期，数据是日平均值

排名	省份	展现指数
	广东	57,028
	浙江	42,496
	江苏	41,414
4	河南	31,498
5	山东	25,878
6	中国其它	24,415
7	安徽	21,188
8	河北	18,789

图 3-98　地域及行业均值

竞争分析搜索流量时点分布，如图 3-99 所示。

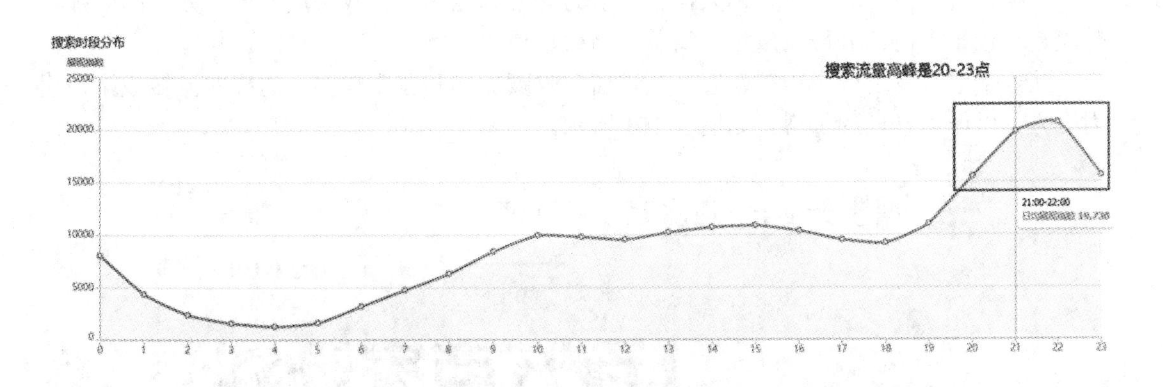

图 3-99　搜索流量时点分布

根据出价公式，最终排名=出价×权重，结合下图不同出价的展现大小分布，可以将流量拆分为不同类型的区块，然后根据自己当前状态和需求，针对性调整出价。如图 3-100 所示，可以将展现量的多少和价格带拆分为 4 个区间（仅作参考，不代表实际情况，部分词可能少于 4 个区间）。

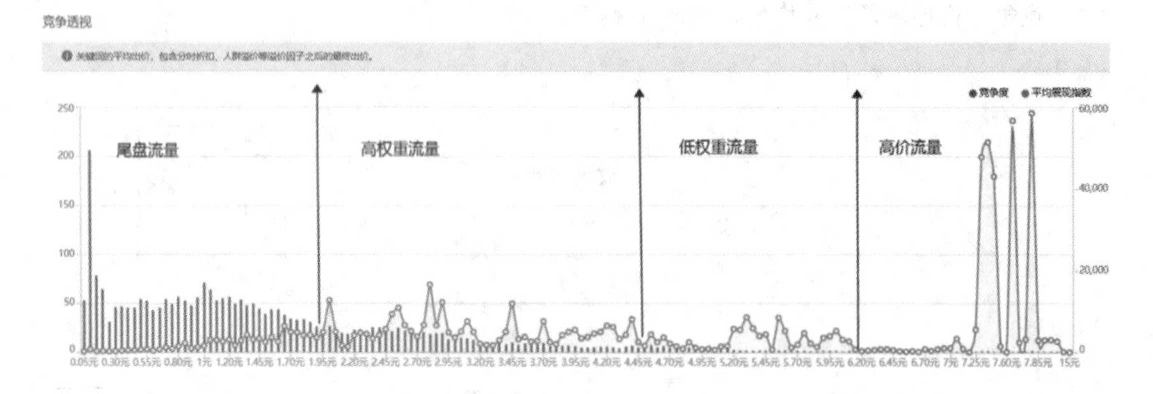

图 3-100 整体流量透视

（2）引力魔方

引力魔方是覆盖淘宝首页猜你喜欢、淘宝焦点图等各类优质精准流量的推广产品。消费者从进入浏览、点击收藏、加购到订单成交后，引力魔方流量资源场景均有覆盖，全程解决了商家生意投放的流量瓶颈。

引力魔方拥有更畅快的人群组合投放能力：搭载全新人群方舟的人群运营计划，引力魔方可以帮助你自由投放各类定向组合人群，相似宝贝人群、相似店铺人群、行业特色人群、跨类目拉新人群等。在目标人群中，引力魔方总能帮助你找到成本低、效率高的那部分流量，让平台内的人群流量运营简单、高效、透明。

从一个潜客变为一个店铺新客，从进店、收藏加购和首次购买，这样的流转成本，引力魔方可以做到最低的价格。如图 3-101 所示。

图 3-101 引力魔方

1）设置计划组

新版后台下计划创建为“计划组-计划-创意”三层结构，计划组选择计划整体的类型，以及对于计划进行管理，计划设置投放主体、定向人群、资源位、预算与排期，绑定创意。图 3-102 为设置计划组示例。

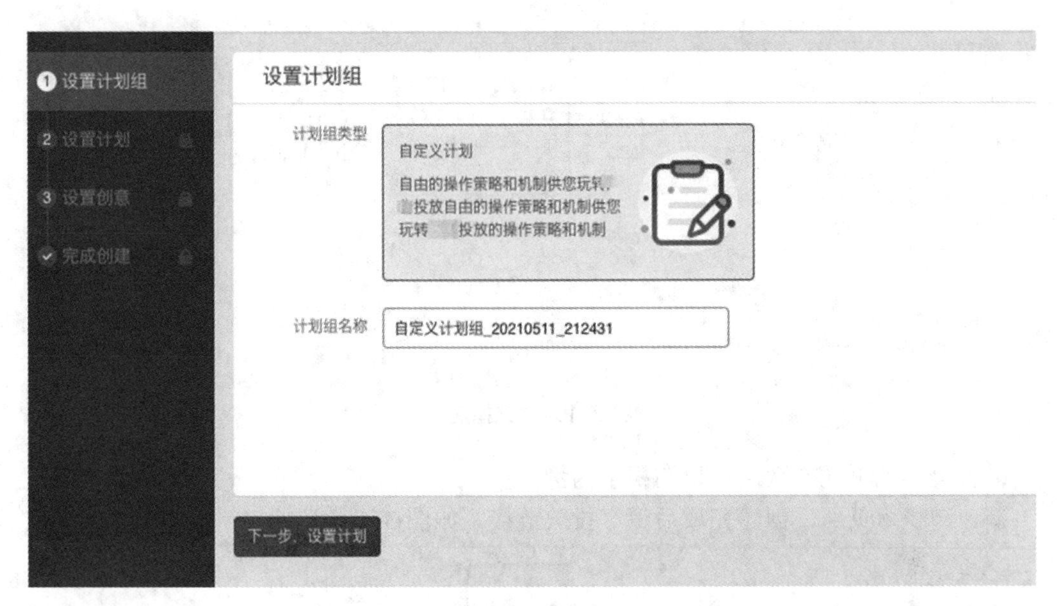

图 3-102　设置计划组

①投放主体选择商品

每条计划最多支持的商品主体上限为 10 个。此处需要注意，在新版后台中没有单元概念，即一个计划下绑定的人群和资源位灯将对所有商品生效。如图 3-103 所示。

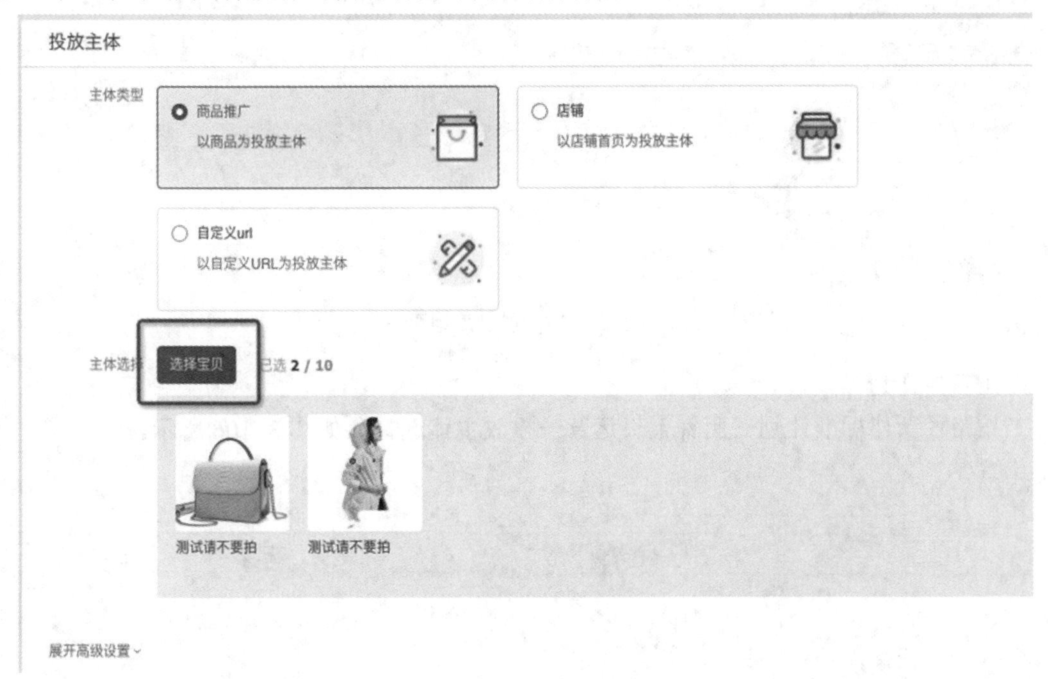

图 3-103　选择商品

②投放主体选择店铺

当投放主体选择店铺时，系统将自动获取账号背后绑定的店铺进行投放。如图 3-104 所示。

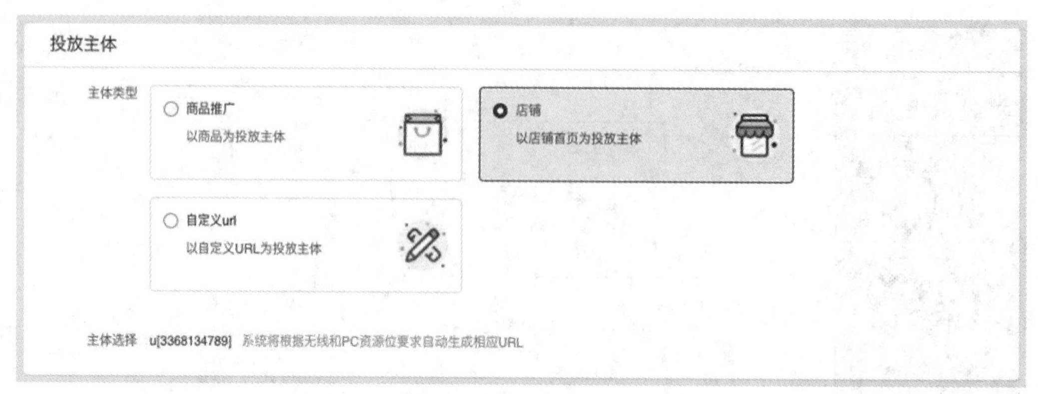

图 3-104 选择店铺

③创建落地页（本次流程以淘积木为例）

新建淘积木页面，创建完成后保存投放链接。如图 3-105 所示。

图 3-105 创建落地页

④新建计划

按路径新建标准计划—店铺宝贝运营—投放主体选择。如图 3-106 所示。

投放主体

主体类型

主体选择 将根据创意本身绑定的URL进行投放

图 3-106 新建计划

⑤创建创意并绑定落地页

投放主体中填写图 3-107 中所保存的链接，创建创意并绑定落地页。

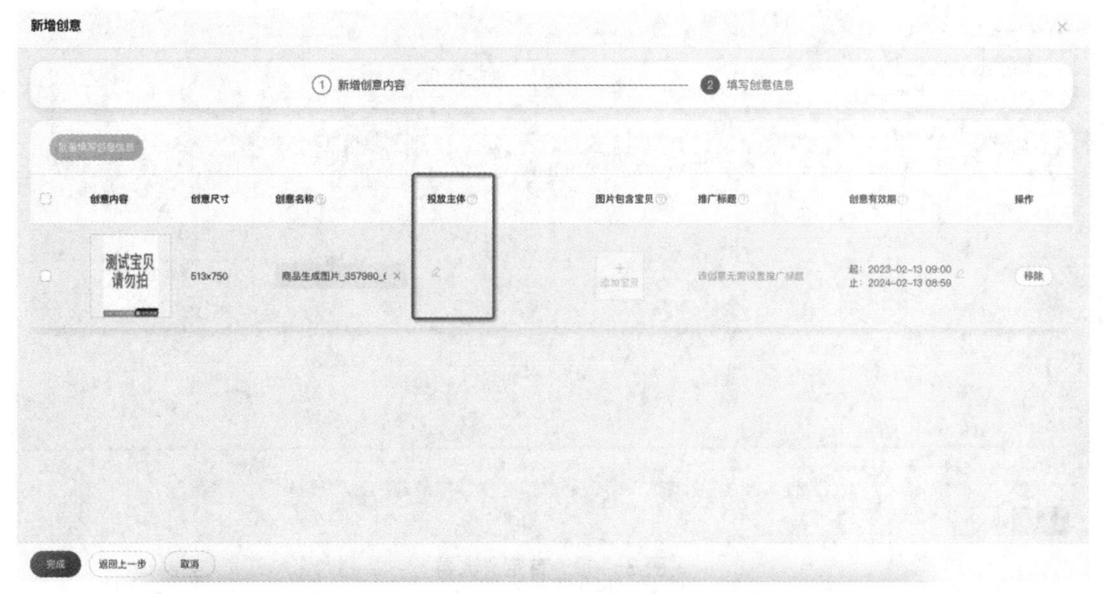

图 3-107　创建创意并绑定落地页

2）设置计划人群定向

①智能定向如图 3-108 所示，根据兴趣点、人口属性等特征，通过大数据自定圈选与所投放主体契合的人群。

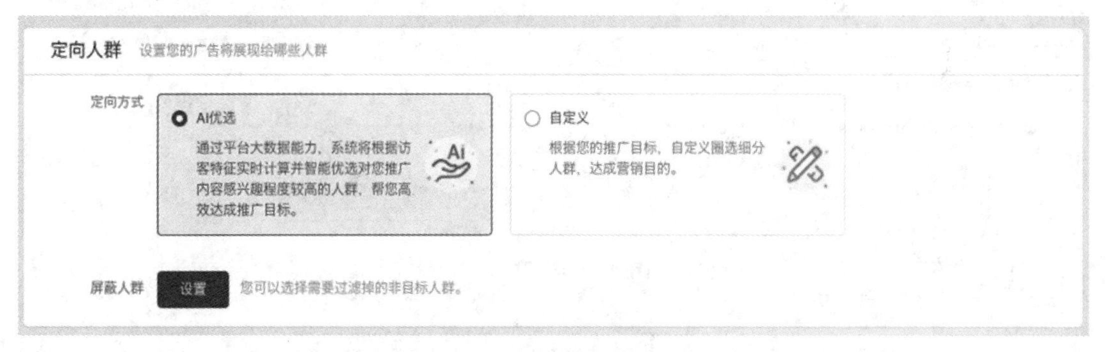

图 3-108　智能定向

②自定义人群，基于各类关键词进行人群圈选，支持系统推荐以及自定义表现填写。如图 3-109 所示。

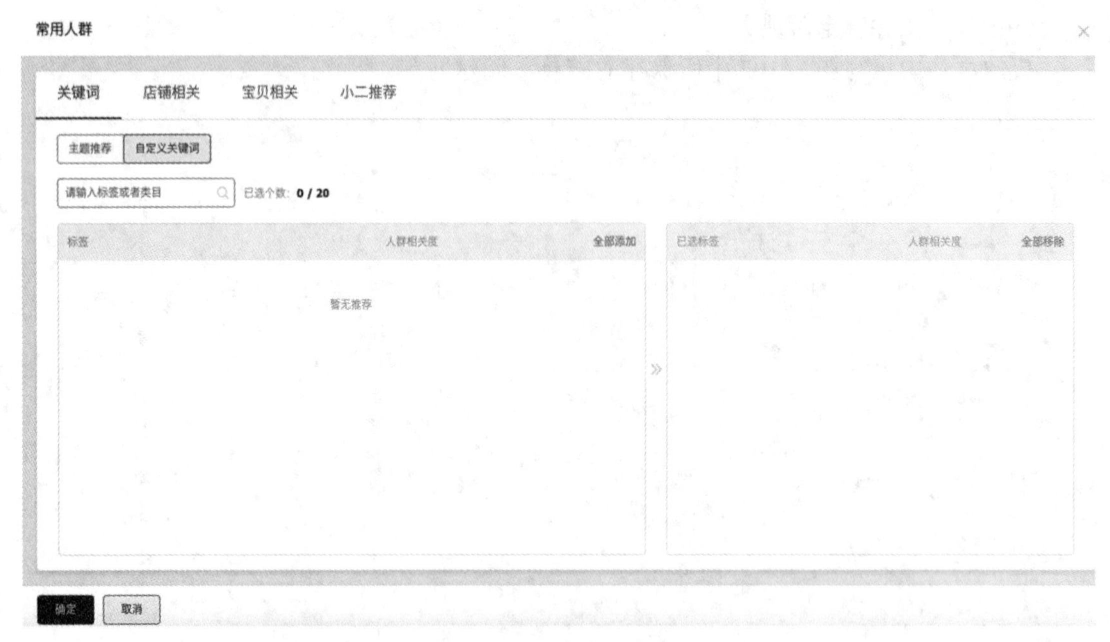

图 3-109 自定义人群

③更多人群，如图 3-110 所示，标签圈选提供热门标签、消费者基础属性、兴趣行为属性、渠道属性进行自由圈选。

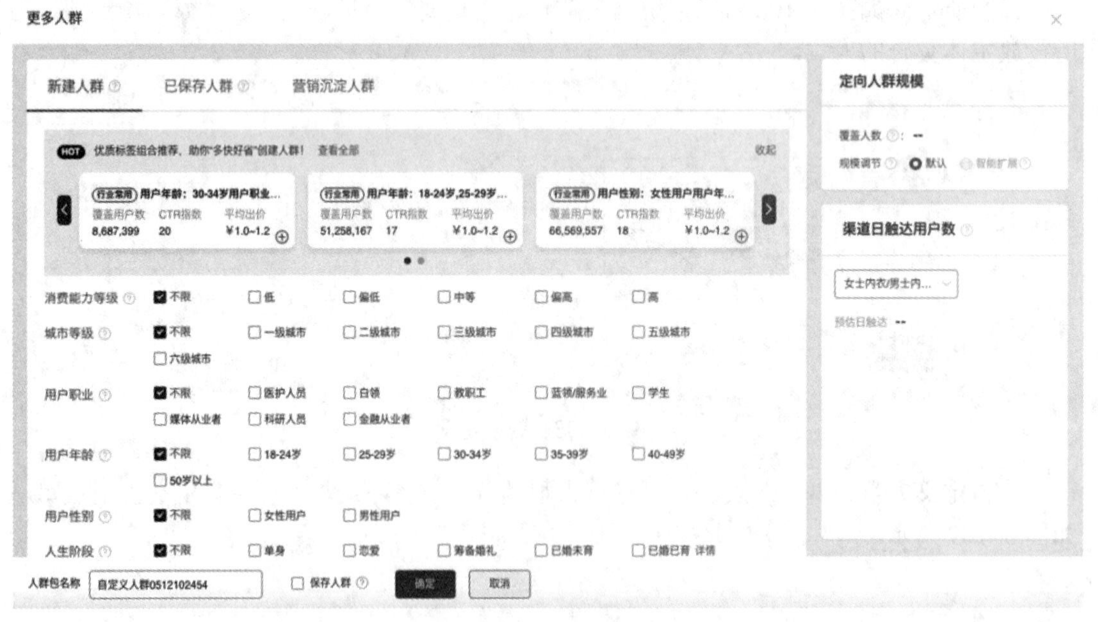

图 3-110 更多人群

④目标人群拓展，如图 3-111 所示，系统将基于选择人群的特征，实时计算并拓展具有相同特征且对推广内容感兴趣的人群，寻找更多优质人群。

图 3-111　目标人群拓展

⑤人群过滤，如图 3-112 所示，在已选择的基础上，帮助屏蔽近期对店铺产生过进店/收藏/加购/成交人群。

图 3-112　人群过滤

3）设置计划资源位

新产品融合焦点图与信息流等淘内外核心资源，为您打造全域媒体矩阵。

①核心资源位

资源位如图 3-113 所示，分为焦点图和信息流资源位场景，支持多选，且平台提供了资源位的流量、成本、竞争热度值作为投放的参考。

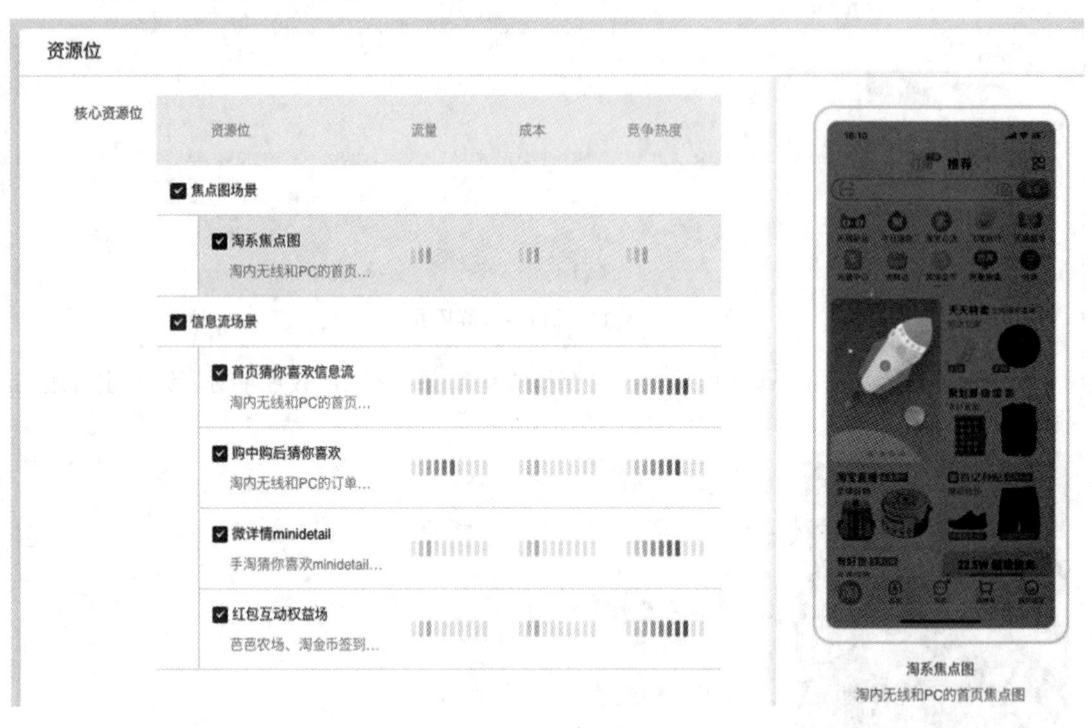

图 3-113 资源位

②优质资源位

除了已选的核心资源位之外，如图 3-114 所示，系统还将从高德、今日头条等资源中优选，帮助进行拿量。

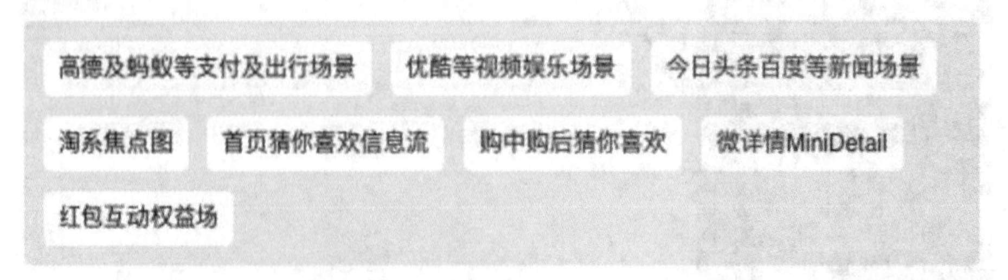

图 3-114 优质资源位

4）设置计划预算与排期

①设置营销目标及出价

对于计划曝光进行优化拿量，通过出价/人群/资源位筛选更多曝光流量，出价方式为手动出价，同时支持对于计划整体进行出价及对不同人群及资源位，进行出价和溢价。如图3-115 所示。

图 3-115　出价

②促进点击

相对促进曝光，增加“智能调价”能力，同时以点击维度进行出价。如图 3-116 所示。

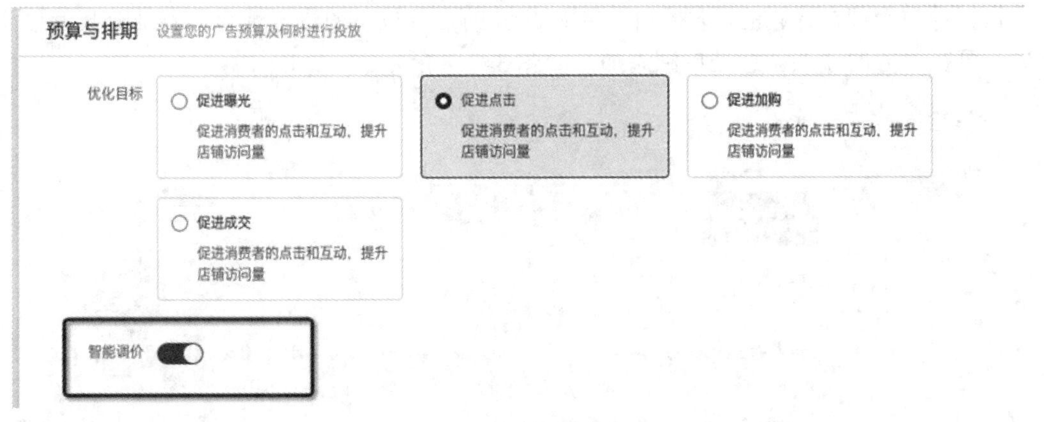

图 3-116　促进点击

③促进加购、促进成交

对于计划加购进行优化拿量，通过出价/人群/资源位帮助您筛选更多加购意向流量，对于计划成交进行优化拿量，通过出价/人群/资源位帮助您筛选更多成交意向流量。如图 3-117 所示。

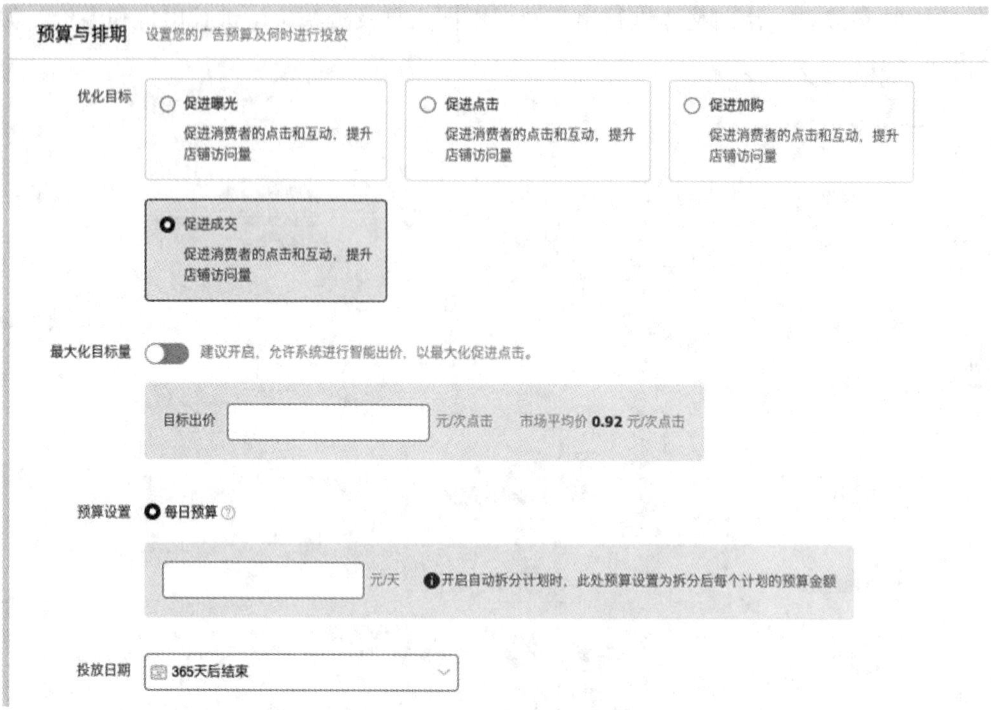

预算与排期 设置您的广告预算及何时进行投放
优化目标
促进曝光
促进消费者的点击和互动，提升店铺访问量
促进点击
促进消费者的点击和互动，提升店铺访问量
促进加购
促进消费者的点击和互动，提升店铺访问量
促进成交
促进消费者的点击和互动，提升店铺访问量
最大化目标量
建议开启，允许系统进行智能出价，以最大化促进点击。
目标出价
元/次点击
市场平均价 0.92 元/次点击
预算设置
每日预算
元/天
开启自动拆分计划时，此处预算设置为拆分后每个计划的预算金额
投放日期
365天后结束

图 3-117 促进加购、促进成交

5）创意添加与管理

引入创意组件和智能化创意，在有效降低投放成本的同时，通过智能算法，实现创意的千人千面，与消费者建立有效沟通，吸引更多目标用户。

①创意预览及管理

指查看与管理在计划的不同主体、不同尺寸的资源位下的绑定情况。若部分尺寸创意缺失，可在下方的添加创意处单独添加。如图 3-118 所示。

已添加的创意
店95
创意尺寸 更多尺寸
全部（1）
全尺寸
竖版大图（0）
800x1200
竖版视频（0）
800x1200
方图（0）
800x800
方视频（0）
800x800
竖版长图（1）
513x750
创意内容 竖版大图800x1200 竖版视频800x1200 方图800x800 方视频800x800 创意缺失，请添加创意，否则部分资源位将无法投放
智能创意_2021...
添加自定义创意
首页焦点图
信息流场景
智能创意

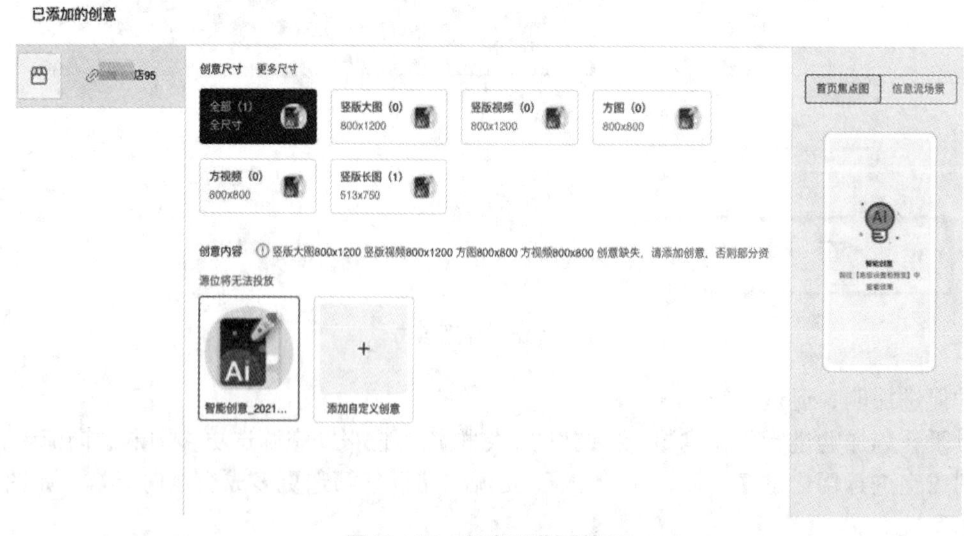

图 3-118 创意预览及管理

②完成计划创建

点击添加创意后的下拉入口支持自定义与智能创意，同个计划下可同时绑定该两类创意，绑定的创意将同步沉淀至创意库中。

6）素材制作

①图片素材

图片分为 3 类：广告素材、智能素材、淘宝素材。图 3-119 为图片素材示例。

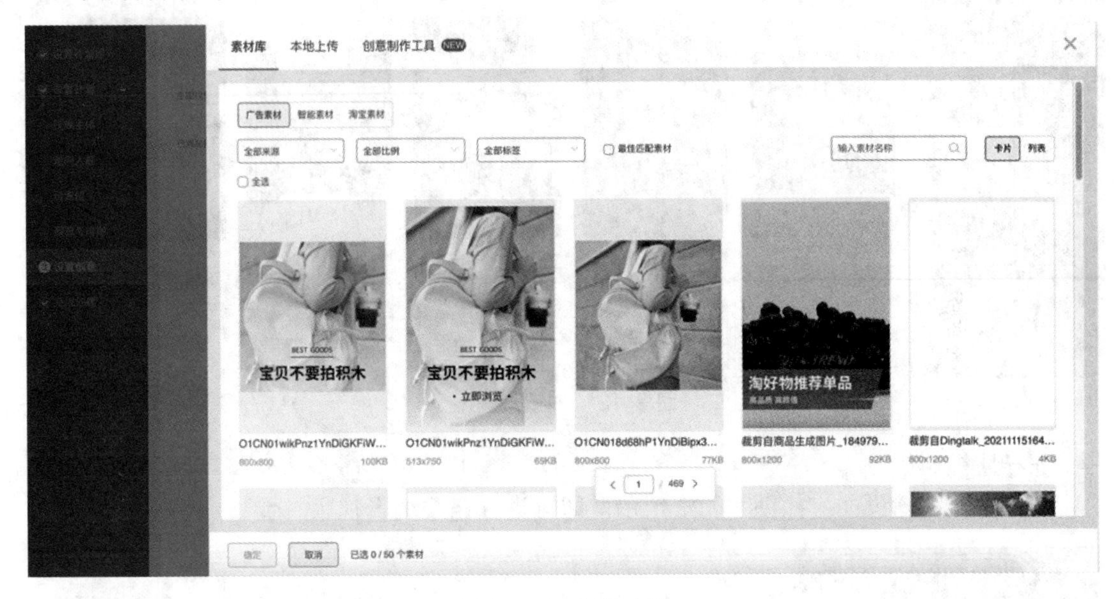

图 3-119　图片素材

②图片剪裁工具

若图片不符合要求，则可用系统自带剪辑工具进行裁剪。如图 3-120 所示。

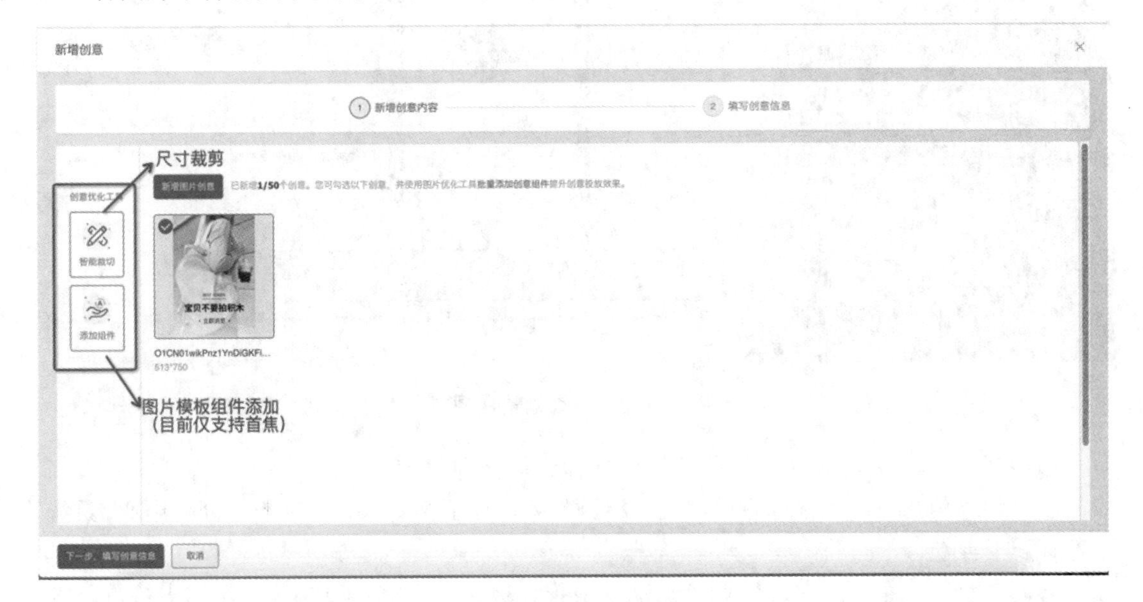

图 3-120　图片裁剪

③视频素材

视频分为 3 类：广告素材、智能素材、淘宝素材。如图 3-121 所示。

图 3-121 视频素材

④在线编辑视频

点击进入编辑页面，如图 3-122 所示，即可进行在线编辑视频。

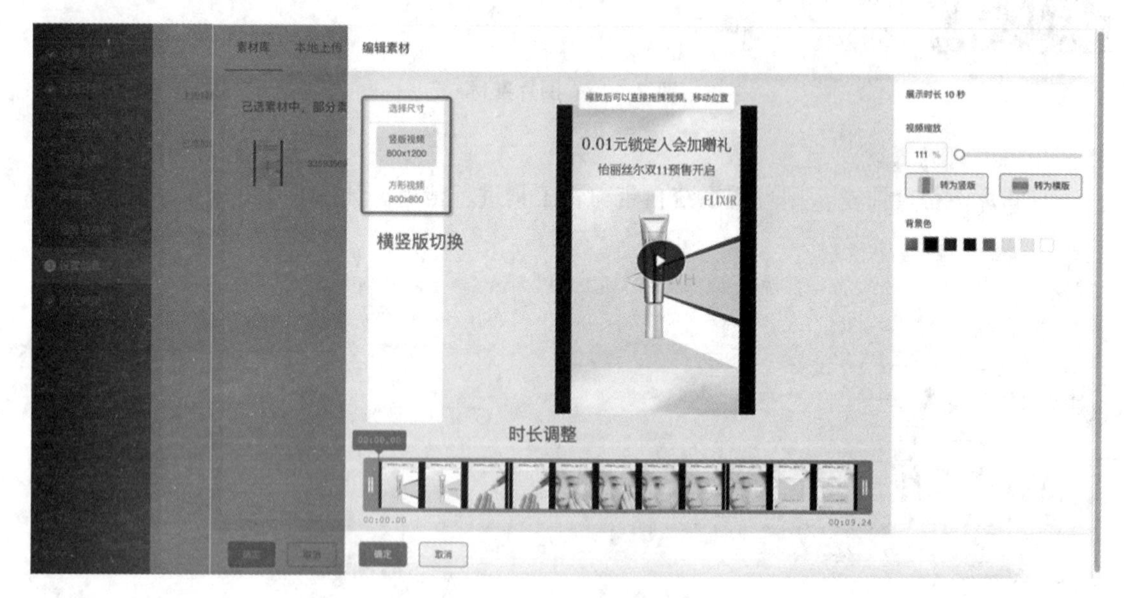

图 3-122 在线编辑视频

添加视频/图片后，智能标题下拉标题推荐选择标题。

填写创意信息页，每行创意的“推广标题”列，点击标题入口，唤起“创意中心-系统推荐标题”浮层。

若创意已经关联商品主体，则会自动生成推荐标题，商家可直接选中，也支持重新键入关键词后生成推荐标题；若创意未关联主体或主体不是商品时，点击“更多推荐标题>”

支持键入关键词后生成推荐标题。

标题只支持汉字、字母、数字、下划线，最多 32 个字符。

系统推荐标题浮层，如图 3-123 所示。

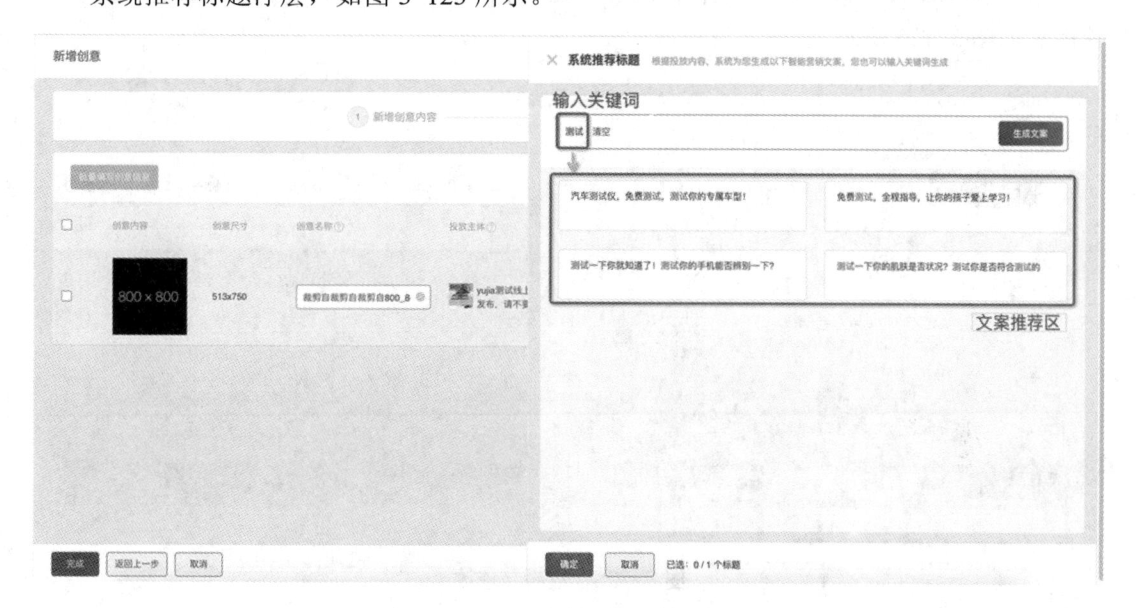

图 3-123　系统推荐标题浮层

⑤本地视频

素材规格与所选宝贝规格相同，选择本地文件上传（一次最多同时上传两个），并点击确认本地上传的素材可沉淀于素材库中，即使从其他广告位后台进入素材库，同样也可看到并使用该素材。如图 3-124 所示。

图 3-124　本地视频

7）管理计划

①单个计划查看与修改

点击需要看的计划即可进入计划次级页面，可查看定向、资源位、创意数据，并支持修改。如图 3-125 所示。

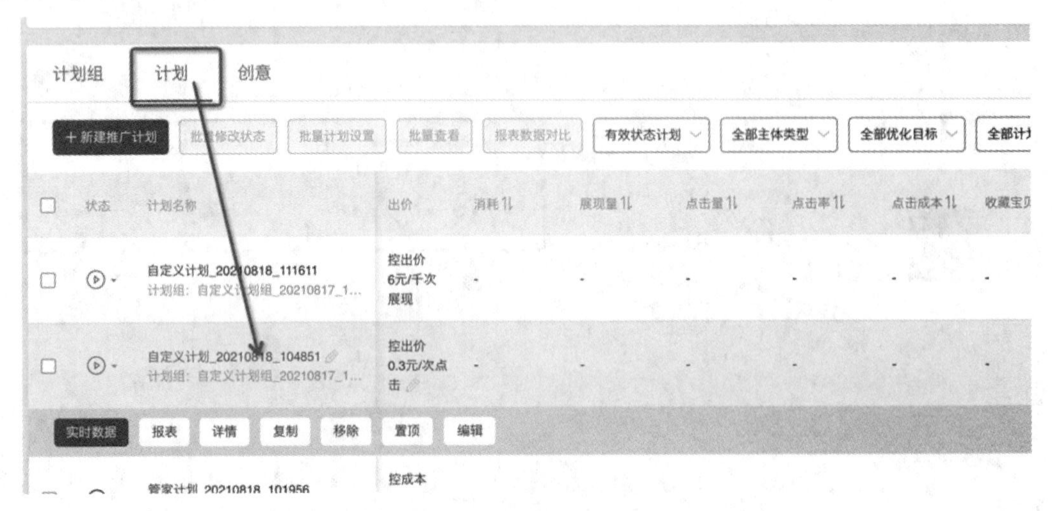

图 3-125　查看与修改

②批量管理计划

选择所需要查看的计划，如图 3-126 所示，点击“批量查看”，即可快速查看多个计划的人群与资源位数据，同时支持修改。

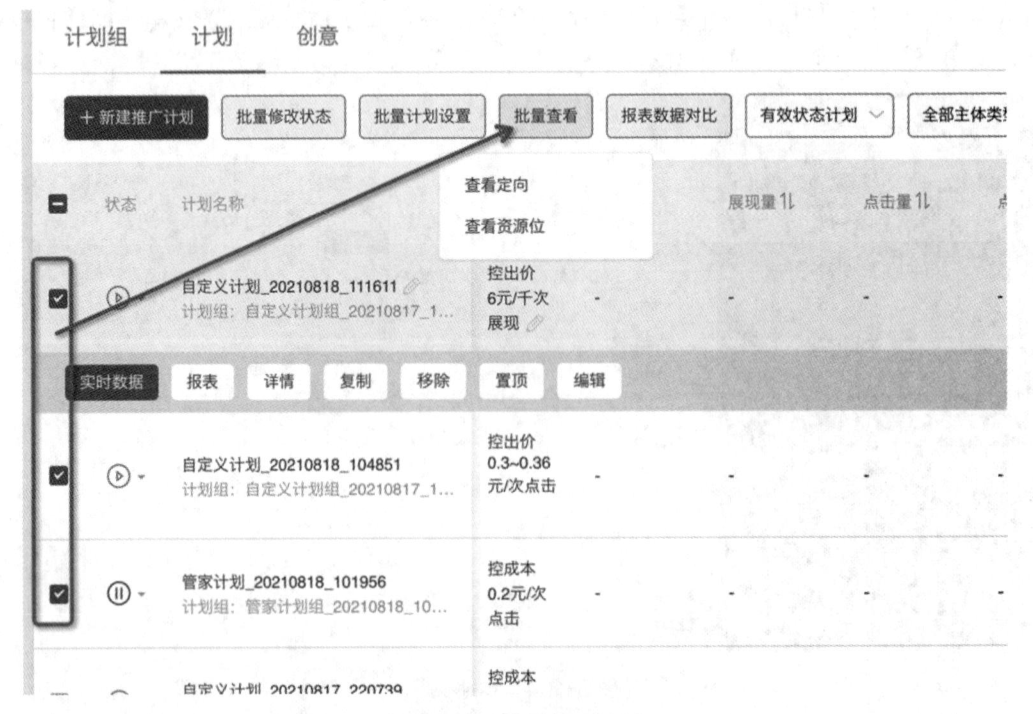

图 3-126　批量管理计划

③创意管理

新建创意，查看创意数据。如图 3-127 所示。

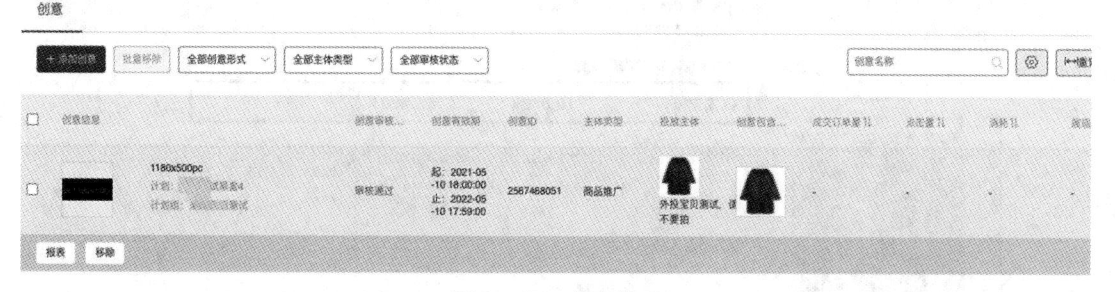

图 3-127　创意管理

（3）极速推

极速推是阿里巴巴官方推出的商品曝光和流量获取工具，全面覆盖手淘高活跃高价值用户，AI 智能算法大数据洞察，多维定向，精准锚定对店铺商品感兴趣的消费者。

1）PC 端订单创建

在宝贝列表选择要推广的宝贝，点击“极速推广”，进入主页面。如图 3-128 所示。

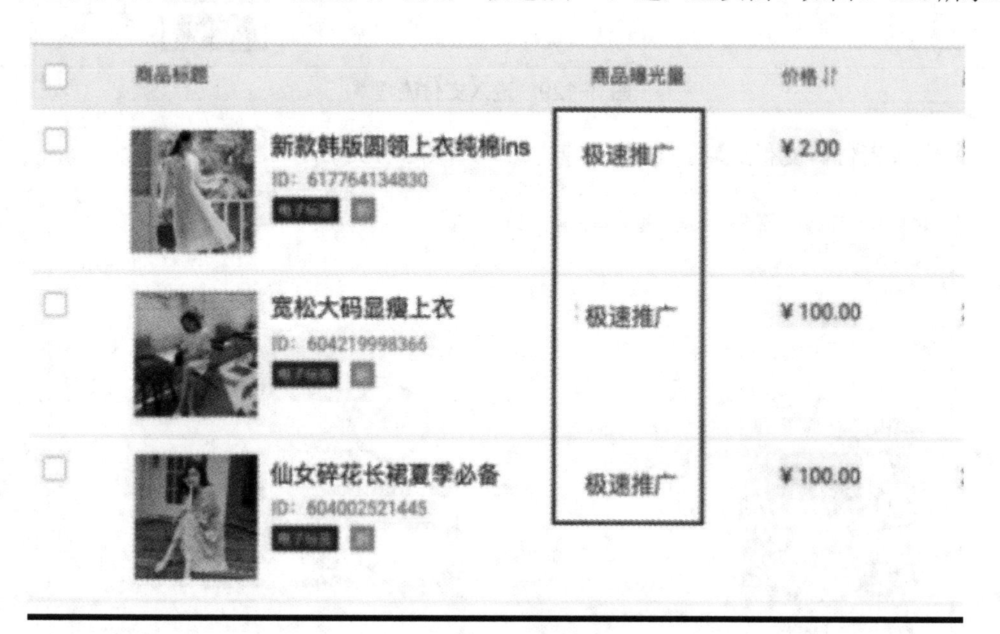

图 3-128　订单创建

2）在下单页，选择极速版或者定向版，完成下单。

选择希望获得的曝光次数，点击“立即支付”，进入支付流程。如图 3-129 所示。

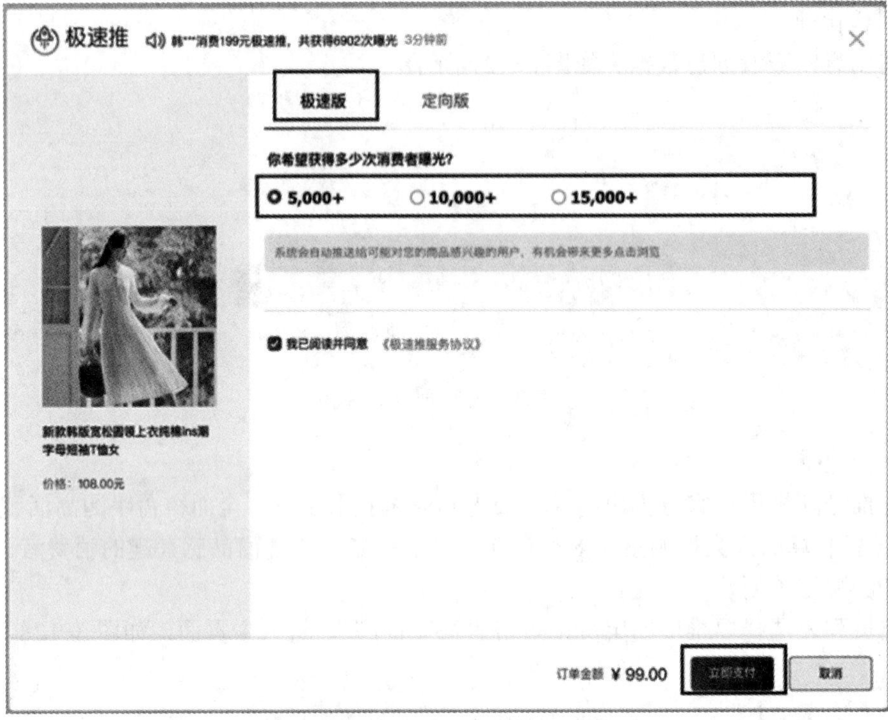

图 3-129 进入支付流程

3）完成支付，支付成功，订单创建完成。如图 3-130 所示。

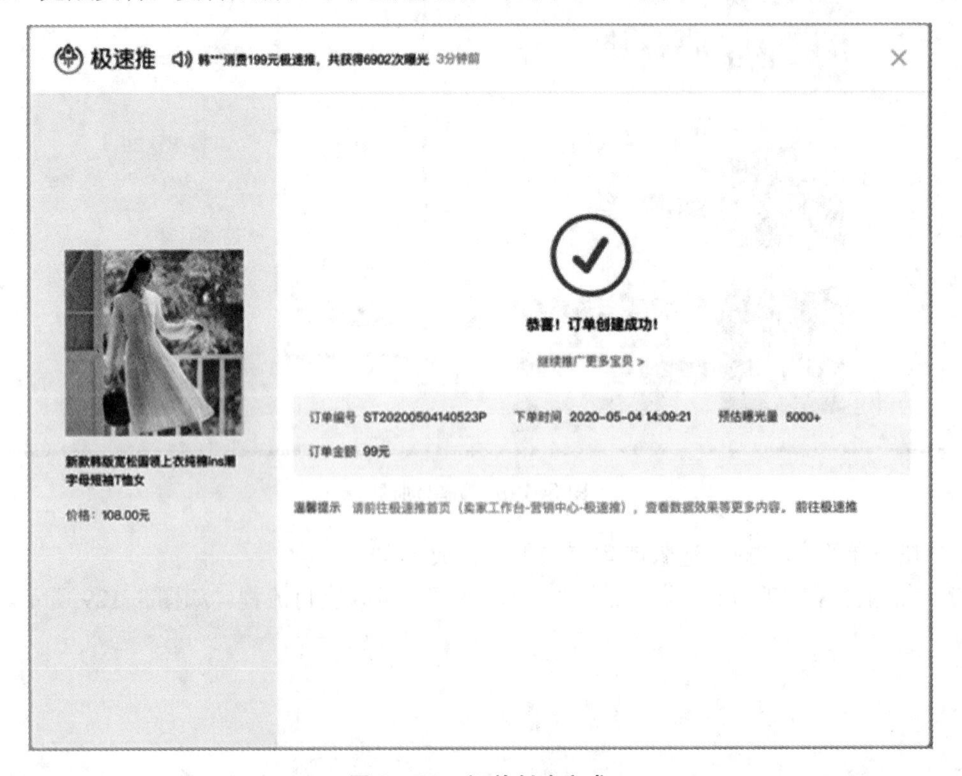

图 3-130 订单创建完成

4）订单效果查看

极速推全部订单数据，可在极速推首页查看，如图 3-131 所示。

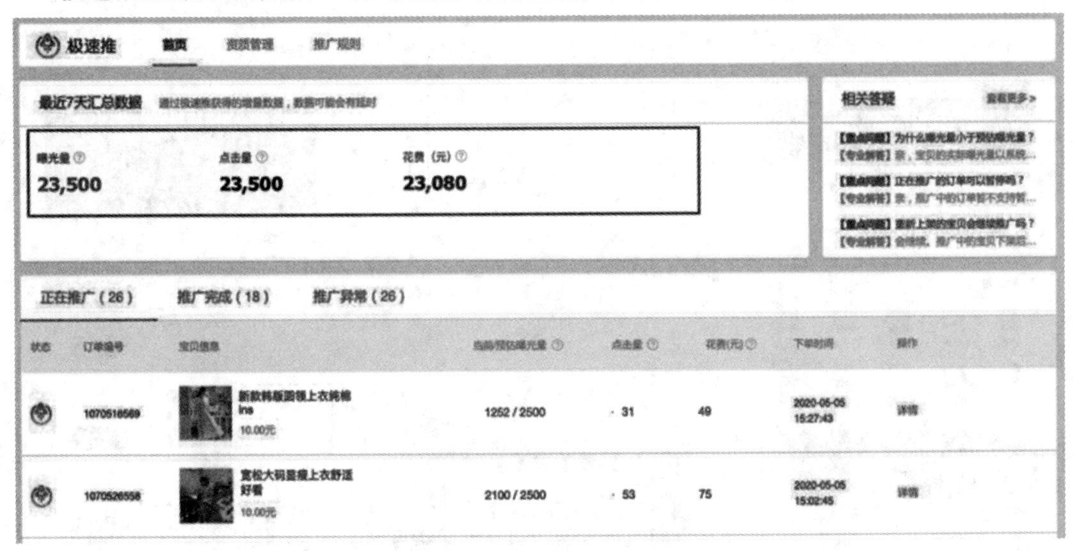

图 3-131　订单数据

每个订单的效果数据，可以在正在推广、推广完成列表，点击详情查看。如图 3-132 所示。

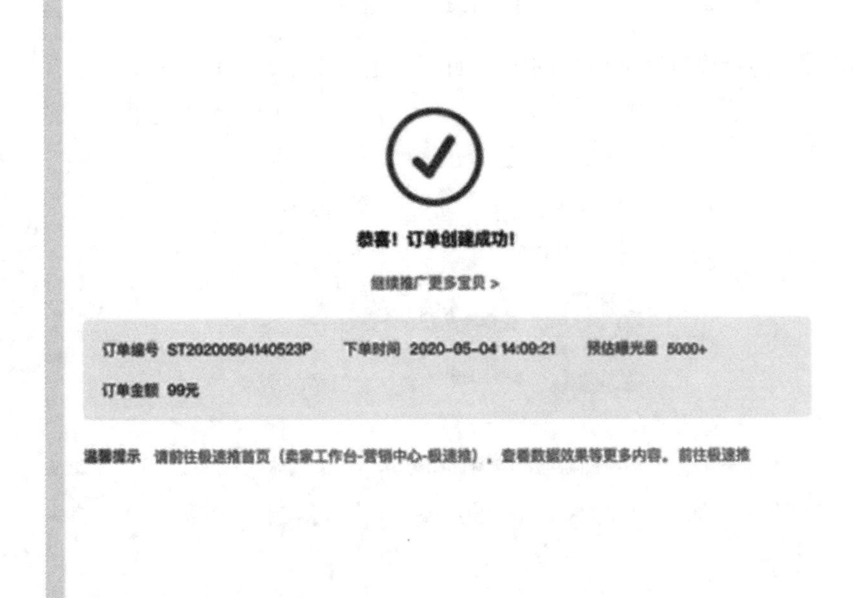

图 3-132　订单创建完成

5）无线端订单创建

打开千牛客户端，搜索“极速推”，进入“极速推”应用首页。如图 3-133 所示。

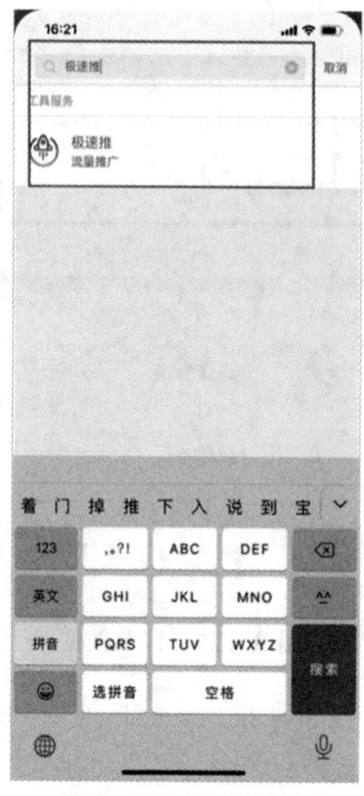
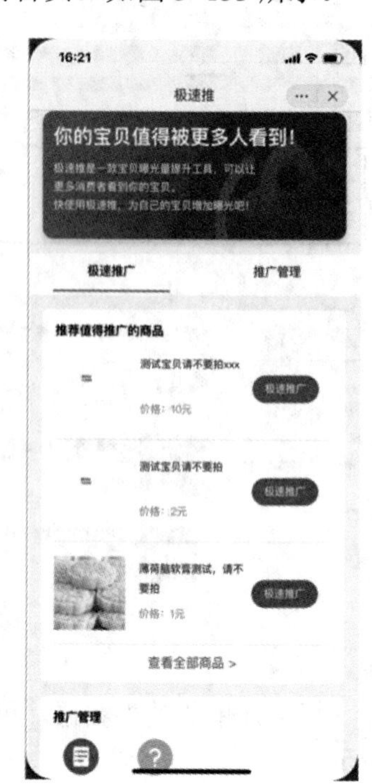

图 3-133 订单创建

在下单页，选择极速版或者定向版，如图 3-134 所示，完成下单。

图 3-134 完成下单

定向版下单，选择目标人群、愿意支付的订单金额，点击“立即支付”，如图 3-135 所示，进入支付流程。

图 3-135　定向版下单

6）订单效果查看

极速推全部订单数据可在极速推首页查看，每个订单的效果数据，可在正在推广、推广完成列表，如图 3-136 所示。

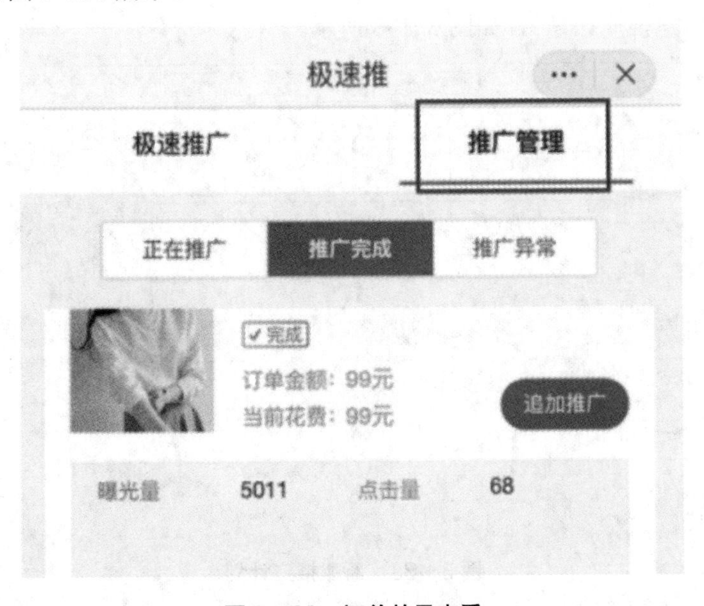

图 3-136　订单效果查看

（4）万相台

万相台从商家营销诉求出发，围绕着消费者、货品、活动场、内容场，整合阿里妈妈搜索、推荐等资源位，算法智能跨渠道分配预算，实现人群在不同渠道流转承接，从提高广告效果与降低操作成本两方面回归用户最本质的投放需求。

1）新建入口

进入拉新快，首页中找到拉新快点击进入，如图 3-137 所示。

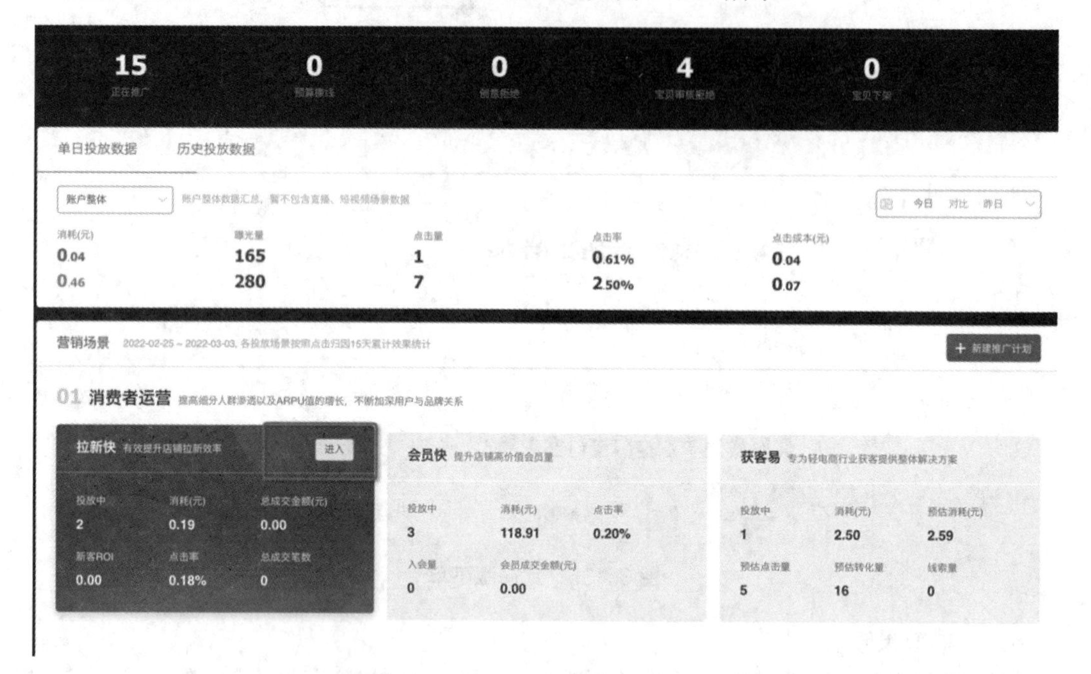

图 3-137　新建入口

2）点击“新建推广计划”，如图 3-138 所示。

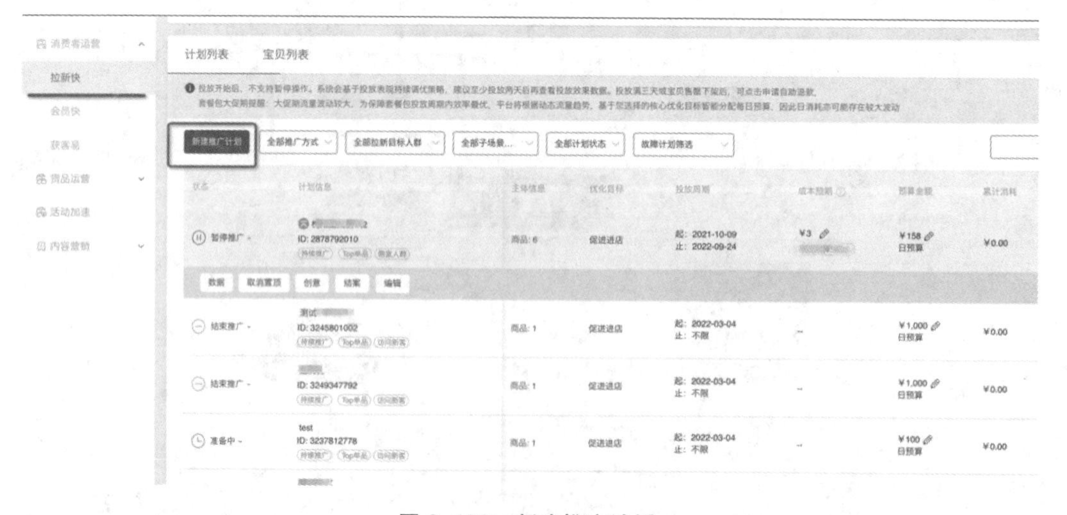

图 3-138　新建推广计划

3）计划设置

人群设置，选择店铺新客或品牌新客。如图 3-139 所示，进行计划设置。

图 3-139　计划设置

根据投放目标，如图 3-140 所示，选择访问新客、兴趣新客、首购新客。

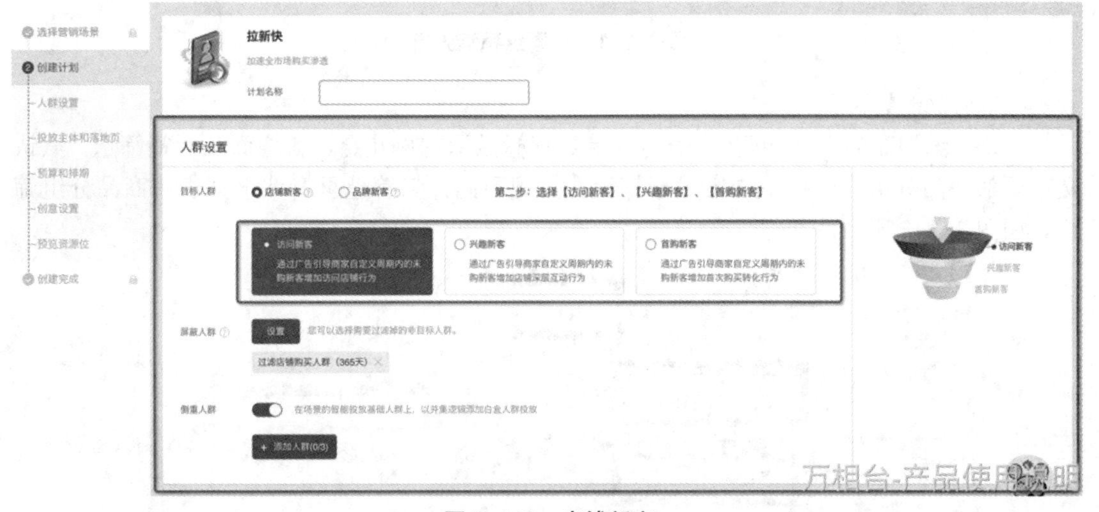

图 3-140　店铺新客

侧重人群，支持行业人群包、DMP（Data Management Platform，数据管理平台）自定义人群包选择，在投放过程中，系统会基于计划预算、出价限制、投放目标、效果的考虑，尽可能从侧重人群中找到高效率人群来触达。图 3-141 所示为达摩盘精选人群。

图 3-141 达摩盘精选人群

4）商品设置

点击“添加商品”，首单直降子场景宝贝打标显示首单礼金，新增商品标签筛选，默认文案全部商品分组，支持不同宝贝标签筛选，规则同计划管理页、八倍列表、商品分组筛选。如图 3-142 所示。

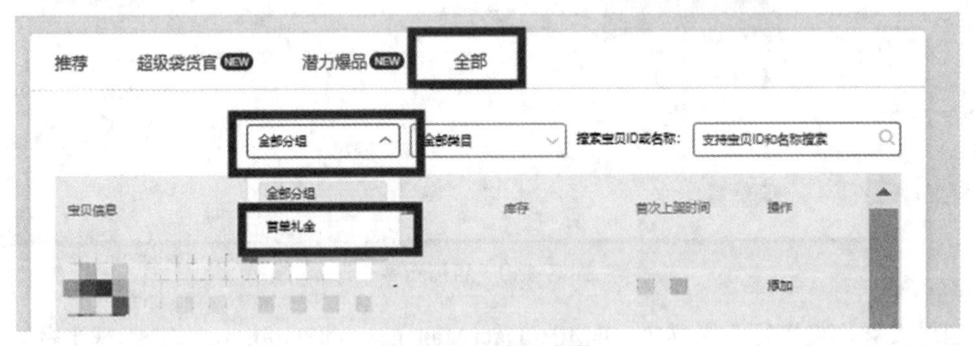

图 3-142 商品设置

5）创意设置

所有场景支持上传自定义创意，创意形式包括方图、竖图创意、竖视频、方视频。创意设置操作如图 3-143 所示。

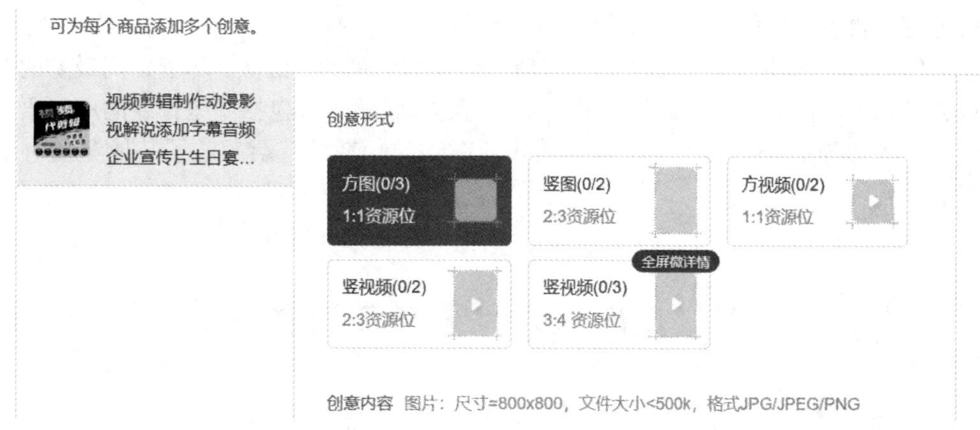

图 3-143　创意设置

6）查看数据

首页选择拉新快点击进入，如图 3-144 所示，找到计划列表选择单个计划点击数据。

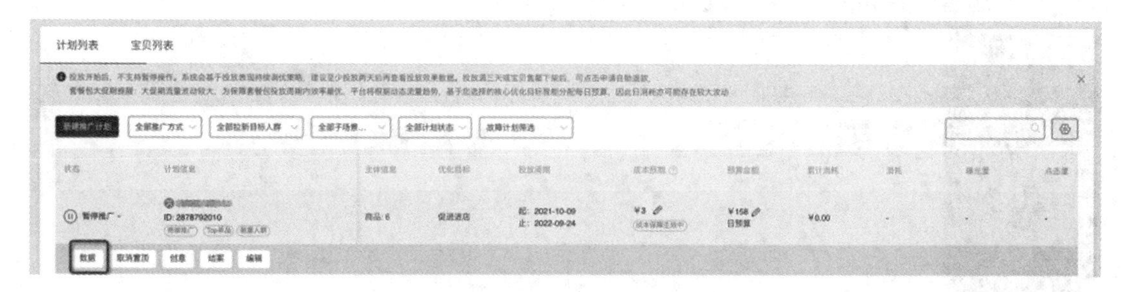

图 3-144　查看数据

2. 营销手段

（1）超限效应

刺激过多、过强和作用时间过久而引起心理极不耐烦或反抗的心理现象，称之为“超限效应”。

“物极必反”，一旦超出某个范围，就适得其反。在视频创作的脚本文案中经常会用到这一效应。一个故事有高潮，但不能让观众分秒都处在紧张刺激的氛围当中。

“这款手表，800 米防水，不仅表面做工精细，选用蓝宝石玻璃镜片，表带更是仿用意大利鳄鱼皮设计，戴出去十分有面子，无论跟商务衬衣穿搭，还是平日的休闲嘻哈风都能凸显格调跟品味。”

这篇文案展现了手表的防水功能、做工精细、镜片材质等，每一个核心卖点都可以单独做一个视频出来。很多亮点等于没有亮点，让读者看得眼花缭乱，反而不知道在表达什么。

（2）睡眠者效应

随着时间的推移，人们对于某些信息的记忆力会逐渐下降，但这并不意味着这些信息的影响力消失了。

例如，某公司在 2015 年推出了一款新的手机产品，并在上市初期投入了大量的广告宣传。然而，由于市场竞争激烈，这款手机并未取得预期的销售业绩。随着时间的推移，消费者对这款手机的关注度逐渐降低，广告投放也相应减少。

然而，在 2018 年，该公司决定重新推出这款手机的升级版。尽管距离最初的发布已经过去了三年，但公司仍然选择继续使用之前的营销策略，包括一些曾经的广告语和宣传手段。令人惊讶的是，这次升级版的销售业绩远超预期，甚至超过了其他竞争对手的同期产品。

技能点六　客户二次营销

客户二次营销是指淘宝店铺对已有客户进行的营销活动，旨在提高客户的忠诚度和购买频率。在淘宝店铺中，老客户的重要性不容忽视。老客户在成交中权重占比大，维护和营销老客户，不但可以稳定店铺业绩，更重要的是有助于店铺整体权重，增强店铺的竞争力。客户运营平台如图 3-145 所示。

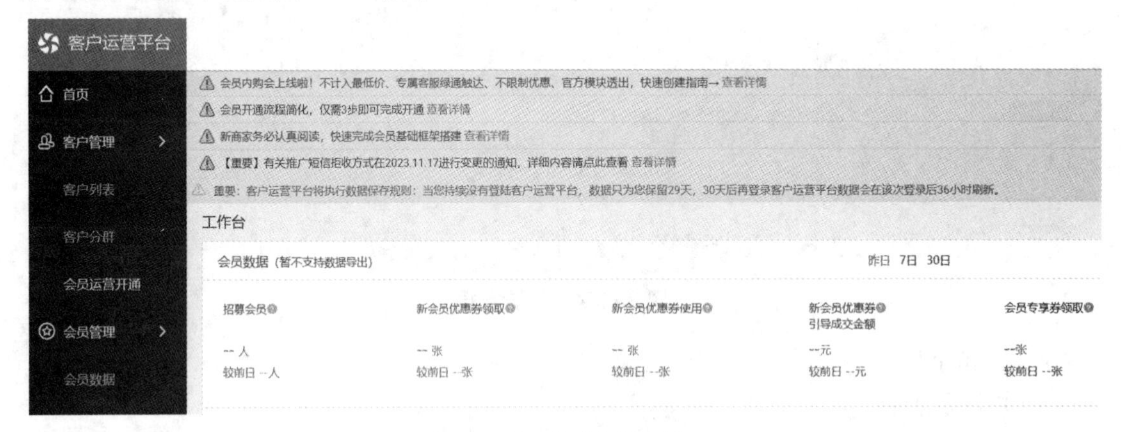

图 3-145　客户运营平台

通过粉丝积累、会员等级、店铺会员活动、私域客户维护、短信推送这 5 种老客户营销方式，学习如何对老客户进行二次营销。

1. 营销方式

（1）粉丝积累

店铺粉丝积累是提高店铺曝光率和销售额的重要手段之一。在平台上店铺的粉丝数量越多，就越容易被用户发现和关注，从而获得更多的流量和订单。为了积累更多的粉丝，可以采取多种方法，如定期发布订阅内容、创建有针对性的活动、通过官方渠道涨粉等。其中，订阅是一个非常重要的工具，可以通过发布有趣、有价值的内容来吸引用户关注店铺。同时，卖家也可以结合时下热门话题发布相关动态，提升店铺的曝光率。此外，卖家还可以通过创建活动来吸引用户主动关注店铺，并通过优惠券等方式提高用户的购买意愿。总之，店铺粉丝积累需要长期坚持和不断尝试，才能取得良好的效果。如图 3-146 所示。

图 3-146　订阅

（2）会员等级

拉取行业会员运营商家数据就会发现，会员的客单价是全店人群的 2 倍多，转化率是全店人群近 2 倍。这充分说明会员是对店铺最核心、最具维护价值的群体。

认真运营会员的商家，其会员价值比无运营动作的商家会员高出很多，主要体现在会员活跃度、客单价和贡献金额。

会员等级分为普通会员（VIP1）、高级会员（VIP2）、VIP 会员（VIP3）、至尊 VIP 会员（VIP4）几个等级。如图 3-147 所示。

图 3-147　会员

（3）店铺会员活动

会员活动是指淘宝网为会员用户提供的各种优惠、折扣、返利等活动。如图 3-148 所示，这些活动旨在吸引更多的消费者成为淘宝会员，提高会员用户的忠诚度和购物体验。

图 3-148 会员活动

1）新会员注册送优惠券：在淘宝网注册成为新会员后，可以获得一定金额的优惠券，用于购物时抵扣现金或享受折扣。

2）积分兑换活动：淘宝会员可以通过购物、评价等方式获得积分，积分可以在淘宝网进行兑换，兑换的商品种类丰富多样。

3）满减活动：当购物金额达到一定数额时，可以享受相应的满减优惠，例如满 100 元减 10 元、满 200 元减 20 元等。

4）限时抢购：淘宝会员可以参与限时抢购活动，以较低的价格购买到心仪的商品。

5）节日促销活动：淘宝会在不同的节日推出相应的促销活动，例如双十一、天猫 618 等大型促销活动，让会员用户享受更多的优惠和折扣。

（4）私域客户维护

淘宝私域客户维护是指通过各种方式，如邮件、淘宝群、微信等，与粉丝建立联系，提高会员的忠诚度和购物体验。

（5）短信推送

淘宝短信客户营销是指通过短信向淘宝会员发送促销信息、活动信息等，以提高会员的忠诚度和购物体验。图 3-149 所示为短信功能。

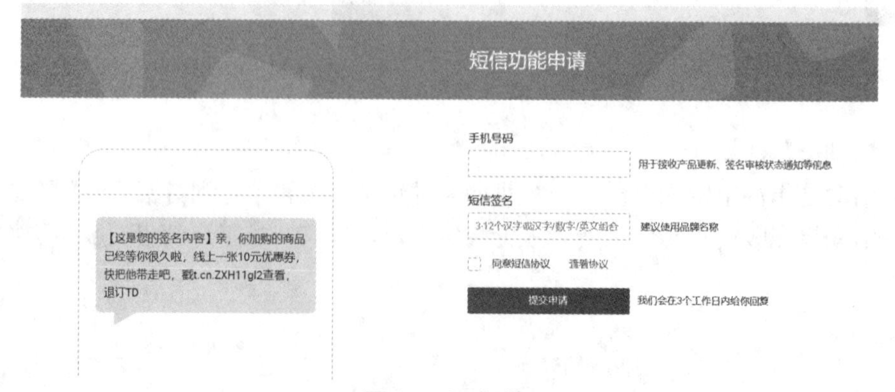

图 3-149 短信

1）个性化推荐：根据淘宝会员的历史购买记录和浏览行为，向其推荐相关商品，提高转化率。

2）活动互动：定期举办线上或线下活动，邀请淘宝会员参加，增强互动性和粘性。

3）专属客服：为淘宝会员提供专属客服服务，解答疑问和解决问题，提高满意度。

4）积分兑换：为淘宝会员提供积分兑换功能，让会员可以用积分兑换商品或服务。

2. 营销手段

（1）门槛效应

门槛效应的应用非常广泛。在商业营销中，企业常常采用门槛效应来推销产品。例如，在销售产品时，商家可能会制定分期付款计划，使顾客在一段时间内逐步适应付款的要求，从而提高销售额。此外，门槛效应还可以用于制定健康目标、改变不良习惯等方面。

门槛效应也存在一定的风险和局限性。如果使用不当，就可能造成负面影响。例如，在商业推销中，如果商家制定的分期付款计划过于苛刻，会让顾客产生压迫感和负担感，反而会降低销售额。此外，门槛效应并不适用于所有的情况。在某些情况下，人们可能并不会接受逐渐提高的要求，而是会直接拒绝。

在使用门槛效应时，需要注意以下几点：首先，要求必须是合理的，不能过于苛刻；其次，要求必须是明确的，不能模糊不清；最后，要求必须是可达到的，不能过于困难。只有在符合这些条件的情况下，门槛效应才能发挥积极的作用。

门槛效应是一种有趣而又实用的心理学现象。它可以帮助我们在生活和工作中更好地适应和接受各种要求。但同时也要注意门槛效应的风险和局限性，避免其带来的负面影响。只有正确地应用门槛效应，才能更好地发挥其积极作用，提高我们的生活和工作效率。

（2）长尾理论

长尾理论就是网络时代兴起的一种新理论，由于成本和效率的因素，当商品储存、流通、展示的场地和渠道足够宽广，商品生产成本急剧下降以至于个人都可以进行生产，并且商品的销售成本急剧降低时，几乎任何以前看似需求极低的产品，只要有卖，都会有人买。这些需求和销量不高的产品所占据的共同市场份额，可以和主流产品的市场份额相当，甚至更大。

一般大家都在做充电宝、数据线，主打颜色都是白的，但是其他颜色，比如紫色、粉色，也有相当一部分人会喜欢，如果你做一款产品，全部主打粉色可爱风格，那你的产品也有可能成为特殊的长尾产品。别人都在“数据线”这个关键词中竞争，但你主打的是“粉色数据线”；别人都做 60cm 长度的，而你做的是 100cm 的，等等。

技能点七　新媒体平台营销

新媒体平台营销是指利用新媒体平台进行营销的方式。在 Web2.0 带来巨大革新的时代，营销方式也带来变革，更加注重沟通性、差异性、创造性、关联性，体验性。新媒体营销从平台上划分，包括：社交平台、资讯平台、娱乐平台、自媒体平台、知识分享平台等。新媒体平台分类如图 3-150 所示。

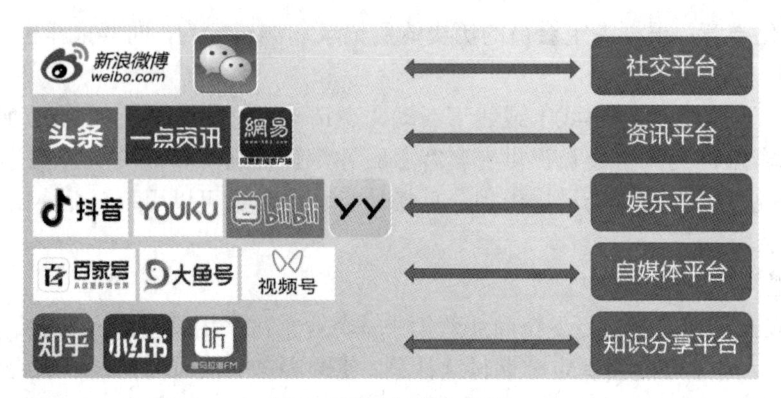

图 3-150 新媒体平台

1. 社交平台

（1）微博

微博营销是指利用微博平台进行营销的方式。微博是一个社交媒体平台，用户可以通过发布文字、图片、视频等内容与其他用户互动。微博营销通过发布有价值的内容来吸引关注者，从而提高品牌知名度和影响力。如图 3-151 所示。

图 3-151 微博

微博平台上的各种功能和工具，为企业提供广告投放、内容创作、社交互动等多种服务。微博营销的优势在于其广泛的用户群体和强大的社交属性，可以帮助企业快速扩大品牌知名度和影响力，提高销售额和客户忠诚度。

目前微博平台企业认证用户超过 160 万户，70%以上的大企业均开通了企业微博，它是企业形象的重要窗口。

企业认证可以帮助企业在微博多场景获取用户，而且微博拥有抽奖营销、活动营销、卡券营销等功能，营销方式更加灵活。

（2）微信

微信是一款由腾讯开发的即时通信应用程序，它允许用户在智能手机、平板电脑和电脑上发送消息、语音通话、视频通话、分享照片和文件等。微信也提供了许多其他功能，例如朋友圈、公众号、小程序、支付等，使人们可以更方便地进行社交、购物、娱乐和支付等活动。如图 3-152 所示。

图 3-152　微信

微信营销是一种数字化营销方式，微信平台上的各种功能和工具为企业提供广告投放、内容创作、社交互动等多种服务。微信营销的优势在于其广泛的用户群体和强大的社交属性，可以帮助企业快速扩大品牌知名度和影响力，提高销售额和客户忠诚度。

2. 资讯平台

（1）今日头条

今日头条是一款基于数据挖掘技术的个性化推荐引擎产品，它为用户推荐有价值的、个性化的信息，提供连接人与信息的新型服务，是国内移动互联网领域成长最快的产品之一。如图 3-153 所示。

头条 今日头条

图 3-153　今日头条

今日头条营销是一种数字化营销方式，今日头条平台上的各种功能和工具为企业提供广告投放、内容创作、社交互动等多种服务。今日头条营销的优势在于其广泛的用户群体和强大的社交属性，可以帮助企业快速扩大品牌知名度和影响力，提高销售额和客户忠诚度。

（2）一点资讯

一点资讯是新闻客户端，由北京一点信息科技有限公司开发和运营。该应用程序提供了包括国内外时政、财经、科技、娱乐、体育等多个领域的新闻报道，以及短视频、直播、互动社区等多种内容形式。如图 3-154 所示。

1. 一点资讯

图 3-154　一点资讯

一点资讯是一款聚合类新闻客户端，用户可以在上面阅读各种新闻资讯。一点资讯的营销平台可以帮助企业进行广告投放、内容创作、社交互动等多种服务。一点资讯的营销平台可以根据不同的需求，提供不同的方案和策略，帮助企业快速扩大品牌知名度和影响力，提高销售额和客户忠诚度。

3. 娱乐平台

（1）抖音

抖音是一款音乐创意短视频社交软件，由字节跳动孵化。用户可以通过这款软件选择歌曲，拍摄15秒的音乐短视频，生成自己的作品。抖音是一个面向全年龄的短视频社区平台，用户可以通过这款软件选择歌曲，拍摄音乐作品形成自己的作品。如图3-155所示。

图3-155 抖音logo图

以下是一些抖音营销的方法：

1）信息流广告：在抖音中植入广告，以此来扩大企业、品牌曝光度、知名度，提高企业、品牌在消费者心目中的影响力。

2）KOL合作：与抖音上的知名人士合作，让他们为你的广告代言或者制作视频。

3）达人合作：利用达人本身具有的流量优势，帮助推广产品。这就要求在选择达人的时候，一定要选择精准行业的，达人的粉丝原本就是你目标群体的，就很适合一起合作。

（2）优酷

优酷是一家中国在线视频平台，有PC、电视、移动三大终端。网站有版权、自制、合制、自频道、直播等多种内容形态，为用户提供电视剧、电影、综艺、动漫少儿、纪录片、体育、游戏等多种类型的视频产品。如图3-156所示。

图3-156 优酷

优酷的影响主要体现在以下几个方面：

1）广告收入：优酷是我国最大的视频广告平台之一，其广告收入占据了我国在线视频广告市场的很大一部分。

2）用户数量：优酷是我国最大的视频网站之一，拥有超过2亿的月活跃用户。

3）影响力：优酷通过职场、校园、潮流精神与体育精神等多元内容，与观众形成了精神契合，甚至形成社会性的广泛讨论。

4. 自媒体平台

（1）百家号

百家号是百度为创作者打造的集创作、发布、变现于一体的内容创作平台，也是众多企业号实现营销转化的运营新阵地。用户可以在这里发布文章、图片、视频作品，未来还将支持H5、VR、直播、动图等更多内容形态。如图3-157所示。

图 3-157　百家号

在百家号上进行营销，可以通过以下方式：

1）优化文章标题和关键词：标题和关键词是搜索引擎排名的重要因素之一，优化它们可以提高文章的曝光率和阅读量。

2）发布高质量内容：高质量的内容可以吸引更多的读者，并且可以提高文章的曝光率和阅读量。

3）互动交流：与读者互动交流可以增加粉丝数量和忠诚度，并且可以提高文章的曝光率和阅读量。

（2）大鱼号

大鱼号是阿里文娱旗下的内容创作平台，为内容生产者提供“一点接入，多点分发，多重收益”的整合服务。大鱼号作为阿里文娱旗下的内容创作平台，为内容创作者提供畅享阿里文娱生态的多点分发渠道，包括 UC、土豆、优酷等阿里文娱旗下多端平台，同时也在创作收益、原创保护和内容服务等方面提供了全方位的支持。如图 3-158 所示。

图 3-158　大鱼号

在大鱼号上进行营销，可以通过以下方式：

1）选择一个领域。做大鱼号一定要事先想好要做哪个领域，比如体育、情感、娱乐等，要选择一个你喜欢的领域，这样才能长久更新。其次就要选择一个能够长久更新的领域，这样才能不断更新，不断盈利。

2）发布高质量内容。高质量的内容可以吸引更多的读者，并且可以提高文章的曝光率和阅读量。

3）互动交流。与读者互动交流可以增加粉丝数量和忠诚度，并且可以提高文章的曝光率和阅读量。

5. 知识分享平台

（1）知乎

知乎是中文互联网知名的可信赖问答社区，致力于构建一个人人都可以便捷接入的知识分享网络，让人们便捷地与世界分享知识、经验和见解。知乎最开始起家于问答社区，利用一切方式连接所有知识的生产者与消费者，成为一家多元化的内容平台。如图 3-159 所示。

图 3-159 知乎

在知乎上进行营销，可以通过以下方式：

1）制造关注度高的话题，吸引用户在知乎评论转发，一般分为实时性热点问题、常规性热门问题。上了知乎热门就能在短时间内吸引数十万、上百万的浏览量.

2）发布高质量内容。高质量的内容可以吸引更多的读者，并且可以提高文章的曝光率和阅读量。

3）与读者互动交流，增加粉丝数量和忠诚度，并且可以提高文章的曝光率和阅读量。

（2）小红书

小红书是一个生活方式平台和消费决策入口，由毛文超和瞿芳于 2013 年在上海创立。用户可以通过短视频、图文等形式记录生活点滴，分享生活方式，并基于兴趣发现好物。小红书旗下设有电商业务，2017 年 12 月，小红书电商被《人民日报》评为代表中国消费科技产业的“中国品牌奖”。如图 3-160 所示。

图 3-160 小红书

在小红书上进行营销，可以通过以下方式：

1）制造关注度高的话题，吸引用户在小红书评论、点赞和收藏，获得更高的浏览量。

2）发布高质量内容。高质量的内容可以吸引更多的读者，并且可以提高文章的曝光率和阅读量。

3）与读者互动交流，增加粉丝数量和忠诚度，并且可以提高文章的曝光率和阅读量。

4）利用 KOL 的力量。邀请一些有影响力的 KOL 来合作推广产品或者品牌，可以让更多的人知道你的产品或品牌，从而提高知名度和销量。

5）利用小红书广告投放功能进行精准投放。可以根据自己的需求选择不同的广告形式和投放位置，比如首页推荐、搜索结果页等，从而达到更好的营销效果。

本次任务主要通过技能点的学习，使用抖音短视频对学习用品进行营销策划。

任务介绍

某学习用品公司的新媒体运营人员，为扩大品牌影响力，准备开设抖音账号，在抖音上销售学习用品。该公司的学习用品不仅种类多，而且款式新颖、美观。开通抖音账号后，该公司计划拍摄笔记本的抖音短视频。3 款笔记本的颜色都非常清新，且样式都很可爱，其中，便携式笔记本和线圈式笔记本的封面有卡通图案。

新媒体平台运营思路很重要，方法适应当下市场流量自然会多，接下来主要介绍抖音平台的实战经验。

第一步：抖音账号定位

1. 分析该公司的目标用户

该公司为学习用品公司，其目标用户群体为学生群体，由此可得出在抖音上观看学习用品短视频的目标用户主要为中小学生及学生家长。

2. 做好内容定位

已知该公司售卖的商品可以满足学生的学习需求，优点是种类多、款式新颖，可以将内容定位为分享实用的学习用品；也可以将学习用品拟人化，并将公司作为家族，让学习用品以自述的方式介绍自己在家族中的故事，制作成系列短视频。

第二步：抖音短视频策划

1. 明确策划思路

已知笔记本的特色为颜色清新、美观，为了突出这一特色，在构思短视频的内容时，将此次的拍摄内容确定为分享学习用品。同时，为了能够清楚地介绍笔记本，还需要提前设计台词。

2. 选择演员

为了让用户更愿意接受分享，需要选择一个形象与营销商品相契合的人出镜讲解，可以是活力满满的学生，也可以是看起来有亲和力的学生家长。

第三步：实施过程

1. 撰写分镜头脚本

由于只是分享，出镜人可以只坐在沙发或椅子上，景别比较固定，可以以中景、固定镜头为主，具体的分镜头脚本如图 3-161 所示。

镜号	景别	运镜	画面内容	台词	音效	时间
1	中景	固定镜头，正面拍摄	交代目的	大家好，今天我来给大家分享3款我最近发现的很可爱的笔记本	轻音乐或者欢快的音乐	3秒
2	中景	固定镜头，正面拍摄	拿起其中第1款笔记本	首先是我手里的这款便携式笔记本，封面有很多卡通图案		3秒
3	特写	固定镜头，正面拍摄	展示笔记本封面	真的很可爱，而且很小巧，携带方便		2秒
4	中景	固定镜头，正面拍摄	拿起第2款笔记本	还有这一款，封面也有卡通图案，不过这款是线圈式的，翻页很方便		4秒
5	中景	固定镜头，正面拍摄	拿起第3款笔记本	这款笔记本就比前面的两款要大很多，如果需要记录的内容较多，或者经常记笔记，就非常适合		3秒
6	特写	固定镜头，正面拍摄	展示笔记本封面	笔记本的颜色很清新，看着很舒服		2秒

图 3-161 分镜头脚本

2. 拍摄、剪辑并推广短视频

（1）拍摄短视频

根据分镜头脚本，将手机固定在演员正前方拍摄，要保持一定的距离，镜头中显示演员膝盖及以上画面。同时，在拍摄镜号 3、6 的场景时，需使用特写景别，展示封面特写。

（2）剪辑短视频

拍摄工作完成之后，使用剪映剪辑短视频，将多余的内容剪掉，并设置字幕和背景音乐，然后发布到抖音中。

（3）推广短视频

为了让更多的用户看到该条短视频，使用“DOU+”推广，以增加“粉丝”量为投放目标，设置投放时长为 24 小时，投放金额为 1000 元。

如果有些中小卖家没有购买生意参谋-流量纵横工具的，可以购买生 e 经工具进行替代，也可以点击宝贝分析查看单品数据，并针对性地进行优化。

本项目课程介绍了营销方法，分别从店铺日常营销、私域营销、官方活动营销、站内视频营销、店铺推广营销、客户二次营销、新媒体平台营销等方面营销活动，学习之后能够对营销活动有更好的认识与实践。

daily	日常	wholesale	知识
private sphere	私域	drainage	分享
video	视频	activity	工具
custom	客户	image	制作
platform	平台	standby	账号
socialize	社交	freight	策划

1. 单选题

（1）下面哪一项不是常见的店铺日常营销活动（　）。

A. 优惠券

B. 顺手买一件

C. 好评返现

D. 单品宝

（2）下面哪一项不是裂变券的应用场景（　）。

A. 新开小店　　B. 增加粉丝量

C. 直播间引流　　D. 线下引流

（3）下面有关订阅说法不正确的是（　）。

A. 是店铺私域运营一个非常重要的版块，是让粉丝了解店内更多信息的渠道

B. 图片建议为清晰实拍图

C. 上传视频分辨率需要在720p及以上

D. 图片展现过于血腥、恐怖、密集、暴力等内容

（4）下面对淘宝群的说法不正确的是（　）。

A. 淘宝群是一个私域平台，商家和店铺会员、粉丝可以直接互动交流

B. 商家创建的为群组，群组下有单个子群，群组设置 将复制到该群组下的所有子群上，如入群门槛/自动回复/群公告等

C. 淘宝群内不可以发红包

D. 价值用户连接，提升购买转化与粘性

（5）下面哪个不是大型营销活动（　）。

A. 天猫 618

B. 店铺十周年庆典

C. 女王节

D. 双十一

2. 填空题

（1）优惠券有店铺券、商品券、__________优惠券。

（2）天猫网店__________是天猫平台为商家提供的一种营销工具，用于吸引顾客到店消费。

（3）天猫网店__________是一种优惠券，可以在指定店铺中购买商品时使用。

（4）__________是优惠券中的一种，分为父券和子券。

（5）淘宝__________是淘宝官方推出的限时打折促销工具，可以对单个或者多个商品进行促销。

3. 简答题

（1）什么是优惠券？优惠券有哪些作用？

（2）请简述 N 元任选活动设置。

项目四　营销关键点

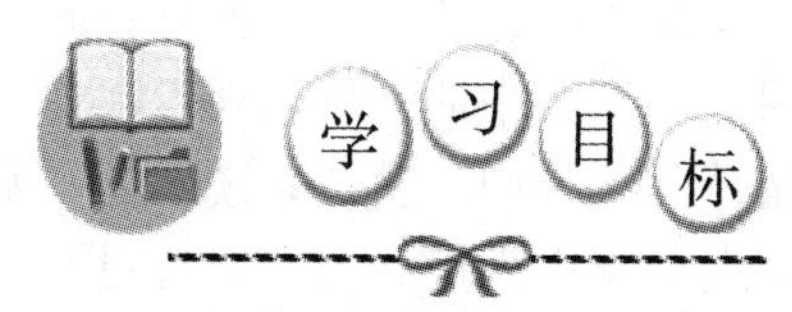

网店营销的关键点在于理解店铺的目标客户，并通过各种策略和工具吸引客户。首先，店铺需要确定目标市场，包括客户的年龄、性别、地理位置、兴趣爱好等。然后，店铺可以通过搜索引擎优化（SEO）、社交媒体营销、电子邮件营销等方式来提高店铺的在线可见度。此外，提供优质的产品和服务，以及优秀的客户体验也是至关重要的。最后，定期分析店铺的销售数据和客户反馈，以便调整店铺的营销策略和产品线。在任务实施过程中：

- 了解战略营销关键点；
- 熟悉市场份额关键点；
- 掌握成本核算关键点；
- 掌握品牌宣传关键点。

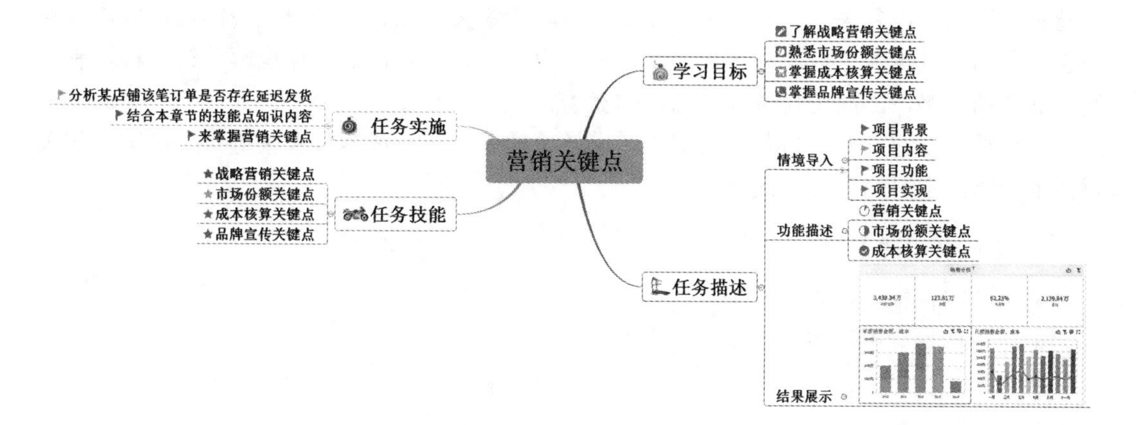

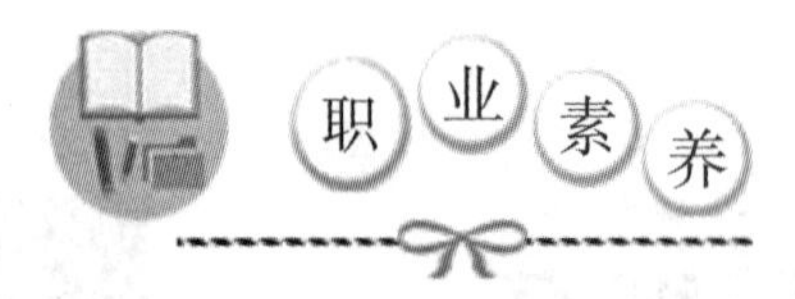

通过本门课程的学习，加深对运营网营销关键点的理解和认知，通过学习营销关键点，激发学生的学习兴趣，鼓励学生运用专业技能服务社会、回报祖国。贯彻党的二十大精神，实践没有止境，理论创新也没有止境。不断谱写马克思主义中国化时代化新篇章，是当代中国共产党人的庄严历史责任。继续推进实践基础上的理论创新，首先要把握好新时代中国特色社会主义思想的世界观和方法论，坚持好、运用好贯穿其中的立场、观点、方法。必须坚持人民至上，坚持自信自立，坚持守正创新，坚持问题导向，坚持系统观念，坚持胸怀天下，站稳人民立场、把握人民愿望、尊重人民创造、集中人民智慧，坚持对马克思主义的坚定信仰、对中国特色社会主义的坚定信念，坚定道路自信、理论自信、制度自信、文化自信，不断提出真正解决问题的新理念、新思路、新办法，为前瞻性思考、全局性谋划、整体性推进党和国家各项事业提供科学思想方法。

【情境导入】

对于网店来说，营销是提高销售额的关键。然而，许多因素可能会阻碍店铺的进一步发展，同时也会让人迷失方向。因此，了解营销过程中的关键点非常重要，并且需要在不同阶段进行调整和优化。只有这样，才能确保店铺能够持续发展并取得更好的业绩。

明确营销关键点的目的是有效地分析自身、市场和客户，从而提升店铺或品牌的知名度，实现高度转化和销售额的增长。这与网店的运营和店铺管理密切相关。为了更好地学习营销关键点，需要关注以下四个技能点：战略营销关键点、市场份额关键点、成本核算关键点、品牌宣传关键点。通过深入学习和应用这些技能点，更好地理解营销过程，制定有效的营销策略，提高销售额并增强品牌竞争力。

本项目主要通过对战略营销关键点、市场份额关键点、成本核算关键点、品牌宣传关键点的介绍，学习网店营销关键点。

【任务描述】

- 战略营销关键点
- 市场份额关键点
- 成本核算关键点
- 品牌宣传关键点

技能点一　战略营销关键点

网店战略营销的关键点在于理解并满足客户需求，建立有效的产品定位和品牌识别，以及运用创新的营销策略来提高销售和吸引新客户。如图 4-1 所示。

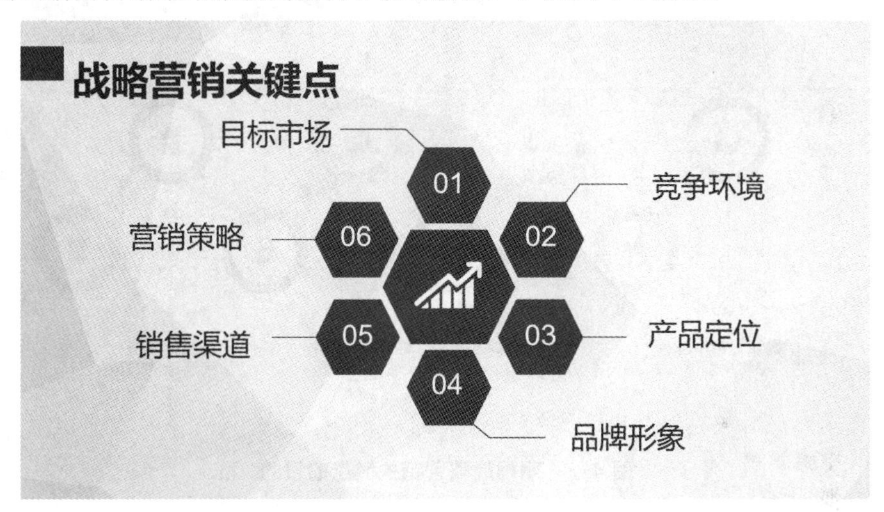

图 4-1　战略营销关键点

1. 战略营销关键点的定义

战略营销关键点是企业在制定和实施战略营销计划时所关注的重要方面和要素。这些关键点可以帮助企业确定其目标市场、竞争环境、产品定位、品牌形象、销售渠道等重要因素，从而有效地规划和实施战略营销活动。战略营销关键点包括但不限于：

（1）目标市场：企业需要明确自己想要服务的目标市场，了解市场需求、消费习惯、购买力等因素，以便制定相应的营销策略。

（2）竞争环境：企业需要了解自己所处的行业竞争环境，包括竞争对手的数量、实力、优势和劣势等，以便制定相应的差异化营销策略。

（3）产品定位：企业需要确定自己的产品在市场中的定位，包括产品的品质、特性、价格等因素，以便制定相应的营销策略。

（4）品牌形象：企业需要建立自己的品牌形象，包括品牌的名称、标志、口号、宣传语等要素，以便提高消费者的品牌认知度和忠诚度。

（5）销售渠道：企业需要选择合适的销售渠道，包括线上和线下渠道，以便将产品推向市场并实现销售目标。

（6）营销策略：企业需要根据目标市场、竞争环境、产品定位、品牌形象和销售渠道等因素，制定相应的营销策略，包括广告宣传、促销活动、公关活动等。

2. 明确战略营销关键点的目的

明确战略营销关键点的目的是帮助企业制定营销计划，以实现营销战略目标。在实施中，必须注意识别环境的发展趋势，对内部和外部环境进行综合的战略环境分析，根据顾客需求上的差异，对某个产品或服务的市场逐一细分，经过比较和分析，选择一个或多个细分市场作为目标市场，并制定相应的营销策略和计划。图 4-2 所示为明确战略营销关键点的目的。

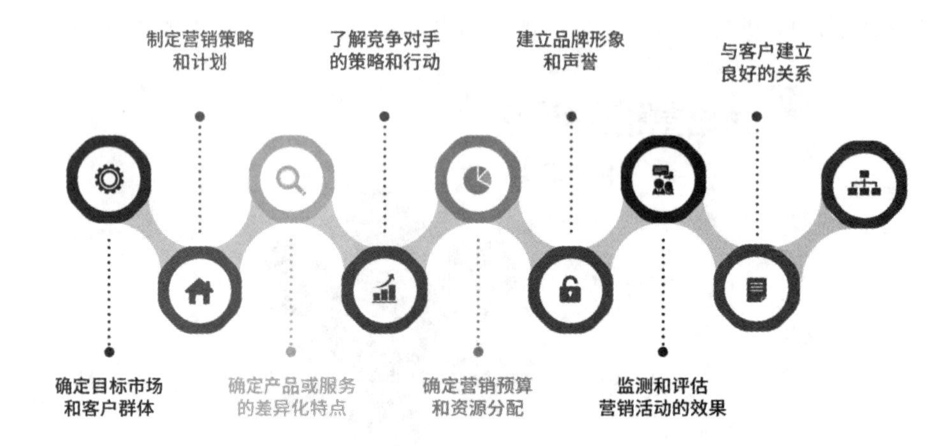

图 4-2 明确战略营销关键点的目的

（1）确定目标市场和客户群体，以便更好地满足客户的需求。通过了解客户的需求和偏好，企业可以制定更有针对性的营销策略，提高产品或服务的销售量和市场份额。

（2）制定营销策略和计划，以实现企业的营销目标。通过明确战略营销关键点，企业可以制定更加系统和全面的营销计划，包括产品定位、定价、渠道选择、促销活动等方面，从而实现企业的营销目标。

（3）确定产品或服务的差异化特点，以便在市场上获得竞争优势。通过了解竞争对手的产品和服务特点，企业可以确定自己的差异化优势，并制定相应的营销策略，提高产品的竞争力和市场占有率。

（4）了解竞争对手的策略和行动，以便更好地制定自己的营销策略。通过分析竞争对手的市场表现和营销策略，企业可以及时调整自己的营销策略，保持市场领先地位。

（5）确定营销预算和资源分配，以确保营销活动的顺利实施。通过明确战略营销关键点，企业可以制定合理的营销预算和资源分配方案，确保营销活动的顺利实施，并达到预期的效果。

（6）建立品牌形象和声誉，以提高企业的知名度和信誉度。通过明确战略营销关键点，企业可以建立良好的品牌形象和声誉，提高消费者对企业的认知度和信任度，从而增加销售额和市场份额。

（7）监测和评估营销活动的效果，以便及时调整和改进营销策略。通过明确战略营销关键点，企业可以建立科学的营销监测体系，及时了解市场变化和客户反馈信息，并根据实际情况调整和改进营销策略。

（8）与客户建立良好的关系，以提高客户忠诚度和满意度。通过明确战略营销关键点，企业可以建立与客户的良好关系，提供优质的产品和服务，增强客户的忠诚度和满意度，从而促进企业的长期发展。

3. 制定战略营销关键点的规划

制定战略营销关键点的规划是任何成功的市场营销策略的重要组成部分。首先，需要明确目标市场和客户群体，包括客户的地理位置、年龄、性别、收入水平、购买习惯等信息。其次，商家需要理解竞争对手，了解竞争对手的优势和劣势，以及竞争对手的市场份额。然后，商家需要确定产品或服务的独特卖点（USP），这将帮助商家在竞争激烈的市场中脱颖而出。如图 4-3 所示。

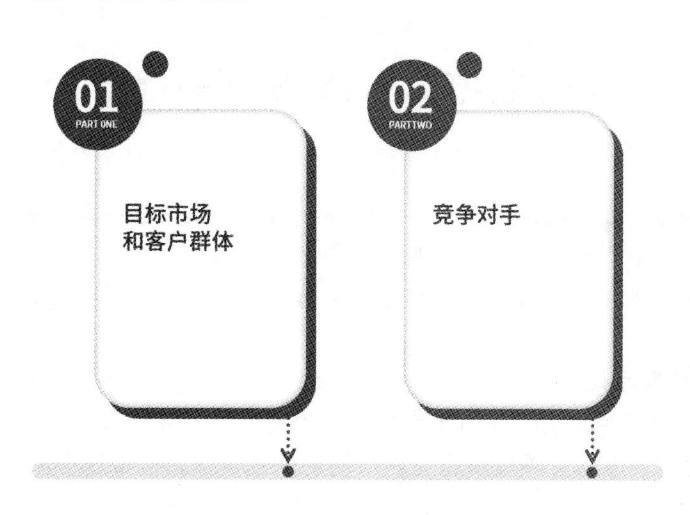

图 4-3　制定战略营销关键点的规划

（1）目标市场和客户群体

目标市场和客户群体是指商家希望吸引的潜在客户的总体描述。这些客户可能具有相似的特征，如年龄、性别、地理位置、收入水平、职业等。确定目标市场和客户群体是制定有效的营销策略的关键步骤之一。

要确定目标市场和客户群体，商家需要进行市场调研和分析，收集关于潜在客户的信息，如客户的需求、偏好、购买习惯等。通过这些信息，商家可以更好地了解潜在客户，从而制定更有效的营销策略。

在确定目标市场和客户群体时，商家需要考虑多个因素，如人口统计数据、社会文化因素、经济因素等。同时，商家还需要确保目标市场和客户群体是真实存在的，而不是虚构的。

一旦确定了目标市场和客户群体，就可以开始制定有针对性的营销策略。这些策略可能包括定位产品或服务、定价策略、促销活动、广告宣传等方面。通过针对特定目标市场和客户群体的营销策略，可以更好地满足客户的需求，提高销售量和市场份额。

（2）竞争对手

注重品牌客户感受处理，致力于发展客户满意度和改进客户服务，积极营造品牌文化，增强客户服务体验，满足消费者对服务的日益增高的要求。

直接竞争对手是指在同一市场上销售相同或类似产品或服务的企业或品牌。这些企业或品牌通常会争夺同一客户群体和市场份额。

间接竞争对手是指在不同市场或产品线上提供类似产品或服务的企业或品牌。这些企业或品牌可能会通过不同的渠道吸引同一客户群体，从而对商家的销售产生影响。

了解竞争对手的情况对于制定有效的营销策略非常重要。通过了解竞争对手的优势和劣势、市场份额、定价策略等信息，商家可以更好地定位产品或服务，并找到与竞争对手不同的差异化点。同时，商家还可以利用竞争对手的数据来优化营销策略，提高销售量和市场份额。

技能点二　市场份额关键点

即使产品和服务在市场上具有了一定的市场份额，商家也应该继续致力于提高产品质量和客户服务水平，以赢得更多客户的信任和支持。

目前，常见的市场份额分析方式有总体运营指标、网站流量指标、产品销售指标、客户行为指标等方法。

1. 市场份额的定义

市场份额是指某企业某一产品（或品类）的销售量（或销售额）在市场同类产品（或品类）中所占比重。市场份额反映企业在市场上的地位。通常市场份额越高，竞争力越强。如图 4-4 所示。

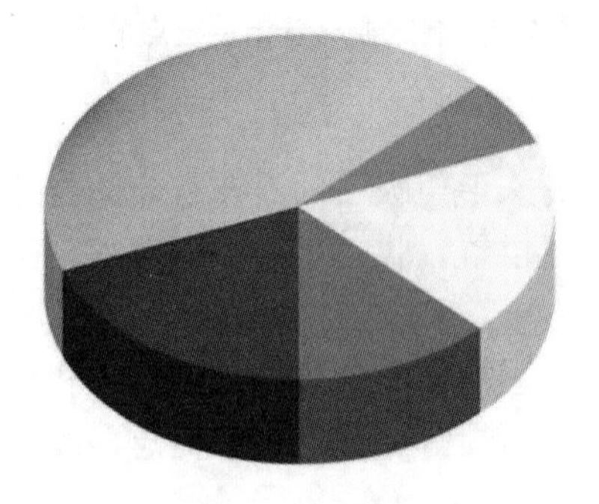

图 4-4　市场份额

2. 总体运营指标

网店总体运营指标包括流量、订单、总体销售业绩、整体指标等。其中，流量是指访问店铺网站的访客数量，订单是指店铺内所有商品的销售量，总体销售业绩是指店铺内所有商品的总销售额，整体指标是指商家的电商平台的整体运营情况，如图 4-5 所示。

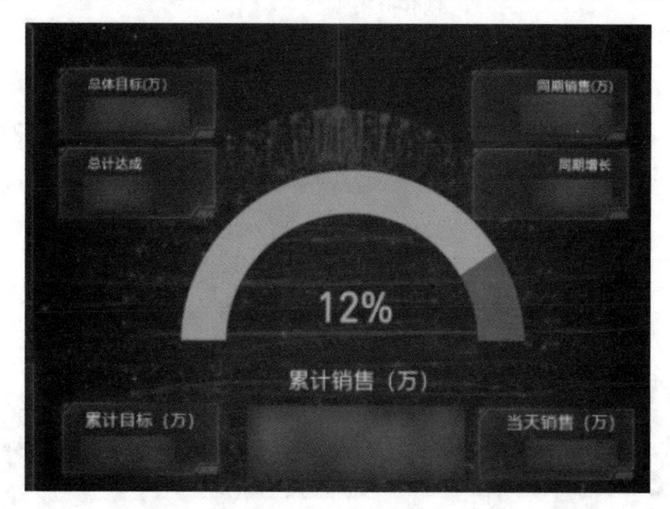

图 4-5　总体运营指标

（1）流量分析

包括独立访客数（UV）、页面浏览量（PV）、跳出率等，如图 4-6 所示。

商品访客数	商品微详情访客数	商品浏览量	商品平均停留时长	商品跳失率
22,994	882	101,838	7.94	58.56%
较前1日 15.11% ↓	较前1日 20.16% ↑	较前1日 15.52% ↓	较前1日 3.05% ↓	较前1日 1.21% ↓
商品收藏买家数	加购人数			
1,257	2,132			
较前1日 18.32% ↓	较前1日 15.66% ↓			

图 4-6　流量分析

（2）订单分析

包括订单量、订单转化率、客单价等，如图 4-7 所示。

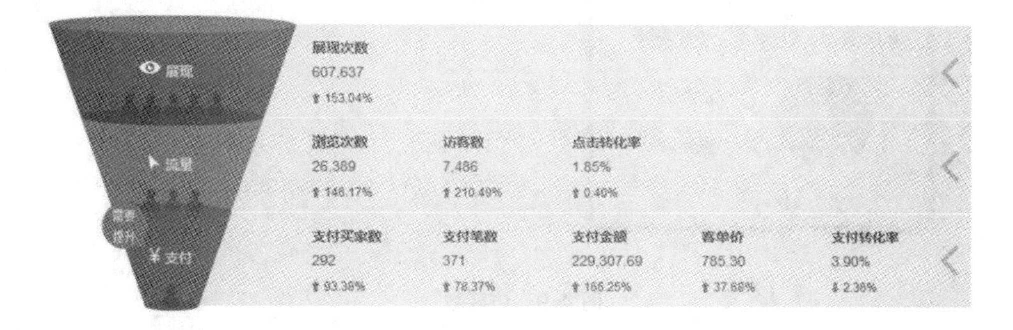

图 4-7　订单分析

（3）销售业绩分析

包括销售额、利润率等，如图 4-8 所示。

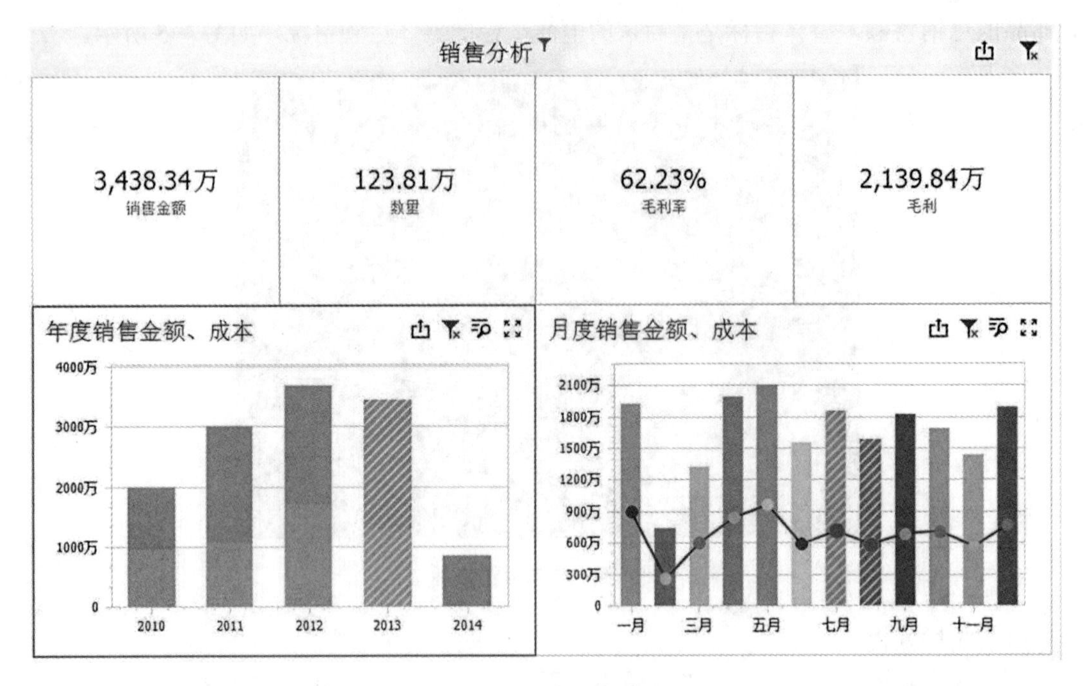

图 4-8 销售业绩分析

3. 网站流量指标

网站流量指标包括独立访客数 UV（Unique Visitor）和页面浏览量 PV（Page View）。其中，UV 是指独立访客数，即某站点被多少台电脑访问过。PV 是指页面访问量，即用户每次刷新页面被计算一次。

（1）独立访客数（UV）

反映网站的访问量，即有多少个不同的用户访问了网站，如图 4-9 所示。

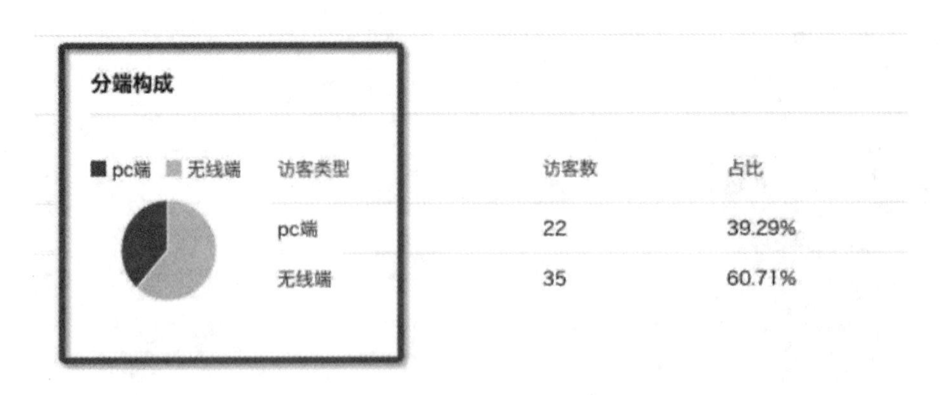

图 4-9 访客数

（2）页面浏览量（PV）

反映网站的页面被多少次打开，即每个页面被多少人看过，如图 4-10 所示。

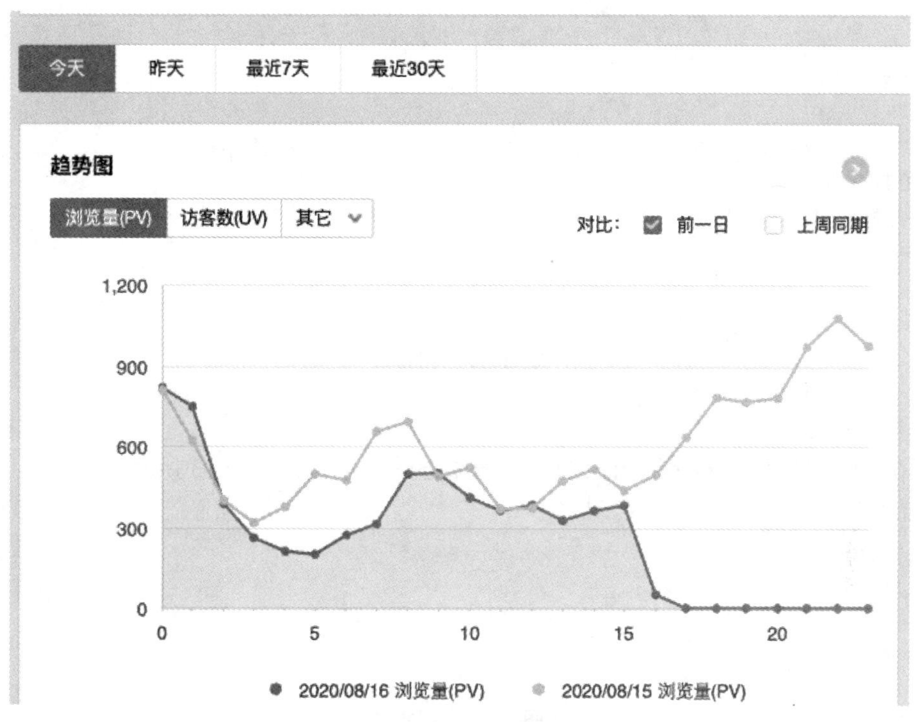

图 4-10　页面浏览量

（3）跳出率

反映用户在进入网站后只浏览了一个页面就离开了的比例，如图 4-11 所示。

（4）平均访问时长

反映用户在网站上停留的时间长短，如图 4-11 所示。

图 4-11　跳出率及平均停留时长

4. 产品销售指标

网店产品销售指标包括销售额、销售量、销售利润、销售毛利率、销售回款率等。其中，销售额是最重要的指标，它反映了网店的总体经营状况和盈利能力，其他指标如销售量、销售利润、销售毛利率等则可以反映网店的经营质量和效益。

（1）销售额

指在一定时间内，网店所售出的商品或服务的总金额，如图 4-12 所示。

经营计划 设置经营目标

本月销售情况
目标 10000.0 元
已完成 8900.0 元

32.04%
完成进度
全年销售情况
目标 83000.0 元
已完成 26590.22 元

图 4-12 销售额

（2）销售量

指在一定时间内，网店所售出的商品或服务的数量。如图 4-13 所示。

图 4-13 销售量

（3）销售利润

指在一定时间内，网店所售出的商品或服务的总收入减去成本后的利润，如图 4-14 所示。

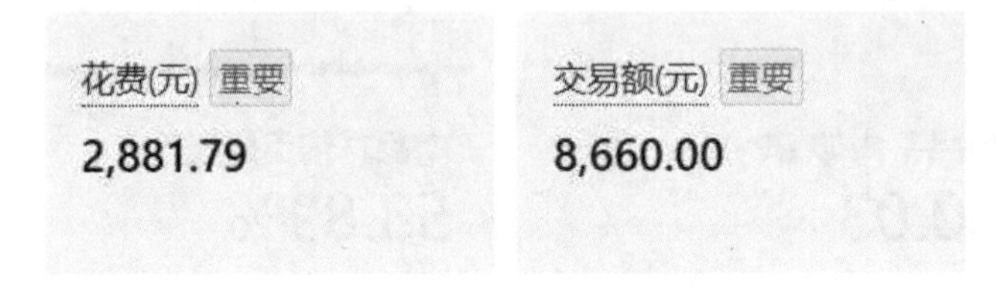

图 4-14 销售利润

（4）销售毛利率

指在一定时间内，网店所售出的商品或服务的毛利润占总收入的比例。

（5）销售回款率

指在一定时间内，客户已经支付的货款占应收账款的比例。

5. 客户行为指标

网店客户行为指标是指对网店客户的购买行为进行统计和分析的一系列指标。常见的网店客户行为指标包括：

（1）访问量：指网店每天或每月的访问次数。

（2）转化率：指从访问到下单的人数占总访问人数的比例。

（3）客单价：指每个订单的平均金额。

（4）复购率：指在一定时间内，再次购买同一商品或服务的客户数量占总购买客户数量的比例。如图 4-15 所示。

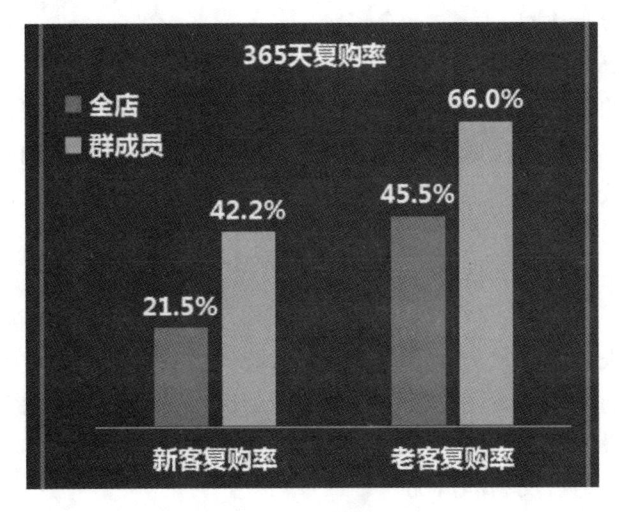

图 4-15　复购率

（5）退货率：指在一定时间内，退回商品的客户数量占总销售客户数量的比例。如图 4-16 所示。

图 4-16　退货率

技能点三　成本核算关键点

网店成本核算是指对网店的经营成本进行核算，包括显性成本和隐性成本。显性成本是指可以直接看到的成本，如进货成本、人工成本、物流成本等；隐性成本则是指不容易被直接看到的成本，如广告费用、推广费用、维护费用等。

1. 成本核算的定义

成本核算是指将企业在生产经营过程中发生的各种耗费按照一定的对象进行分配和归集，以计算总成本和单位成本。成本核算通常以会计核算为基础，以货币为计算单位。成本核算是成本管理的重要组成部分，对于企业的成本预测和企业的经营决策等存在直接影响。进行成本核算，首先审核生产经营管理费用，看其是否已经发生，是否应当发生，已发生的是否应当计入产品成本，实现对生产经营管理费用和产品成本直接的管理和控制。其次对已发生的费用按照用途进行分配和归集，计算各种产品的总成本和单位成本，为成本管理提供真实的成本资料。

2. 营销成本核算的目的

成本核算的目的是将企业在生产经营过程中发生的各种耗费按照一定的对象进行分配和归集，以计算总成本和单位成本。成本核算的正确与否，直接影响企业的成本预测、计划、分析、考核和改进等控制工作，同时也对企业的成本决策和经营决策的正确与否产生重大影响。

（1）保证网店正常运作和持续发展

营销成本管理，关键在于精打细算。店铺的流动资金、产品的库存状况，皆受其影响。若增加营销投入而未加控制，势必阻碍网店整体营销体系的健康发展。明确营销成本后，可预算出在当前市场份额下，团队组建和推广费用应占的比例，并指定采购对应成本的产品，从而实现效益最大化。

（2）预测网店的销售及利润情况

精心策划的营销成本核算，如同良驹配好鞍，能帮助在采购商品时锁定合理的售价。通过精细计算营销成本与产品成本，得以预见网店的未来利润，确保目标如期实现。然而，预测未来并非易事，还需结合实际情况灵活应变。

假设 A 店铺卖运动鞋，库存 1000 双，每双鞋的成本为 50 元，总成本为 50000 元。假设毛利率是 20%，可以算出每双鞋的售价为 65 元，所以库存全清的情况下，其销售额目标可定为 65000 元，毛利润为 15000 元，如表 4-1 所示。

表 4-1　毛利计算

产品	库存量	单个成本	总成本	毛利率	销售额目标	毛利润
运动鞋	1000 双	50 元/双	50000 元	20%	65000 元	15000 元

（3）增加利润以及降低营销成本

电子商务已成为企业拓展业务、增加利润的重要渠道。然而，如何在激烈的市场竞争中脱颖而出，实现利润的最大化，成为许多网店经营者需要面对的问题。下面将探讨两种有效的策略——创新营销和成本优化，以帮助网店提高利润并降低营销成本。

1）创新营销：打造独特的品牌形象

让消费者记住网店是至关重要的。因此，创新营销策略尤为关键。以下是一些建议：

个性化营销：通过分析消费者的购买行为、偏好和需求，制定个性化的营销策略，提高转化率。

社交媒体营销：利用社交媒体平台如微信、微博、抖音等，进行宣传推广，吸引更多潜在客户。

内容营销：创作高质量的内容，如博客文章、视频教程、产品评测等，提升品牌影响力和用户黏性。

活动策划：举办各类线上活动，如限时折扣、满减优惠、抽奖活动等，刺激消费者购买欲望。

2）成本优化：提高运营效率

降低成本是提高利润的关键。以下是一些建议：

优化供应链管理：与供应商建立长期合作关系，确保原材料价格合理；采用集中采购策略，降低采购成本。

精简仓储物流：合理规划仓库布局，提高仓储空间利用率；选择合适的物流服务商，降低运输成本。

自动化技术应用：引入自动化系统和技术工具，提高生产效率；优化库存管理，减少库存积压。

数据分析驱动决策：运用大数据和人工智能技术分析销售数据，了解市场需求；根据数据调整产品线和定价策略。

3. 制定营销成本关键点的规划

制定营销成本关键点的规划需要全面考虑各种因素，并根据实际情况进行合理的预算分配。同时，还需要不断地监测和调整营销策略，以确保其效果最大化。

（1）产品特点和定位

了解产品的特点和定位，确定产品的差异化优势和目标客户群体，以便制定针对性的营销策略和预算计划。

（2）渠道选择

根据产品特点和目标客户群体，选择合适的营销渠道，如线上渠道、线下渠道或多渠道组合，以便控制营销成本并提高营销效果。

（3）营销活动策划

根据目标市场和客户群体的需求，策划各种营销活动，如广告宣传、促销活动、公关活动等，以便吸引潜在客户并提高销售额。

（4）预算计划和管理

制定详细的营销预算计划，包括各项费用的具体数额和时间安排，以便控制营销成本并确保预算执行的有效性。同时，建立完善的预算管理制度，对预算执行情况进行监控和评估，及时调整预算计划。

（5）数据分析和优化

通过数据分析工具对营销活动的效果进行监测和评估，发现问题并及时进行优化调整，以便提高营销效果和降低营销成本。

（6）人员成本控制

人员成本是企业运营中的一项重要成本，控制好人员成本对企业的盈利能力至关重要。

企业可以通过招聘策略优化、绩效考核制度建立、培训和发展计划、岗位职责明确、节约办公费用、灵活用工等方式，有效地控制人员成本，提高企业的盈利能力。需要注意的是，在控制人员成本的同时，也要保证员工的工作积极性和满意度，以促进企业的长期发展。

（7）完善网店的成本管理体系

完善网店的成本管理体系可以帮助企业更好地控制成本，增加盈利能力。

企业可以通过建立成本核算体系、采用科学的预算管理方法、加强供应链管理、提高效率降低浪费、采用信息化手段等方法，来完善网店的成本管理体系需要全面考虑各种因素，并采取相应的措施来实现。

技能点四　品牌宣传关键点

品牌宣传是指通过各种渠道和手段来推广和传播企业的品牌形象和价值，以提高品牌知名度、美誉度和市场份额。

1. 品牌宣传关键点的定义

品牌宣传关键点的选择和实施对于提高品牌知名度、美誉度和市场份额具有重要作用。企业需要根据自身特点和目标受众选择合适的关键点，并注重创新和差异化，以提高品牌的竞争力和影响力。

2. 明确品牌宣传关键点的目的

明确品牌宣传关键点的目的是在进行品牌宣传时更有针对性，以达到提高品牌知名度、美誉度和市场份额的目的。

企业可以通过提高品牌知名度、塑造品牌形象、增加消费者信任度、促进销售增长、建立长期关系等来展开对品牌的宣传。

3. 品牌宣传关键点的规划

（1）品牌定位

品牌定位指为某个特定品牌确定一个适当的市场位置，使商品在消费者的心中占领一个特殊的位置，当某种商品占据了这个特殊的位置，就能够获得更多的利润和市场份额。

（2）品牌形象设计

品牌形象设计是指企业在市场定位和产品定位的基础上，对特定的品牌在文化取向及个性差异上的商业性决策。它是建立与目标市场有关的品牌形象的过程和结果。品牌形象设计主要包括品牌的名称、标识物和标识语的设计，它们是该品牌区别于其它品牌的重要标志。

（3）品牌的创新与文化

品牌创新和文化是两个不同的概念，但是它们之间有着密切的联系。品牌创新是指企业在产品、服务、营销等方面进行的创新，以提高品牌知名度和市场占有率。而文化则是指一个企业或组织所代表的价值观念、信仰、行为准则等，是企业文化的核心部分。

品牌创新和文化已经成为推动企业发展的重要因素。通过品牌创新，企业可以更好地满足消费者需求，提高产品质量和服务水平；而通过塑造企业文化，企业可以更好地传递自己的价值观念和信仰，增强员工凝聚力和归属感。

（4）品牌形象建设及维护

品牌形象建设及维护是企业发展中的重要环节。塑造品牌形象可通过五个途径：企业内部员工牢固树立塑造品牌形象的理念；提高产品质量，改善服务水平；引入文化因素，导入消费者情感；突出特色，勇于创新；重视公关和广告。品牌形象的维护要在四个方面进行：随时维护品牌形象的核心价值，不断提升产品质量，不断创新，诚信度管理。

任务介绍

对于消费者来说，延迟发货可能会带来不便和不满，甚至会影响他们的购物体验和信任度。因此，商家应该尽量避免延迟发货的情况发生，并及时与消费者沟通解决。如果确实无法避免延迟发货，商家也应该提供相应的补偿措施，以缓解消费者的不满情绪。

图 4-17 所示为某网店上订单的详情，右边是所发快递官网上的发货记录，是否存在未按照约定时间发货的情况？

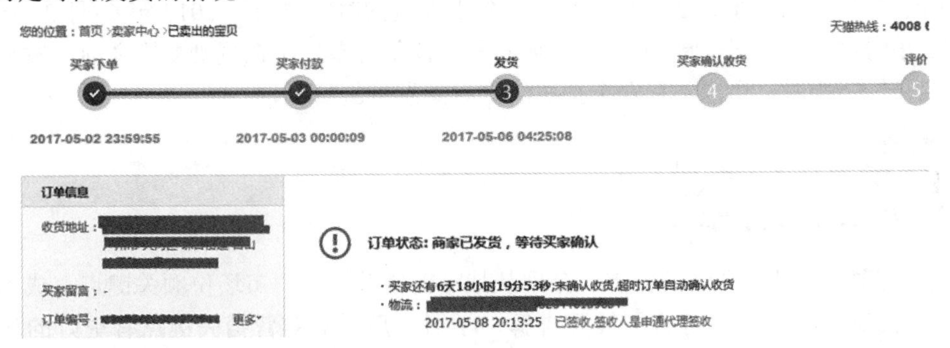

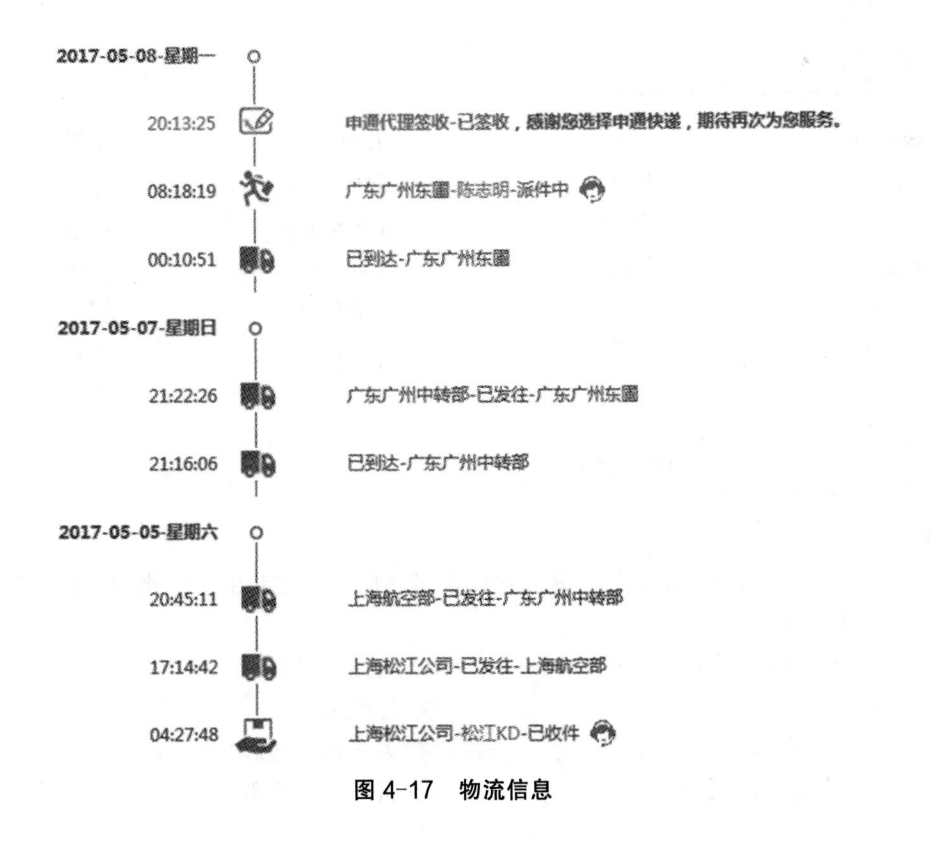

图 4-17　物流信息

第一步：确定付款时间

观察图 4-17 所示物流信息，可以总结出客户下单时间是 2017 年 5 月 2 日 23 点 59 分 55 秒，付款时间是 2017 年 5 月 3 日凌晨 9 秒，发货时间是 2017 年 5 月 6 日 4 点 25 分 8 秒。

第二步：确定揽收时间

观察图 4-17 可以总结出，揽收时间为 2017 年 5 月 5 日 4 点 27 分 48 秒。

第三步：计算发货时长

揽收时间减去付款时间等于发货时长，计算如下：

2017 年 5 月 5 日 4 点 27 分 48 秒-2017 年 5 月 3 日凌晨 9 秒=52 小时 27 分 39 秒

第四步：结论

本次发货共用 52 小时 27 分 39 秒，但延迟发货的时间要求于 2017 年 6 月 25 日由原来的 72 小时内发货正式变更为 48 小时内发货，此笔订单发生在规则变更之前，发货时长并没有超过 72 小时，所以不存在未按照约定时间发货的情况。

本项目课程介绍了营销关键点，分别从战略营销关键点、市场份额关键点、成本核算关键点、品牌宣传关键点等方面展开讲解，学习之后能够对营销关键点有更好的认识与理解。

feature	属性	flow	流量
advantage	作用	behavior	行为
benefit	益处	objective	目的
rule	法则	overall	总体
strategy	战略	publicize	宣传
formulate	制定	plan	规划

1. 单选题

（1）（　）是指与商品相关的、消费者搜索量高的词，主要用来优化商品标题，提高被消费者搜索到的概率。

A. 核心关键词　　B. 属性关键词

C. 长尾关键词　　D. 热搜词

（2）（　）强调满足消费者的需求，关注消费者在消费过程中的心理体验。

A. 宝贝定向人群　　B. 店铺定向人群

C. 行业定向人群　　D. 基础属性人群

（3）图文营销时，商家可以采取的营销策略技巧不包括（　）。

A. 针对不同的商品类目，设计对应的消费者感兴趣的内容进行营销

B. 多渠道投放

C. 与淘宝达人合作

D. 发布短视频

（4）短视频标题的类型不包括（　）。

A. 比较类标题　B. 基础类标题　C. 场景感类标题　D. 适当渲染类标题

（5）以下选项中，属于抖音引流方式的是（　）。

A. 广告引流　　B. 利用抖音矩阵引流

C. 利用评论和私信引流　　D. 以上选项皆属于

2. 填空题

（1）__________是指未知的、没有恶性竞争的新兴市场。

（2）商品定价的策略包括基于成本定价、_________________和_________________。

（3）__________是指消费者有目的地、主动地访问相关页面所产生的流量。

（4）__________是属于单个个体或者网店的流量。

（5）__________指消费者只访问了入口页面就离开的访问量占总访问量的百分比。

3. 简答题

（1）简述 FAB 法则的定义。

（2）简述品牌宣传关键点的规划。

项目五　盈利关键点

盈利关键点是指企业在经营过程中实现盈利的关键因素。反映公司盈利能力的指标很多，通常使用的主要有销售净利率、销售毛利率、资产净利率、净资产收益率等。针对商业计划书来说，盈利关键点应该主要反映投资人所关注的指标，着重披露净投资回报率、总投资回报率、销售净利率和销售毛利率等。在任务实施过程中：

- 了解店铺核心竞争力；
- 熟悉天猫的权重细分；
- 掌握产品的卖点提炼；
- 掌握客户的购物体验。

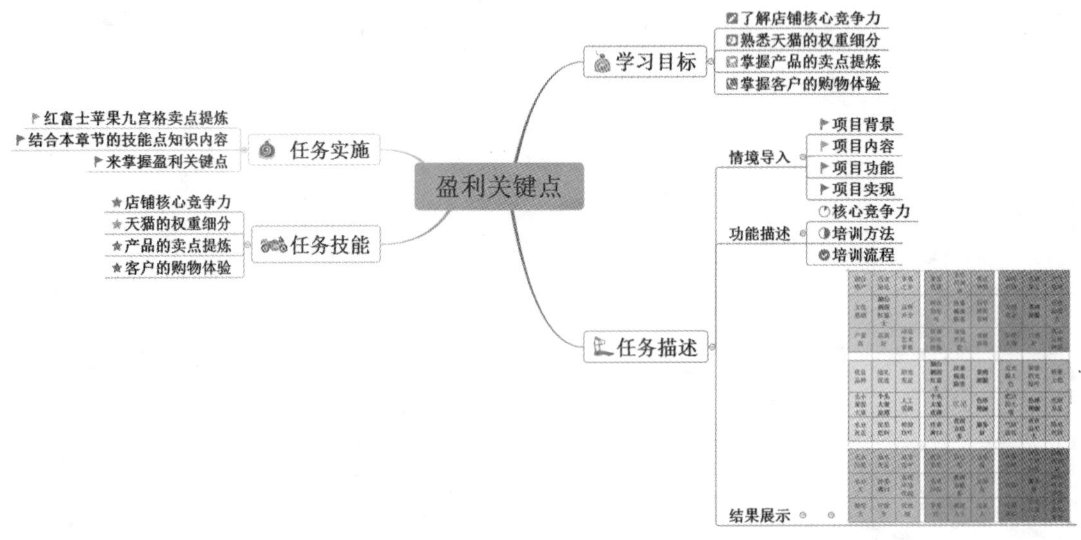

通过本门课程的学习，加深对盈利关键点的理解和认知，通过学习盈利关键点，激发学生的学习兴趣，鼓励学生运用专业技能服务社会、回报祖国。贯彻二十大精神，全面推进乡村振兴。全面建设社会主义现代化国家，最艰巨最繁重的任务仍然在农村。坚持农业农村优先发展，坚持城乡融合发展，畅通城乡要素流动。加快建设农业强国，扎实推动乡村产业、人才、文化、生态、组织振兴。

【情境导入】

某电商公司名为“某某生态”，主要经营各类绿色环保产品，如太阳能光伏产品、新能源汽车充电设备、智能家居等。随着政策对环境保护和可持续发展的重视，以及消费者对绿色产品的日益认可，某某生态公司在市场上取得了良好的口碑和业绩。

为了更好地满足客户需求，提高销售额，某某生态公司计划进行一次全面的盈利模式优化。

产品定位：继续专注于绿色环保产品，同时关注市场需求的变化，适时推出符合市场趋势的产品，以提高市场份额。

价格策略：根据成本、竞争对手和市场需求制定合理的定价策略。可以考虑采用分层定价、捆绑销售等方式，吸引不同消费群体。

营销策略：加强线上线下的营销推广，利用社交媒体、短视频平台等多种渠道进行宣传，提高品牌知名度和美誉度。此外，可以与相关行业协会、企业合作，共同举办绿色环保活动，扩大影响力。

服务质量：提供优质的售前咨询、售后服务，确保客户满意度。可以通过建立客户关系管理系统，定期收集客户反馈，及时改进产品和服务。

物流优化：与可靠的物流公司合作，确保商品能够及时、安全地送达客户手中。可以考虑采用自有物流或第三方物流的结合方式，降低物流成本。

数据分析：通过对销售数据、用户行为数据等进行深入分析，了解客户需求和市场变化，为盈利模式优化提供依据。

本项目主要通过对店铺核心竞争力、天猫的权重细分、产品的卖点提炼、客户的购物体验的介绍，学习盈利关键点。

【任务描述】

- 店铺核心竞争力；
- 天猫的权重细分；
- 产品的卖点提炼；

- 客户的购物体验。

技能点一　店铺核心竞争力

店铺核心竞争力是指企业或店铺在市场竞争中具有的独特优势和能力，使其在同类产品或服务中脱颖而出，成为消费者最优先选择的对象。如图 5-1 所示。

店铺核心竞争力

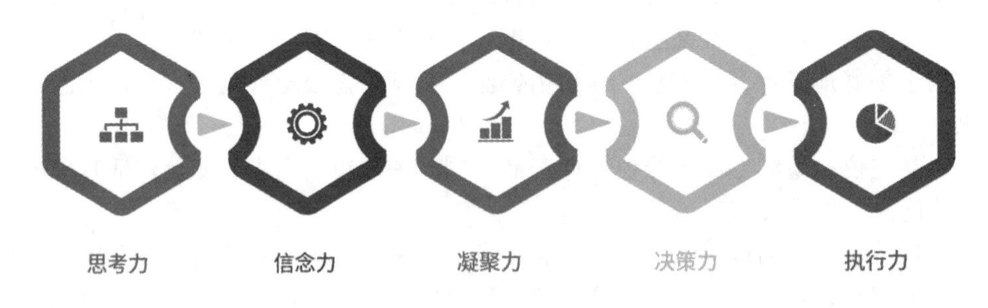

图 5-1　店铺核心竞争力

1. 思考力

思考力是指个体在解决问题、做出决策和进行创新时所表现出来的思维能力。它是智力的重要组成部分，是人们在日常生活中必不可少的技能之一。如图 5-2 所示。

图 5-2　思考力

（1）思考力包括以下几个方面

1）逻辑思维能力

逻辑思维能力是指正确、合理思考的能力。它包括对事物进行观察、比较、分析、综合、抽象、概括、判断、推理等能力，采用科学的逻辑方法，准确而有条理地表达自己的思维过程的能力。

2）创造性思维能力

创造性思维能力是指有主动性和创见性的思维，通过创造性思维，不仅可以提示客观事物的本质、规律和特点，而且可以发现新的事物、新的现象和新的规律。创造性思维是一种具有开创意义的思维活动，即开拓人类认识新领域、开创人类认识新成果的思维活动。创造性思维是以感知、记忆、思考、联想、理解等能力为基础，以综合性、探索性和求新性为特征的高级心理活动，需要人们付出艰苦的脑力劳动。

3）批判性思维能力

批判性思维能力是指对信息和观点进行深入的分析、评估和推理的能力。这种思维能力使人们能够辨别信息的真伪，识别错误的观点，并提出自己的见解和结论。批判性思维能力是解决问题、做出决策和判断的重要工具，也是提高个人素质和职业能力的关键因素之一。

4）系统性思维能力

系统性思维能力是指能够将一个复杂的问题或现象分解为各个组成部分，并理解它们之间的相互关系和作用。这种能力需要对问题进行全面的分析、归纳和总结，以便更好地理解和解决问题。系统性思维能力对于解决复杂问题、创新和发展具有重要作用。

5）创新性思维能力

创新性思维能力是指能够产生新的想法、观点和解决方案的能力。这种能力需要具备开放的思维方式，能够接受不同的观点和想法，并将它们与已有的知识结合起来进行创造性的思考。创新性思维能力对于推动社会进步、提高竞争力和解决复杂问题具有重要作用。

（2）思考力对网店运营的意义

思考力是网店运营中不可或缺的一部分。它可以帮助店主更好地了解消费者需求和市场趋势，从而制定更有效的营销策略和经营计划。通过深入思考，店主可以发现新的营销机会和创意，例如利用社交媒体进行宣传、开展限时促销活动等，从而提高销售额和品牌知名度。此外，思考力还可以帮助店主优化经营计划和预算，避免浪费资源和不必要的开支，提高经营效率和盈利能力。随着市场环境的变化，思考力也可以帮助店主及时调整经营策略和产品定位，以适应市场变化并保持竞争优势。因此，具备强大的思考能力对于网店运营的成功至关重要。

2. 信念力

信念力是指人们对自己的想法观念及其意识行为倾向，强烈的坚定不疑的确信与信任。信念力是一种情感、认知和意志的有机统一体，是人们在一定的认知基础上确立的对某种思想或事物坚信不疑并身体力行的态度。

（1）信念力包括以下几个方面

1）价值观

价值观是基于人的一定的思维感官之上而做出的认知、理解、判断或抉择，也就是人认定事物、辩定是非的一种思维或取向，从而体现出人、事、物一定的价值或作用。价值观具有稳定性和持久性、历史性与选择性、主观性的特点。

2）目标

目标是指一个人或组织为实现某种愿望、达成某种成就而制定的具体计划和行动方案。目标可以是短期的，也可以是长期的，可以是个人的，也可以是组织的。

3）意志力

意志力是指一个人在面对困难、挫折和诱惑时，能够保持自己的决心和毅力，坚持自己的目标和信念，不轻易放弃。

（2）信念力对网店运营的意义

在网店运营中，信念力可以帮助店主坚持自己的目标和信念，不轻易放弃。例如，当店主遇到困难时，如果他有强烈的信念力，他会更加努力地克服困难，继续经营网店。此外，信念力还可以帮助店主保持积极的心态，增强自信心和自我效能感。

3. 凝聚力

凝聚力是指一个群体中成员之间的互相吸引和团结的力量。它可以使群体中的成员更加紧密地联系在一起，共同为实现群体的目标而努力。在组织管理中，凝聚力是一个非常重要的因素，它可以促进员工之间的合作和协作，提高组织的效率和绩效。

（1）凝聚力包括以下几个方面

1）共同的目标和价值观

共同的目标和价值观是凝聚力的重要表现之一。当群体成员拥有共同的目标和价值观时，会更容易地相互理解和协作，因为他们有共同的方向和目标。这种共同性可以促进群体内部的团结和凝聚力，使群体更加稳定和有力。

2）互相信任和尊重

互相信任和尊重是凝聚力的重要表现之一。当群体成员之间建立起互相信任和尊重的关系时，会更容易地相互理解和协作，因为他们相信彼此的能力和诚信。这种信任和尊重可以促进群体内部的团结和凝聚力，使群体更加稳定和有力。

3）有效的沟通和合作

有效的沟通和合作是凝聚力的重要表现之一。当群体成员之间进行有效的沟通和合作时，可以更好地理解彼此的想法和需求，从而更容易地协调彼此之间的行动。这种有效的沟通和合作可以促进群体内部的团结和凝聚力，使群体更加稳定和有力。

4）共同的经历和体验

共同的经历和体验是凝聚力力的重要表现之一。当群体成员之间拥有共同的经历和体验时，会更容易地建立起情感联系，从而增强彼此之间的凝聚力。

5）共同的文化背景和社会环境

共同的文化背景和社会环境是凝聚力力的重要表现之一。当群体成员来自相同的文化背景和社会环境时，会更容易地理解彼此的行为和想法，从而建立起情感联系，增强彼此之间的凝聚力。

（2）凝聚力对网店运营的意义

凝聚力对网店运营的意义非常重要。一个具有良好凝聚力的团队可以有效地合作，协调工作，提高工作效率和质量，从而使网店更加成功地运营。以下是凝聚力对网店运营的具体意义：

1）提高员工士气：当员工感到自己被团队认可和尊重时，他们的士气会提高，更加投入工作。这将有助于提高员工的工作质量和效率。

2）促进沟通和协作：良好的凝聚力可以帮助员工之间更好地沟通和协作，避免出现误解和冲突，从而提高团队的工作效率和质量。

3）增强归属感和认同感：当团队成员感到自己是一个团队的一部分时，他们会更愿意为团队的目标和利益而努力。这种归属感和认同感可以促进员工的忠诚度和稳定性。

4）提高创新能力：当团队成员之间有良好的凝聚力时，他们更容易分享想法和经验，从而激发创新思维和创造力，推动网店的发展。

4. 决策力

决策力是指一个人或组织在面对复杂问题时，能够迅速、准确地做出明智的决策的能力。这种能力需要基于对问题的理解和分析，以及对各种选择和后果的评估和权衡。

在商业领域中，决策力是成功的关键之一。企业领导者需要具备决策力来制定战略计划、管理风险、优化资源分配等。同时，员工也需要具备决策力来解决日常工作中的问题，提高工作效率和质量。如图 5-3 所示。

图 5-3　决策力

（1）决策力包括以下几个方面

1）信息收集和分析能力

信息收集和分析能力是指一个人或组织获取、处理和解释信息的能力。在现代社会中，信息已经成为了一种重要的资源，对于决策和行动具有至关重要的作用。因此，具备良好的信息收集和分析能力是非常重要的。

2）逻辑思维和推理能力

逻辑思维和推理能力是指一个人或组织在处理信息时，能够运用一定的规则和方法，进行分析、归纳、演绎等思维活动的能力。这种能力可以帮助人们更好地理解问题、解决问题，并做出正确的决策。

3）权衡利弊的能力

权衡利弊的能力是指在做决策时，能够考虑到各种因素的利弊，从而做出最优的选择。这种能力需要我们在面对问题时，不仅要看到问题的表面，还要深入思考问题的本质和背后的原因。同时，还需要考虑到各种因素的影响，如时间、成本、风险等，以及它们之间的关系和相互作用。只有这样，才能做出明智的决策。

4）创新思维和解决问题的能力

创新思维和解决问题的能力是指在面对问题时，能够运用创造性的思维方式来寻找解决方案。这种能力需要具备开放的心态和积极的态度，不断探索新的思路和方法，并勇于尝试和实践。同时，还需要具备系统性和综合性的思考能力，能够将各种因素进行整合和分析，从而找到最优的解决方案。

5）领导和管理能力

领导和管理能力是组织能力中非常重要的技能，可以帮助领导者有效地管理和指导团队成员，实现组织的目标和愿景。领导和管理能力是一个长期的经验累积过程，需要不断学习和实践。通过不断地提高自己的领导和管理能力，可以更好地管理和发展团队，实现组织的目标和愿景。

6）沟通和协商能力

沟通和协商能力是在工作和生活中非常重要的能力，可以帮助人们更好地理解他人的需求、表达自己的想法，并在团队中达成共识。

（2）决策力对网店运营的意义

决策力对网店运营的意义非常重大，它是网店经营成功的关键所在。以下是几个方面的具体解释：

1）制定战略和计划：决策能力可以帮助网店店主制定长期的战略和短期的计划，以确保店主的网店能够持续发展并实现商业目标。包括确定目标市场、产品定位、销售渠道、营销策略等。

2）管理风险：在经营过程中，难免会遇到各种风险，如供应链问题、竞争压力、政策变化等。决策力可以帮助店主识别和管理这些风险，采取相应的措施，避免或减少损失。

3）提高效率：决策能力还可以帮助店主优化业务流程，提高工作效率。例如，通过优化供应链管理、采用自动化工具等，可以降低成本、提高生产效率。

4）创新和发展：决策能力可以帮助店主不断创新和发展，满足消费者的需求和期望。例如，推出新产品、改进服务、拓展新市场等。

5. 执行力

执行力是指将计划、决策和想法付诸实践的能力。在商业领域，执行力通常指的是能够有效地实现商业目标的能力。一个具有良好执行力的人或组织，不仅能够制定出明确的目标和计划，还能够迅速地将这些计划转化为实际行动，并通过不断地调整和优化来达成预期的结果。

（1）执行力包括以下几个方面

1）目标导向

目标导向（object orientated）是指为了达到目标所表现的行为的一种管理理论。这种理论认为，人有了动机就要寻找和选择目标，目标导向行为乃是寻求达到目标的过程。由强烈动机而产生的行为由目标导向行为与目标行为（直接满足需要的行为）两方面构成。这种理论强调，要达到任何一个目标，进入目标行为，都必须通过目标导向行为。为了使动机强度经常保持在较高的水平上，有效的办法是交替运用目标导向行为和目标行为。当一个目标达到时，马上提出一个新的更高的目标，并进入新的目标导向过程，从而使积极性始终保持在较高的水平上。

在商业领域，目标导向通常指的是企业或个人制定明确的目标，并采取相应的措施来实现这些目标的能力。

2）时间管理

时间管理是指有效地利用时间，以实现个人或组织的目标。在商业领域，时间管理通常指的是能够合理安排时间，高效地完成任务，避免浪费时间和资源的能力。

3）团队合作

团队合作是指一群人共同协作，以实现共同的目标。在商业领域，团队合作通常指的是一个组织内部的各个部门或团队之间相互协作，以实现企业整体目标的能力。

4）适应变化

适应变化是指在不断变化的环境中，能够灵活应对、调整自己的行为和思维方式，以适应新的情况和挑战的能力。在商业领域，适应变化通常指的是能够快速适应市场和技术的变化，以及不断创新和改进的能力。

（2）执行力对网店运营的意义

执行力是指将计划、决策和想法付诸实践的能力。在网店运营中，执行力是至关重要的因素之一，因为只有具备良好的执行力，才能够将计划变为现实，实现商业目标。

1）实现目标：执行力可以帮助网店实现商业目标，如增加销售额、提高客户满意度等。只有将计划转化为实际行动，才能实现这些目标。

2）提高效率：执行力可以帮助网店提高工作效率，减少浪费时间和资源的行为。例如，通过优化流程、使用自动化工具等，可以提高工作效率。

3）加强团队合作：执行力可以帮助网店加强团队合作，确保每个人都能够在自己的角色中发挥最大的作用。这有助于建立一个高效协作的工作环境。

4）适应变化：执行力可以帮助网店快速适应环境的变化，灵活应对各种情况，做出正确的决策和行动。在竞争激烈的市场中，只有能够迅速适应变化，才能够保持竞争力。

技能点二　天猫的权重细分

店铺权重是指淘宝根据各种数据的总结，对店铺做出的一个判断。平时搜索一件商品，搜索出来的排名越靠前的店铺权重就越大。如图 5-4 所示。

天猫的权重细分

01 PART ONE 店铺权重维度

02 PARTTWO 产品权重维度

图 5-4　天猫权重细分

1. 店铺权重维度

店铺的权重维度由店铺的各个细项组成，大致可分为： 店铺层级、店铺 DSR（Detail Seller Rating，服务评级系统）、主营占比、店铺好评率、店铺纠纷率、店铺上新率、店铺动销率、店铺滞销率、店铺高质量宝贝占比、参与公益宝贝、7+天无理由退换货、退货运费险、蚂蚁花呗、信用卡支付、订单险、账期保障等。

（1）店铺层级

天猫权重分为 7 层。天猫店铺层级是根据成交金额来划分的。天猫会根据近 30 天支付宝成交金额划分天猫店铺层级，且区分天猫和集市，如图 5-5 所示。

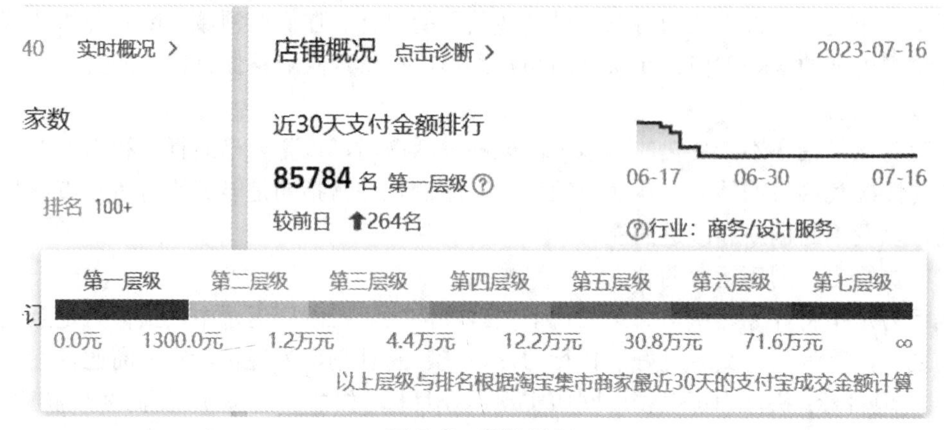

图 5-5 天猫层级

1）第一层级：指店铺近 30 天支付宝成交金额在该类目下已落后于 80%的商家，属于该类目成交额排名的后 40%。

2）第二层级：指店铺近 30 天支付宝成交金额在该类目下已落后于 85%的天猫商家，属于该类目成交额排名的后 10%。

3）第三层级：指店铺近 30 天支付宝成交金额在该类目下已落后于 86%的商家，属于该类目成交额排名的后 15%。

4）第四层级：指店铺近 30 天支付宝成交金额在该类目下已落后于 90%的商家，属于该类目成交额排名的后 20%。

5）第五层级：指店铺近 30 天支付宝成交金额在该类目下已落后于 91%的商家，属于该类目成交额排名的后 30%。

6）第六层级：指店铺近 30 天支付宝成交金额在该类目下已超过 95%的商家，属于该类目成交额排名的前 5%。

7）第七层级：指店铺近 30 天支付宝成交金额在该类目下已超过 99%的商家，属于该类目成交额排名的前 1%。

（2）店铺 DSR

DSR 主要由描述、服务和交付速度三个方面组成，如图 5-6 所示。

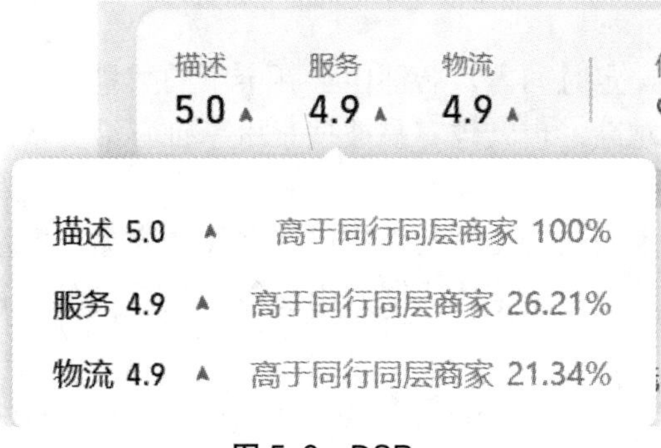

图 5-6　DSR

1）描述要求卖家实事求是，向买家展示商品的最真实情况，即商品是否正品。

2）客服是服务的主要考察对象，包括响应时间、礼貌用语、售后纠纷解决等。

3）发货速度包括发货时间、发货速度、快递服务态度、商品包装等。

（3）主营占比

将主营类目成交额排名按分位数分成 7 段，分别是 0%～40%，40%～70%，70%～85%，85%～90%，90%～95%，95%～99%，99%～100%。

（4）店铺好评率

店铺好评率是指买家在购买商品后对淘宝商家的好评比率。如果一个店铺的好评率较高，那么它的信誉度也会相应提高，这对于卖家来说是非常重要的。如图 5-7 所示。

图 5-7　好评率

（5）店铺纠纷率

店铺纠纷率是指在一定时间内，店铺内发生的退款纠纷的数量与总交易量的比例。如果店铺的纠纷率过高，会影响到店铺排名、直通车和卖家的营销活动。如图 5-8 所示。

图 5-8　店铺纠纷率

（6）店铺上新率

店铺上新率是指在一定时间内，店铺内上新宝贝的数量与总交易量的比例。上新率越高，说明店铺的活跃度越高，也就越容易被搜索引擎推荐给更多的买家。

（7）店铺动销率

店铺动销率是指商家在最近 30 天内店铺有销量的商品，数量与店铺所有出售的商品数量的比值。动销率反映了商家整体店铺的出货能力是否均衡，商家整体经营状况如何。如图 5-9 所示。

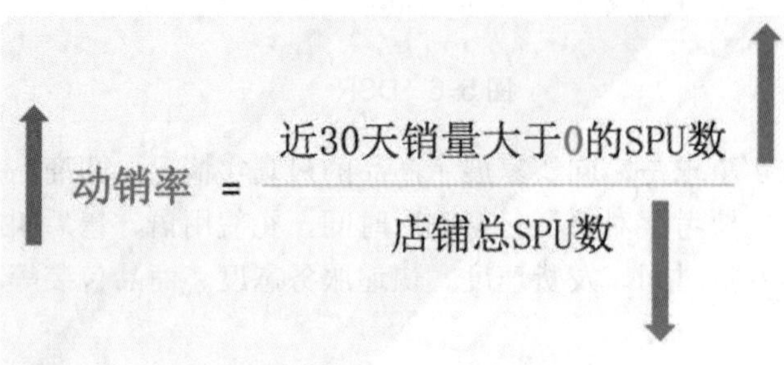

图 5-9 店铺动销率

（8）店铺滞销率

店铺滞销率是指商家在最近 30 天内店铺未有销量的商品，数量与店铺所有出售的商品数量的比值。动销率的数据会直接影响到滞销率，也就是说，你的店铺动销率越高，那么滞销率就会越低，而滞销率高的话会直接影响淘宝店铺权重。一般而言，动销率为 80%是及格线，90%是优秀，100%是最好（这是一个均值，不是每个类目都一样）。当店铺的动销率大于 90%就不会影响店铺的效益，如图 5-10 所示。

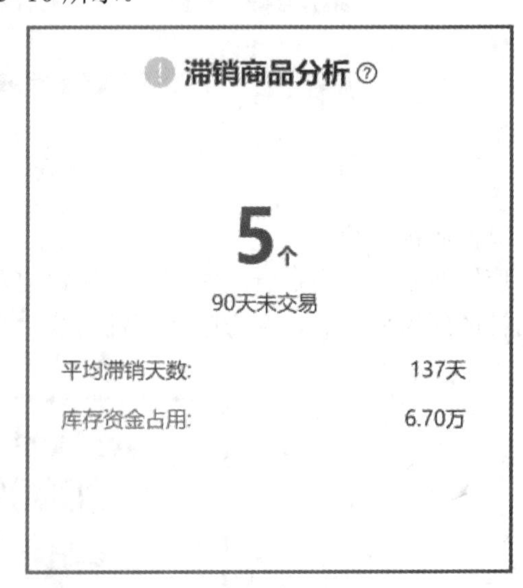

图 5-10 店铺滞销率

（9）店铺高质量宝贝占比

店铺高质量宝贝占比是指店铺中高质量宝贝的数量占总宝贝数量的比例。这个比例越高，说明店铺的宝贝质量越好，对于店铺权重的提升也有很大的帮助。

（10）参与公益宝贝

公益宝贝是阿里巴巴淘宝网推出的一项公益活动，卖家可自愿参与公益宝贝计划并设置一定的捐赠比例，宝贝成交后会捐赠一定的金额给指定公益项目，用于相关公益事业。参加公益宝贝活动有助于提升网店信用、提高宝贝权重等，如图 5-11 所示。

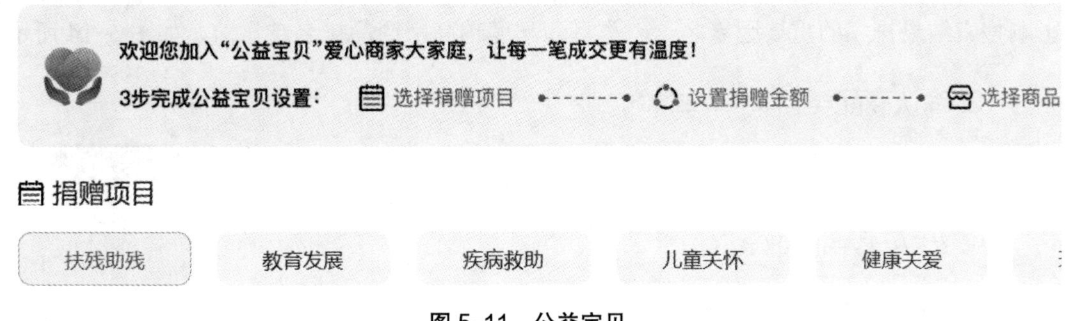

图 5-11　公益宝贝

（11）7+天无理由退换货

7+天无理由退换货是指在购买商品后，消费者可以在 7 天内无需任何理由直接退货或者换货。这是淘宝平台为保障消费者权益而推出的一项服务，如图 5-12 所示。

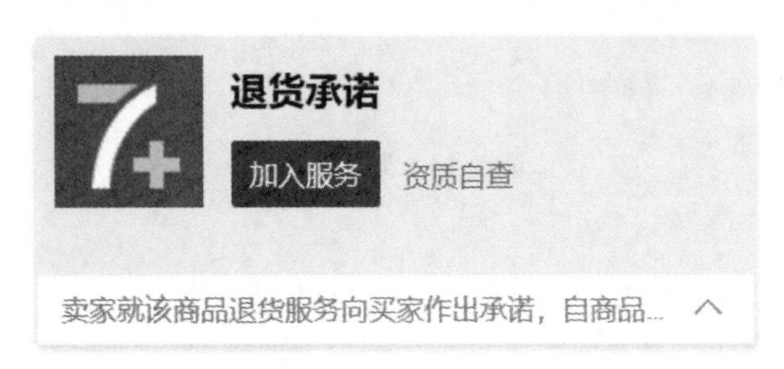

图 5-12　7+天无理由退换货

（12）退货运费险

公司将按约定对买家的退货运费进行赔付。如果所购买的商品支持退货运费险，那么就可以在申请退货时选择是否需要购买退货运费险。如果需要，则需要支付一定的费用，如图 5-13 所示。

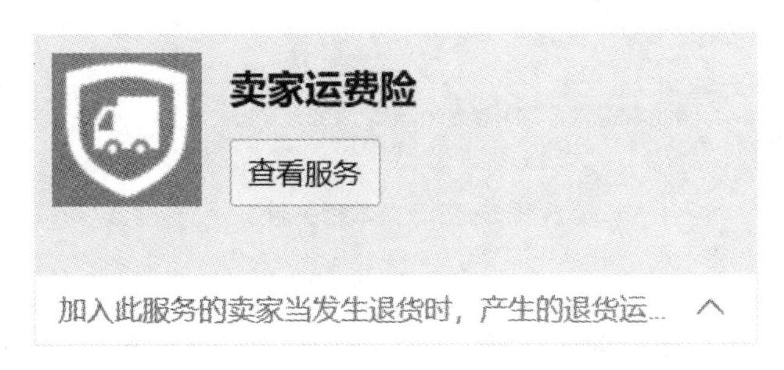

图 5-13　运费险

2. 产品权重维度

产品权重是指某一因素或指标相对于某一事物的重要程度，其不同于一般的比重，体现的不仅仅是某一因素或指标所占的百分比，强调的是因素或指标的相对重要程度，倾向于贡献度或重要性。

（1）类目匹配度

类目匹配度是指电商平台中，商品与类目的相关程度。在电商平台中，类目匹配度是影响搜索结果排序的重要因素之一。类目匹配度越高，商品排名越靠前，如图 5-14 所示。

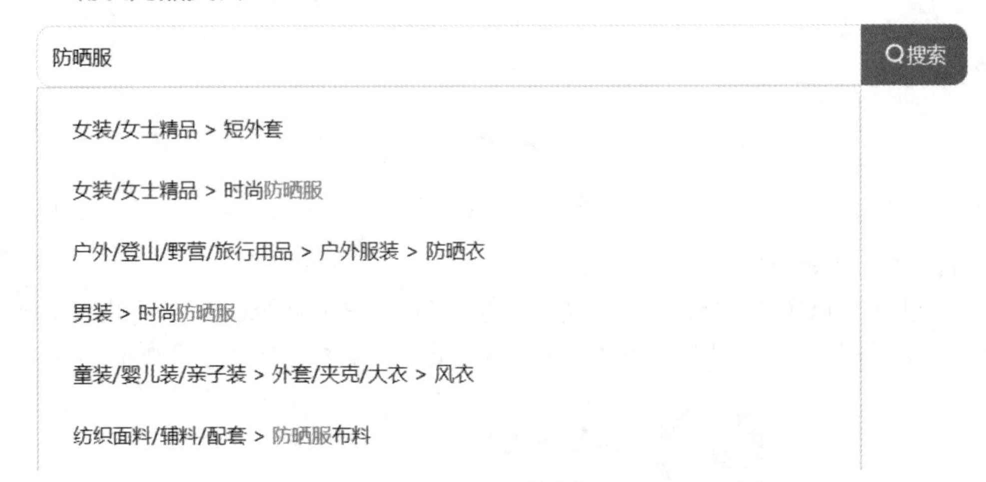

图 5-14 类目匹配度

（2）文本相关性

文本相关性是指商品与用户的搜索关键词之间的匹配程度。在电商平台中，文本相关性是影响搜索结果排序的重要因素之一。文本相关性越高，商品排名越靠前，如图 5-15 所示。

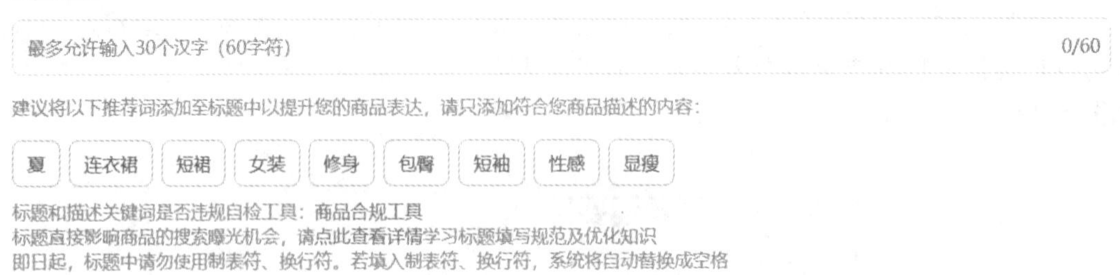

图 5-15 文本相关性

（3）点击率

点击率是指电商平台中，商品被用户点击的次数与该商品被展示的次数之比。在电商平台中，点击率是影响搜索结果排序的重要因素之一，如图 5-16 所示。

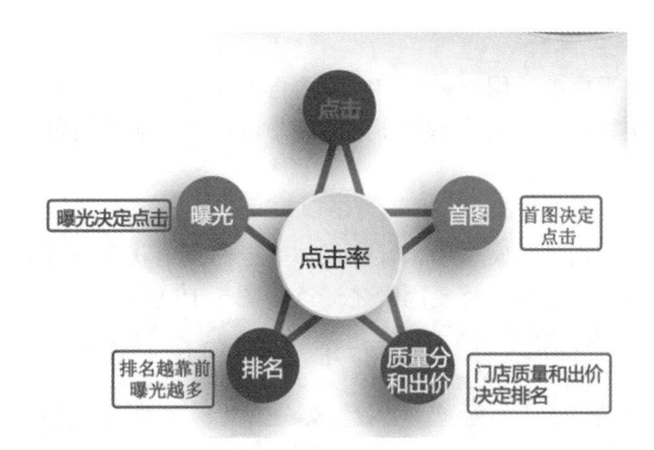

图 5-16　点击率

（4）产品收藏加购

收藏加购是指电商平台中，用户对某一商品进行收藏或加购的行为。在电商平台中，收藏加购是影响搜索结果排序的重要因素之一。如图 5-17 所示。

图 5-17　收藏加购

（5）转化率

转化率是指用户在电商平台上完成某一特定行为的次数与该用户访问该电商平台的总次数之比。在电商平台中，转化率是影响搜索结果排序的重要因素之一，如图 5-18 所示。

整体看板

支付金额	访客数	支付转化率
0.00	1	0.00%
较前1日 -	较前1日 -	较前1日 -
较上周同期 -	较上周同期 -	较上周同期 -

图 5-18　转化率

（6）复购率

复购率是指电商平台中，用户在一定时间内再次购买同一商品的次数与该用户在该电商平台上的总访问次数之比。复购率是衡量电商平台用户忠诚度的重要指标之一，也是电商平台经营效益的重要体现。

（7）自然流量

店铺自然流量是指通过搜索引擎、社交媒体等自然渠道获取的流量。在电商平台上，店铺自然流量是影响店铺排名的重要因素之一。如图 5-19 所示。

图 5-19 自然流量

（8）宝贝销量

在电商平台上，宝贝销量是影响搜索结果排序的重要因素之一。宝贝销量越高，商品排名越靠前，如图 5-20 所示。

图 5-20 宝贝销量

（9）宝贝好评

宝贝好评是指买家在购买商品后对淘宝商家的好评比率。评价分为“好评”“中评”“差评”三类，其中“好评”加一分、“中评”不加分、“差评”减一分。如图 5-21 所示。

○ 全部 ○ 图片 (807) ○ 追评 (1179) ◉ 好评 ○ 中评 ○ 差评

图 5-21 好评

（10）退款率

退款率是指在电商平台上，买家申请退货或退款的比例。退款率是衡量电商平台服务质量和客户满意度的重要指标之一。高退款率通常意味着产品质量不佳、物流配送不及时、售后服务不到位等。因此，电商平台需要加强产品品质控制、优化物流配送流程、提高售后服务质量等措施来降低退款率，如图 5-22 所示。

维权概况

退款率

20.34%

较前一日　1.69% ↑

同行均值　4.73%

图 5-22　退款率

（11）收货速度

收货速度是指电商平台在买家下单后，商品从发货到送达买家手中的时间。不同的电商平台有不同的收货速度标准，一般来说，收货速度越快，买家的满意度就越高。

（12）市场价格定位

市场价格定位是指根据公司品牌定位和近期的战略目标，把产品、服务的价格定在一个什么样的水平上，这个水平是与竞争者相比较而言的。一般来说，价格定位分为高价定位、中价定位和低价定位三种。在决定价格定位时，企业需要考虑以下几个方面：产品或服务的独特性、消费者的需求、竞争对手的价格策略等。

技能点三　产品的卖点提炼

产品卖点提炼是指从产品的特性、功能、质量、价格、服务等方面，挖掘出能够吸引消费者的产品优点和特色，以便更好地推销产品。产品卖点提炼是市场营销中的重要环节之一，它可以帮助企业更好地了解客户需求，提高产品的竞争力和市场份额。

1. 产品本身

对于几乎所有的非标准化产品来讲，来自于产品本身的卖点都是差异化切入点的第一选择。这个产品本身的要素包括很多，比如产品的大小、材质、颜色、形状、包装、味道、面料等。

（1）通过产品的大小来形成差异化

1）尺寸大小：产品的大小可以是不同的，例如手机有大屏幕和小屏幕的版本，电脑有台式机和笔记本电脑等。通过提供不同尺寸的产品，企业可以在市场上占据一定的份额。

2）容量大小：产品的容量也可以是不同的，例如冰箱有小型、中型和大型三种型号，洗衣机也有小、中、大三种容量。通过提供不同容量的产品，企业可以在市场上占据一定的份额。

3）形状大小：产品的形状也可以是不同的，例如汽车有轿车、SUV和MPV等不同类型的车型。通过提供不同形状的产品，企业可以在市场上占据一定的份额。

4）重量大小：产品的重量也可以是不同的，例如行李箱有轻便型和重型两种类型。通过提供不同重量的产品，企业可以在市场上占据一定的份额。

（2）通过产品的外形形成差异化

产品差异化是指在同质化或者成本优势的情况下，通过产品的外形、功能、品质等方面形成的一种竞争手段或者产品定位。通过产品的外形形成差异化，可以吸引消费者的注意力，提高产品的附加值，从而提高产品的经济效益。

（3）产品的颜色、味道等等

比如说牙膏，一般的牙膏都是白色的，所以当第一款带颜色的牙膏出来的时候（绿茶牙膏——绿色，蜂胶牙膏——金黄色），很多消费者就觉得该牙膏很新颖。

2. 来自服务的层面

指企业或个人向客户提供的各种产品或服务的组合。它包括售前、售中、售后等各个环节，旨在满足客户的需求，提高客户的满意度和忠诚度。服务可以是实物产品，也可以是非实物产品，如金融服务、咨询服务、教育服务等。

1）个性化服务：提供个性化的服务，例如定制化、专属服务等，以满足消费者不同的需求和偏好。

2）优质的售后服务：提供优质的售后服务，例如快速响应、专业解决问题等，以提高客户的满意度和忠诚度。

3）增值服务：提供增值服务，例如免费送货、安装调试等，以增加产品的附加值和吸引力。

4）品牌形象：通过建立良好的品牌形象，例如品牌故事、品牌文化等，来提高产品的知名度和美誉度。

3. 九宫格卖点提炼

九宫格卖点提炼是一种将产品或服务的特点和优势分成九个部分，每个部分占据一个方格，形成一个九宫格的方法。通过这种方式，企业可以更清晰地展现产品的卖点，方便客户快速了解产品的特点和优势。在进行九宫格卖点提炼时，企业需要考虑产品的核心卖点、目标用户的需求以及市场竞争情况等因素。

（1）8项原则

使用九宫格思考法进行文案策划时，应注意想到就写、用词简明、尽量填满、重新整理、使用颜色、经常检讨、放慢思考、实地行动等原则，如图5-23所示。

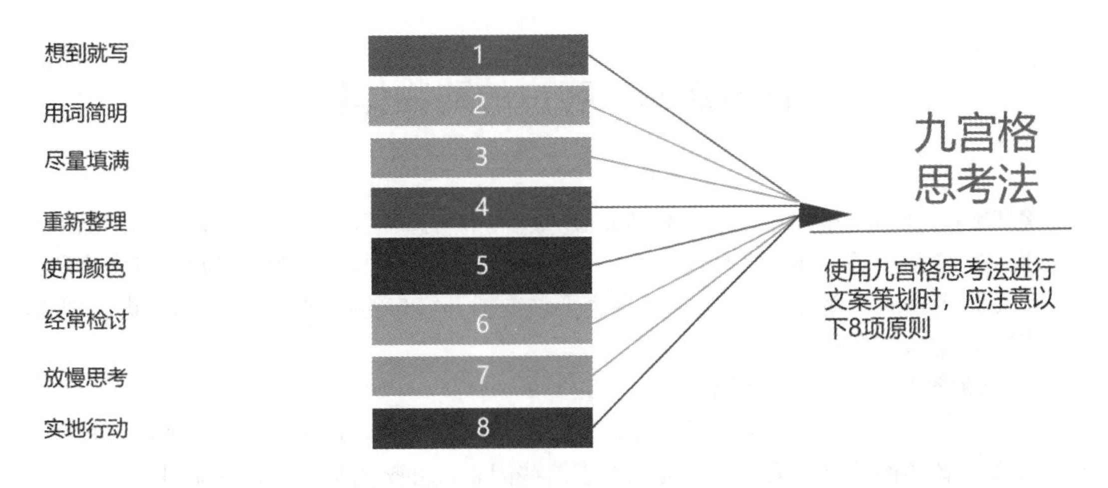

图 5-23　8 项原则

（2）九宫格填写

写作前可以先准备一张白纸，然后用笔将整张纸分割成九宫格，在中间的格子中写上商品的名称，然后在剩余的 8 个格子中写上可以帮助这款商品销售的众多优点，如图 5-24 所示。

色渍鲜艳	红中透粉	个大型正	水分多糖度高	香甜可口	脆甜香	气候适宜苹果生长	昼夜温差大	山坡种植
果型端正	外形	圆大	果肉脆硬	味道	口感好	冬无严寒夏无酷暑	产地	暖温带
果面光泽	看着就诱人	整体透红	皮薄	清香甜脆	质细汁多	四季分明温度平稳	雨量刚好	烟台牟平区
降血脂	补充维 C	美容养颜	外形	味道	产地	各大超市间销	大众熟知易接受	好推广
易被人体吸收	功效	抗癌	功效	红富士苹果	销售	坏了包赔	销售	包邮促销
可溶性大	生津开胃	减肥	优势	种植	包装	七天无理由退货	出代金券买几就送	各大平台宣传
大众熟知接受度高	产量高	接受度高	幼苗选茎大粗壮	浇水	施肥	节日礼盒	各类外型包装	整箱打包商家
好储存	优势	口感甘甜	防虫	种植	修剪枝芽	创意包装	包装	可零售可批发
小孩大人老人都吃	水果排行榜第一	果大丰足	温度要适宜	除草	改善土壤	包装损坏包换	可来图定制	专业人员设计包装

图 5-24　九宫格

技能点四　客户的购物体验

客户购物体验是指客户在购买商品或服务过程中所感受到的整个过程，包括产品的质量、价格、售后服务、物流速度等方面。一个良好的购物体验可以提高客户的满意度和忠诚度，促进企业的长期发展。因此，企业需要注重提升客户的购物体验，不断改进和创新，满足客户的需求和期望。

1. 影响客户体验的关键因素

优秀的服务水平、良好的品牌形象、高效的交付和物流以及优秀的网站或应用程序设计都是客户体验的关键因素。企业应该重视这些因素，并努力提高它们的质量，以增加客户的满意度、忠诚度和重复购买率，从而实现企业的业务目标。同时，通过不断优化客户体验，企业还可以提高其市场竞争力，吸引更多的客户并建立长期的合作关系。因此，关注客户体验的关键因素对于企业的成功至关重要。如图 5-25 所示。

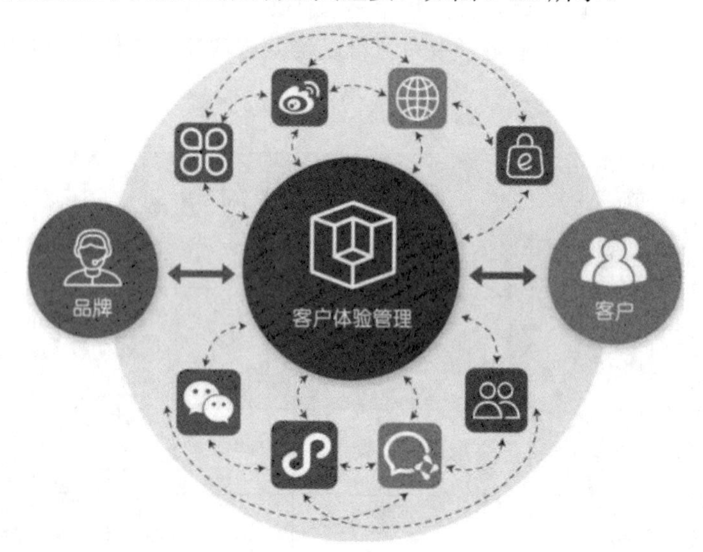

图 5-25　客户体验

（1）产品质量和性能

产品的质量和性能对客户的体验至关重要。如果产品质量不好或者性能不佳，客户可能会感到不满意，并可能不会再次购买或向其他人推荐该产品。

（2）价格和价值

客户通常会关注产品的价格和价值。如果产品的价格太高，而其提供的价值与价格不匹配，客户可能会感到不满意。相反，如果产品的价格合理，并且提供了足够的价值，客户就会更愿意购买。

（3）服务水平

良好的服务水平可以提高客户的满意度。这包括快速响应客户的问题、提供友好的帮助、解决问题的能力以及处理投诉的能力等。

（4）品牌形象

品牌形象对客户的体验也有很大的影响。一个好的品牌形象可以增加客户的信任度和忠诚度，从而提高客户的满意度。

（5）交付和物流

产品的交付和物流也是客户体验的重要因素。如果产品能够按时送达，并且在运输过程中没有受到损坏，客户就会感到满意。

（6）网站或应用程序设计

如果网站或应用程序的设计不良，客户可能会感到困惑或不满意，并可能不会继续使用该网站或应用程序。相反，如果网站或应用程序具有良好的设计，客户就会更容易找到所需要的信息，并更愿意留在该网站或应用程序上。

2. 客户体验的提升关键点

客户体验的提升关键点是指那些能够显著提高客户满意度和忠诚度的关键因素。

（1）提高客户满意度

通过关注客户的需求和期望，提供优质的产品和服务，可以增加客户的满意度，从而促进客户忠诚度的提高。

（2）促进客户忠诚度

良好的客户体验可以让客户对企业产生信任感和忠诚度，从而使他们更愿意与企业建立长期合作关系。

（3）提高市场竞争力

优秀的客户体验可以帮助企业在激烈的市场竞争中脱颖而出，吸引更多的客户并获得更多的业务机会。

（4）建立品牌形象

良好的客户体验可以增强企业的品牌形象，提高企业在消费者心目中的价值和认可度。

任务介绍

烟台，这座美丽的海滨城市，因其宜人的气候和肥沃的土壤而闻名。这里不仅是中国重要的农业生产基地，更是享誉全球的苹果产地之一。而在这片土地上，有一种苹果，它的名字叫红富士。

红富士苹果是烟台的一种优质苹果品种，以其鲜艳的红色外皮、脆甜可口的口感和独特的香味深受消费者喜爱。它的种植历史悠久，且经过多年的精心培育，品质日益优良。如今，红富士苹果已经成为烟台的重要经济作物之一。

然而，尽管红富士苹果的市场前景广阔，但是在众多的苹果品种中，如何让消费者更好地了解和认识红富士苹果，提高其市场认知度和销售额，仍然是一个亟待解决的问题。因此，希望通过策划和编辑一份详细的红富士苹果卖点，来帮助消费者更深入地了解这个优秀的苹果品种。

文案将从红富士苹果的历史、种植环境、营养价值、食用方法等多个方面进行详细介绍，旨在让消费者全面了解红富士苹果的特点和优势。同时，还将通过创新的设计和引人入胜的文字，吸引消费者的注意力，提高他们的购买意愿。

利用九宫格进行卖点提炼，记录分析结果。

第一步：市场分析

烟台栖霞红富士苹果、注重病虫防害、果肉甜脆、色泽艳丽、服务好、食用方法多、汁多爽口、个头大果皮薄，如图 5-26 所示。

烟台栖霞红富士	**注重病虫防害**	**果肉甜脆**
个头大果皮薄	苹果	**色泽艳丽**
汁多爽口	**食用方法多**	**服务好**

图 5-26 苹果卖点

第二步：卖点提炼

（1）烟台栖霞红富士

总结出烟台特产、历史悠远、苹果之乡、品种齐全、印花艺术苹果、品质好、产量高、文化基础，如图 5-27 所示。

烟台特产	历史悠远	苹果之乡
文化基础	**烟台栖霞红富士**	品种齐全
产量高	品质好	印花艺术苹果

图 5-27 烟台栖霞红富士卖点

（2）注重病虫防害

总结出果实套袋、无农药栽培、黄豆种植、科学修剪果树、酒精消毒、增施有机肥、防寒防冻措施、网状物驱鸟，如图 5-28 所示。

果实套袋	无农药栽培	黄豆种植
网状物驱鸟	**注重病虫防害**	科学修剪果树
防寒防冻措施	增施有机肥	酒精消毒

图 5-28　注重病虫防害

（3）果肉甜脆

总结出霜降采摘、含糖量足、空气湿润、昼夜温差大、高山丘陵种植、口感好、砂质土壤、光照充足，如图 5-29 所示。

霜降采摘	含糖量足	空气湿润
光照充足	**果肉甜脆**	昼夜温差大
砂质土壤	口感好	高山丘陵种植

图 5-29　果肉甜脆

（4）色泽艳丽

总结出反光膜上色、剪除挡光枝叶、转果上色、光照充足、降水充沛、昼夜温差大、气候适宜、肥沃的土壤，如图 5-30 所示。

反光膜上色	剪除挡光枝叶	转果上色
肥沃的土壤	**色泽艳丽**	光照充足
气候适宜	昼夜温差大	降水充沛

图 5-30　色泽艳丽

（5）服务好

总结出坏果包赔、送礼专用包装、防碰撞包装、规格种类齐全、支持批发零售、正宗红富士、吃着放心、包邮，如图 5-31 所示。

坏果包赔	送礼专用包装	防碰撞包装
包邮	**服务好**	规格种类齐全
吃着放心	正宗红富士	支持批发零售

图 5-31 服务好

（6）食用方法多

总结出批发卖货、自己吃、送亲戚、送朋友、送家人、减肥人士、苹果汁、水果沙拉，如图 5-32 所示。

批发卖货	自己吃	送亲戚
水果沙拉	**食用方法多**	送朋友
苹果汁	减肥人士	送家人

图 5-32 食用方法多

（7）汁多爽口

总结出无水污染、雨水充足、温度适中、地理环境优越、质地细、纤维少、硬度大、水分大，如图 5-33 所示。

无水污染	雨水充足	温度适中
水分大	**汁多爽口**	地理环境优越
硬度大	纤维少	质地细

图 5-33 汁多爽口

（8）个头大果皮薄

总结出优良品种、送礼优选、阳光充足、人工采摘、修剪枝叶、优质肥料、水分充足、去小果留大果，如图 5-34 所示。

优良品种	送礼优选	阳光充足
去小果留大果	**个头大果皮薄**	人工采摘
水分充足	优质肥料	修剪枝叶

图 5-34　个头大果皮薄

第三步：总结 64 条卖点

观察分析卖点，有不合适的可以进行更换，如图 5-35 所示。

烟台特产	历史悠远	苹果之乡
文化基础	**烟台栖霞红富士**	品种齐全
产量高	品质好	印花艺术苹果

果实套袋	无农药栽培	黄豆种植
网状物驱鸟	**注重病虫防害**	科学修剪果树
防寒防冻措施	增施有机肥	酒精消毒

霜降采摘	含糖量足	空气湿润
光照充足	**果肉甜脆**	昼夜温差大
砂质土壤	口感好	高山丘陵种植

优良品种	送礼优选	阳光充足
去小果留大果	**个头大果皮薄**	人工采摘
水分充足	优质肥料	修剪枝叶

烟台栖霞红富士	**注重病虫防害**	**果肉甜脆**
个头大果皮薄	苹果	**色泽艳丽**
汁多爽口	**食用方法多**	**服务好**

反光膜上色	剪除挡光枝叶	转果上色
肥沃的土壤	**色泽艳丽**	光照充足
气候适宜	昼夜温差大	降水充沛

无水污染	雨水充足	温度适中
水分大	**汁多爽口**	地理环境优越
硬度大	纤维少	质地细

批发卖货	自己吃	送亲戚
水果沙拉	**食用方法多**	送朋友
苹果汁	减肥人士	送家人

坏果包赔	送礼专用包装	防碰撞包装
包邮	**服务好**	规格种类齐全
吃着放心	正宗红富士	支持批发零售

图 5-35　总结 64 条卖点

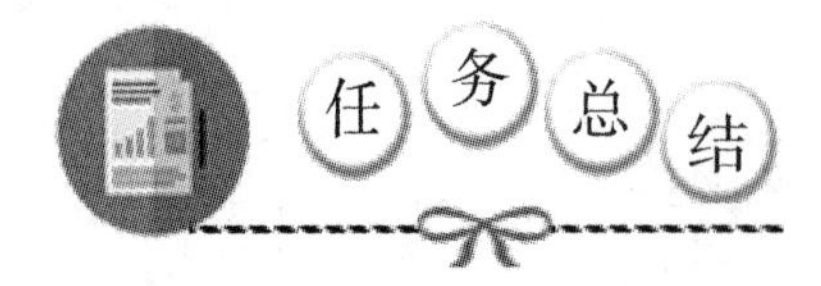

本项目课程介绍了盈利关键点，分别从店铺核心竞争力、天猫的权重细分、产品的卖点提炼、客户的购物体验等方面展开讨论，学习之后能够对盈利关键点有更好的认识与帮助。

think deeply	思考	give service to	服务
belief	信念	refine	提炼
condensation	凝聚	factor	因素
decision-making	决策	experience	体验
dimension	维度	improve	提升
weight	权重	profit	盈利

1. 单选题

（1）对于新媒体营销而言，数据分析不仅广泛应用于营销过程中，在营销活动结束后也需要进行数据分析，即（　）。

A. 对比结果　　B. 营销复盘

C. 总结经验　　D. 回顾营销

（2）下面不属于增强信任感方法的是（　）。

A. 权威认证　　B. 客户证明

C. 解决受众的顾虑　　D. 口头说明

（3）下面对文案标题的说法不正确的是（　）。

A. 标题最基本的作用是被消费者搜索

B. 一则优秀的文案标题要能够激发消费者的点击欲望

C. 文案标题应该由尽量多的关键词堆砌起来

D. 标题的写作方法很多，可以提问、证明和悬疑方式写作

（4）下面对文案的说法正确的是（　）。

A. 文案是广告的核心，创意决定了文案对受众的吸引力

B. 文案是受众了解产品或服务的一个渠道

C. 文案是指广告作品中所有的语言文字

D. 新媒体文案主要以图片、视频和超链接来吸引受众

（5）下面不能凸显社群文案内容价值的是（　）。

A. 群成员的需求痛点

B. 产品能带来的益处

C. 价格优惠和体验分享

D. 心灵鸡汤或励志故事

2. 填空题

（1）__________产品的自然属性，是一切产品都具有的共同属性之一。

（2）__________可以通过手机通讯录添加好友。

（3）__________是文案封面缩略图下面的一段引导性文字，在手机屏幕范围内，可以快速引导用户了解文章的主要内容。

（4）__________是目前网络上应用最为广泛的语言，也是构成网页文档的主要语言。

（5）__________是由一群有共同兴趣、认知、价值观的受众组成。

3. 简答题

（1）简述九宫格卖点提炼方法。

（2）利用九宫格卖点提炼法对任意产品进行卖点提炼。

参考文献

[1] 天津滨海迅腾科技集团有限公司．网店运营基础——电子商务基础项目实战[M]．天津：南开大学出版社，2018.

[2] 天津滨海迅腾科技集团有限公司．网店运营高级——电子商务运营项目高级实战[M]．天津：南开大学出版社，2018.

[3] 垦丁网络法学院.白话电商法律法规[M]．北京：人民邮电出版社，2020.

[4] 张华，严珩.网店运营：流量优化 内容营销 直播运营（慕课版）[M]．北京：人民邮电出版社，2022.

[5] 陈德人，方美玉，白东蕊.电子商务案例分析[M]．北京：人民邮电出版社，2022.